土壤与地下水污染监测及修复控制

孟 梁 著

吉林科学技术出版社

图书在版编目（CIP）数据

土壤与地下水污染监测及修复控制 / 孟梁著．

长春：吉林科学技术出版社，2024. 6. -- ISBN 978-7
-5744-1426-6

Ⅰ．X53；X523

中国国家版本馆 CIP 数据核字第 20240Q0M53 号

土壤与地下水污染监测及修复控制

著	孟 梁	
出 版 人	宛 霞	
责任编辑	靳雅帅	
封面设计	树人教育	
制 版	树人教育	
幅面尺寸	185mm×260mm	
开 本	16	
字 数	270 千字	
印 张	12.25	
印 数	1~1500 册	
版 次	2024年6月第1版	
印 次	2024年12月第1次印刷	

出 版　吉林科学技术出版社
发 行　吉林科学技术出版社
地 址　长春市福祉大路5788 号出版大厦A 座
邮 编　130118
发行部电话/传真　0431-81629529 81629530 81629531
　　　　　　　　　81629532 81629533 81629534
储运部电话　0431-86059116
编辑部电话　0431-81629510
印 刷　三河市嵩川印刷有限公司

书 号　ISBN 978-7-5744-1426-6
定 价　71.00元

前　言

　　土壤污染学是集合了土壤学、环境科学、生态学、环境工程、分析化学、地质水文等的多学科综合，土壤污染治理修复需要材料、污染控制、设备装备、工程管理等多方交叉合作。要系统地综合上述内容，并形成一个完整体系，无疑具有极大难度。本书笔者想尝试性地开展此项工作，按照土壤污染学的基本内容，增加了土壤修复治理技术的内容，对一般的修复技术进行了阐述，同时结合修复工程中常用的技术进行了相应补充，进而提出了土壤污染管理体系。

　　随着工业生产的高速发展，我国地下水污染的问题日益突出，地下水污染所带来的对环境和经济发展的影响也日趋严重。目前，我国在地下水污染调查及地下水污染物迁移转化模式方面做了不少基础性工作，但在具体的地下水污染治理技术方面的研究和开发与国外差距还较大。自 20 世纪 70 年代以来，国外（尤其是欧美国家）在地下水点源污染治理方面取得了很大的进展，且逐渐发展形成较为系统的地下水污染治理技术。我国开展土壤及地下水环境保护及污染控制研究工作的总体水平仍有待提高，不但受到技术水平的制约，而且受到财力的限制和历史条件的影响，在今后的研究发展中有待于进一步深化提高。

　　本书对土壤与地下水污染，以及监测方法和修复控制技术相关内容进行了详细研究。在本书撰写过程中，得到了许多专家的指导和帮助，受益匪浅，在此一并深表谢意！

　　由于笔者水平和经验有限，书中难免有不妥之处，恳请广大读者批评斧正。

目录

第一章　土壤污染理论基础

土壤和空气、水一样是环境的基本要素之一，也是人类赖以生产、生活和生存的物质基础。土壤处于大气圈、水圈、岩石圈和生物圈之间的过渡地带，是联系无机界和有机界的重要环节。土壤是陆地生态系统的核心及食物链的首端，直接联系着人类消费。随着工业化发展、城市化进程的加快，人类活动范围不断扩大，人为因素对土壤环境的污染与破坏也日益加重，土壤成为许多有害废弃物处理和容纳的场所。土壤环境的改变必然会对赖以生存的人类和动植物等产生巨大的影响。土壤污染物可以通过食物、饮水、扬尘和皮肤等途径转移到人体并危害人体健康。因此，对土壤环境污染及健康效应的评价是现代环境医学的一项重要任务。只有准确、及时地评价土壤环境污染及健康效应才能最大限度地保护环境、保护人体健康，并为制定可行的卫生和环境管理决策提供科学依据。

第一节　土壤环境背景值与环境容量

一、土壤环境背景值

土壤中化学元素背景值及人群健康关系，是环境医学工作者的重要研究课题之一。

（一）土壤环境背景值概述

1. 土壤背景值概念

（1）自然背景值。自然背景值指未受人类活动影响的情况下，土壤中化学元素的自然组成及其含量水平。土壤由是诸多成土因素所形成，其中母质是构成土壤的物质基础，因而自然背景值和地球化学组成是密不可分的。各地区的母质中所含的各种化学元素在种类和数量上决定于当地岩石矿物的风化壳，因此，不同地区的土壤中元素含量会有很大的差异，也就会产生不同的自然背景值。

（2）土壤环境背景值。土壤环境背景值与土壤自然背景值有所不同，它是指未受或较少受人类活动，特别是人为污染影响的土壤中化学元素的自然含量。它既包括自然背景部分，也可能包括微量外源污染物，或者说它是土壤当前的环境背景值或本底值，是维持当前土壤环境质量的目标。由于土壤成土条件连续不断地发展和演变，加上人类社会发展对自然环境的影响，特别是受现代工农业生产活动的影响，自然土壤环境中的化学组分发生了明显变化，导致土壤环境背景值的差异。周国华等认为，土壤元素化学异常可以有多种作用机制共同作用形成：一是成土母质元素异常所致，土壤继承了风化成土前的地质体异常；二是矿化异常或沉积异常，属于由地质背景引起的地球化学异常；三是各种污染作用将元素带入土壤并累积形成的异常；四是成土过程中元素表生富集作用产生的异常。

当前，在全球范围内少有绝对不受人类活动影响的地区和土壤，因此原始状态的自然背景值很难找到。现在所获得的土壤环境背景值信息，只是代表土壤环境发展中，一个历史阶段、远离污染源、尽可能少受人类活动影响相对意义上的背景值。

土壤环境背景值仍然是研究土壤环境污染、土壤生态，进行土壤环境质量评价与管理，确定土壤环境容量、环境基准，制定土壤环境标准时重要的参考标准或本底值。在人类生活的环境中、进入人体的物质是多种多样的，其中一些是人体生长发育所必需的，而一些则是非必需的，或是有害的。无论是必需或是非必需、有害或是无害的物质，对人体健康产生的影响都有一个量的问题。因此需要明确土壤中含有的各种物质在什么浓度范围对机体是适宜的，超过什么浓度将会引起危害，可通过环境医学研究揭示其内在联系，并制定土壤卫生标准来加以限制。

各地区成土母岩、土壤种类和地形地貌的不同，造成了各地区土壤背景值的差异。因此，各地区必须对当地的土壤背景值做调查测定。当地球化学元素的变化（不足或过多）超出人体调节适应的范围，体内平衡被破坏，可导致发生某些生物地球化学性疾病，即地方病。

2. 土壤环境背景值调查

既然在地球上很难找到绝对不受人类活动影响的土壤，那么，要获得一个尽可能接近自然土壤化学元素含量的数值是相当困难的。也就是说，确定土壤背景值是难度很高的基础性研究。各国都很重视土壤背景值的研究，如美国、英国、德国、加拿大、日本以及俄罗斯等国都公开发布了土壤中某些元素的背景值。我国也曾将土壤背景值列入"六五"和"七五"国家重点科技攻关项目，并于1990年出版了《中国土壤元素背景值》一书。各国虽然在获取土壤背景值的具体方法或环节上不完全相同，但都必须建立一个完善的工作系统。通常，土壤背景值的研究应建立包括情报检索、野外采样、样品处理和保存、实验室分析质量控制、分析数据统计检验、制图技术等构成的工作系统。

由该技术系统可见，土壤背景值研究是以土壤分析为主线，涉及多学科，技术要求高的一个系统。具有较严密的结构性、整体性及目的性，对各子系统都有严格的技术质量控制。

由于土壤环境背景值是指未受或很少受人类活动影响的情况下，土壤环境化学元素的自然组成及其含量水平。所以，在做土壤环境背景值调查研究时，采集样品的地点要尽可能定在未受污染的清洁区，如设在距离污染源较远，污染源的上风向或水体的源头，远离交通要道和生活区，并在相同的壤质和土壤类型的地方采集土样。尽可能地寻找受人类活动影响小的土壤来确定土壤环境背景值。另外，土壤环境背景值的调查应该是有计划地定期、定点进行，即在某一区域内某些位点间隔若干年（如 10~15 年）进行一次采样和分析。它能反映相应地区一定范围和较长时期内的土壤化学物质含量水平的动态变化情况。

3. 土壤环境背景值的应用

土壤环境背景值是环境科学的基础数据，广泛应用于环境质量评价、国土规划、土地资源评价、土地利用、环境监测与区划、作物灌溉与施肥，以及环境医学和食品卫生等领域。土壤背景值作为土壤环境化学元素变化的一个"基准"数据，是区域环境质量评价、土壤污染评价、环境影响评价及地方病防治不可缺少的依据。

（1）制定土壤环境质量标准。土壤环境背景值是制定土壤环境质量标准的基本依据。土壤环境质量标准是为了保护土壤环境质量，保障土壤生态平衡，维护人体健康而对污染物在土壤环境中的最大容许含量所做的规定，是环境标准的一个重要组成部分，是国家环境法规的重要组成部分。

由于土壤污染物是间接地通过食物链，如粮食、蔬菜、水果、奶、蛋、肉等进入人体影响健康，所以，土壤与人体之间的物质流动关系比较复杂，受诸多因素的影响，制定土壤污染物的环境质量标准难度很大。

制定土壤环境质量标准，首先要研究土壤环境质量的基准值。土壤环境质量基准是制定土壤环境质量标准的科学依据，是指环境中有害物质对特定对象（人或其他生物等）不产生不良或有害影响的最大剂量（无作用剂量）或浓度。环境质量基准和环境质量标准是两个不同的概念。环境质量基准是由有害物质对特定对象之间的剂量反应关系确定的，不考虑社会等其他因素，不具有法律效力。环境质量标准是以环境质量基准为依据，并考虑社会、经济、技术等因素，经综合分析制定的，由国家管理机关颁布，一般具有法律效应。原则上土壤环境质量标准规定的污染物容许剂量或浓度小于或等于相应的基准值。

土壤环境质量基准值通常由生物和环境效应试验研究，或环境地球化学分析方法获得。但许多土壤环境学工作者也常以土壤环境背景值为依据，用以确定土壤环境质量基准的暂时替代办法，并作为制定土壤环境标准的基础。例如，加拿大的安大略省农业食品部和标准特设委员会在 1978 年规定土壤中镉、银、铜的环境基准分别等于土壤背景值。荷兰土壤技术委员会的学者提出用没有污染的土壤元素含量加 2 倍标准差作为相应元素的上界，并以此值作为该元素的基准值，用这个基准值来判断土壤是否被某种元素污染。

我国于 1996 年颁布实施了《土壤环境质量标准》（GB 15618—1995）。该标准根据土壤功能和保护目标划分为三类，规定不同土壤功能执行不同标准值。在该标准的制定中，第一级采用地球化学法，即主要依据土壤背景值。而有机食品生产基地土壤采用第一级标准。

（2）土壤质量评价。土壤环境质量是土壤特性的综合反映，是揭示土壤条件动态的最敏感指标，因而能体现自然因素及人类活动对土壤的影响。土壤质量还直接关系着环境和发展的可持续性，因此，对土壤环境质量做出实事求是的评价具有重要的意义。土壤环境背景值可作为土壤环境质量评价的一类指标，它反映的是当前土壤环境未受、很少或较少受人类活动影响的情况，是当前人类保护土壤环境质量的目标。所以土壤环境背景值是土壤评价不可缺少的依据。土壤质量评价、划分质量等级和进行污染评价、划分污染等级，可以参照土壤环境背景值进行。

（3）农业生产上的应用。土壤环境背景值反映了土壤化学元素的丰度，在农业生产中有着广泛的应用价值。例如，研究土壤化学元素特别是微量和超微量化学元素的有效性时，土壤背景值是预测元素丰缺程度，制订施肥规划、方案的基础数据。又如无公害农产品是社会经济发展的需求，无公害农产品源于土壤基地背景值的优良。必须对拟发展无公害农产品区域环境背景（包括土壤、灌溉水、大气等）进行系统的检验监测分析研究，以便确定发展无公害农产品基地的适宜性和产品的安全性。

（4）环境医学和食品卫生。土壤背景值反映了区域土壤生物地球化学元素的组成和含量。通过对元素背景值进行分析，可以找到土壤、植物、动物和人群之间某些异常元素的相互关系。例如，大量的流行病学调查和实验研究证明，严重危害人类健康的克山病、大骨节病发病区及当地整个生态系统均处在低硒土壤背景区域，由于土壤缺硒，使得整个食物链处于缺硒状态，最终导致人体内硒营养失常，造成疾病发生。

从卫生学角度来看，土壤环境背景值是制定土壤中有害化学物质卫生标准的重要依据，是评价土壤环境对居民健康影响的重要依据，也是土地资源开发利用和地方病防治工作的重要科学依据。

土壤背景值对人类健康的影响，有大量的问题没有被揭示，是一个很有实际意义的研究领域。

（5）地质探矿上的应用。土壤背景值在地质探矿方面也是重要依据。由于土壤化学元素来源于母质，因此土壤元素背景值是母岩、母质化学特征的反映。土壤中某些元素背景值异常，可能是成矿元素的指示标志，是区域找矿的依据。孙景信等利用中子活化和 X 射线荧光分析技术，深入研究了江西发育在花岗岩母质上的风化壳及土壤中稀土元素等 28 种微量元素的背景值和金矿异常及其分布规律，首次提出了利用表层土壤中某些元素的地球化学特征，作为离子吸附型稀土矿床的找矿标志，为区域找矿提供科学依据，开辟了土壤背景值及其应用的新途径，丰富了土壤地球化学的研究内容。

（二）土壤环境背景值研究工作

20世纪60年代以来，国内外逐渐开展环境背景值的研究工作，并在土壤元素背景值方面做了大量的研究，其中美国、日本等国家工作做得比较早。

1961年美国地质调查局（GC）在美国大陆本土开展背景值的调查工作，1984年发表了《美国大陆土壤及其地表物质中的元素浓度》专项报告；1988年完成全国土壤背景值的研究工作，分析近50个元素。1975年，美国研究人员康诺尔和沙铬莱特发表了美国大陆一些岩石、土壤植物和蔬菜中所含的48种元素的地球化学背景值。这些背景值是对美国147个景观单元8000多个岩石、土壤、植物及蔬菜样品分析结果的总结。在这些总结中，他们介绍了背景值研究的目的、样品收集及分析方法等，列出了地球化学概览表。这是美国地球化学背景值研究比较系统的资料，是世界自然背景值研究的重要文献之一。

日本于1978—1984年在全国范围内开展了表土和底土元素背景值调查，测定了As、Cd、Cr、Cu、Mn、Ni、Pb和Zn元素，并提出了元素背景值表示方法。若月利之、松尾嘉郎、久马一刚于1978年发表了日本15个道、县水稻土中Pb、Zn、Ni、Cr和V的自然本底值的分布及变异幅度。若月利之等关于土壤母质风化的地球化学研究为日本土壤肥料和环境科学做出了重要贡献。

德国运用土壤学和地球化学方法来研究土壤－植物系统，特别研究了环境化学物质在土壤－植物系统中的转化、迁移及其潜在影响，其中重点研究了农药等有机物在环境中的状态、转化及其影响因素。

苏联由于工业的发展及其带来的污染问题，环境科学也相应引起重视和得到发展。自20世纪70年代以来加强了环境监测控制和科学研究。自1978年起环境监测由苏联国家水文气象自然环境监测委员会负责，并有卫生、土地改良部门和水利、农业部门协同工作。观测网点中土壤100个、地面水400个、大气350个。1971年召开了第一次全苏联土壤保护会议，会议要求制定土壤中有毒化学物质极限容许浓度，随后发展了相应的调查研究。

我国于20世纪70年代初，开始进行土壤污染的研究。最初是研究水库底泥中的污染物种类和数量，后来陆续开展到土壤污染物背景值调查、污染物含量分析等。在各污染物中，研究较早的是农药，其次是厂矿周围土壤的重金属污染物和城郊土壤的某些生物性污染物。1972年，我国召开了第一次全国环境保护大会。1973年开始了自然环境背景值研究，其中大多数是结合科学研究做了一些背景值测定。1977年初，中国科学院土壤背景值协作组对北京、南京、广东等地区的土壤、水体、生物等方面的背景值开展研究，取得一些成果。1979年农牧渔业部组织农业研究部门、中国科学院、环保部门和大专院校共34个单位，对北京、天津、上海、黑龙江、吉林、山东、江苏、浙江、贵州、四川、陕西、新疆、广东等13个省市自治区的主要农业土壤和粮食作物中9种有害元素的含量进行了研究。

20世纪80年代，我国开展了比较系统的土壤背景值研究工作。1982年国家科委将土壤环境背景值研究列入"六五"重点科技攻关项目，由中国农牧渔业部环境保护科研监测所主持，组织农业环境保护部门、中国科学院、大专院校等32个单位，开展了我国9省市主要经济自然区农业土壤及主要粮食作物中污染元素环境背景值的研究，共采集12个土类、26个亚类土壤样品2314个，粮食样品1180个，工作面积约2800万公顷耕地，测定了Cu、Zn、Pb、Cd、Ni、Cr、Hg、As、Ti、F、Se、B、Mo、CO等14种元素的背景值。1986年，国家再次将"土壤环境背景值研究"列为"七五"重点科技攻关项目，由中国环境监测总站等60余个单位协作攻关，调查范围包括除了台湾省以外的29个省、市、自治区所有土壤类型的元素背景值，共采集4095个典型剖面样品、测定了As、Cd、Co、Cr、Cu、F、Hg、Mn、Ni、Pb、Se、V、Zn以及pH，有机质、粉砂、物理性黏粒、黏粒含量等共18项；还从4095个剖面中选出863个土壤剖面，增加检测了48种元素，总共获得69个项目的基本统计量。这是当时我国土壤环境背景值测定范围最大、项目最多的一项研究，并陆续出版了土壤环境背景值研究最重要的著作《环境背景值数据手册》《中国土壤元素背景值》等。

进入20世纪90年代，我国很多省、市开展了土壤环境背景值研究工作。如江西省通过调查获得了江西省各类统计单元的土壤环境背景值，探索了土壤环境背景值的分异规律，编绘了土壤环境背景值图件，出版了《江西省土壤环境背景值研究》。该调查研究应用计算机通过聚类分析、判别分析、因子分析、典型相关分析等多元统计方法进行数据处理，结合地球化学、环境科学解释该省土壤环境背景值的规律，在影响因素数字化和综合分析方法、分级统计图的编制方法、编制土壤环境质量评价标准和实现专家系统等方面都有所创新和突破。为江西省环境背景值研究填补了一项重大空白，为制定江西省域土壤地方环境标准和法规、进行区域环境质量评价研究、控制农田土壤污染，以及国土整治、农业微肥施用、地方病防治提供了重要的科学依据。

（三）土壤环境背景值与人类健康

由于各地的成土母岩性质、地形地貌和气候条件的不同，各地土壤环境化学元素含量存在很大差异，这种地理分布的不均匀性，可造成当地人群体内某些元素过多或过少，引起居民健康的不良反应，甚至引起生物地球化学性疾病。环境受到污染或破坏，环境中的微量元素就会出现过多或过少的异常情况，于是人体内微量元素的含量比例随之失调，结果机体功能平衡也遭到破坏，从而导致各种危及人体健康的有害后果。

例如：（1）碘缺乏病。1805年发现碘是机体合成甲状腺素的重要成分。研究表明，严重缺碘不仅可以引起成人的甲状腺肿大，而且可对发育中的胎儿造成危害，出现流产、死胎、先天性畸形以及出生儿童的呆小病。然而现代研究提示，碘过量也可造成甲状腺肿大，并似乎与成人血脂增加有一定联系。（2）锌缺乏病。1934年发现，锌是人体必需元素。1958年，在伊朗某地区发现人群锌缺乏病例，主要表现为性腺发育不良性侏儒、严重贫血、肝脾肿大、皮肤干燥而粗糙、精神痴呆、生殖器官（睾丸）和第二性征发育迟滞等。（3）地方病。由于区域环境中氟元素本底值偏高，而引起地方性的氟斑牙和氟骨症。另外，国外研究报道，美国马里兰某些地区高癌症发病率与土壤中铜、铬、铅含量呈正相关，英国西部塔马河谷12岁儿童居民中骨溃疡高发率与土壤中铅含量过高有关。

二、土壤环境容量

（一）土壤环境容量的基本概念

土壤具有一定容纳固、液、气相等物质的能力，如土壤的热容量、持水量（田间持水量、饱和持水量）。再如对农药与化肥的施用有一定容量，对作物密植也有一定容量。若过度密植，或农药与化肥施用量、灌溉水量超过土壤相应的容量，不仅不能增产，而且还会导致减产与环境污染，或其他环境问题。

"土壤环境容量"一词有着广泛的土壤科学和环境科学背景。土壤环境容量延伸定义为："土壤环境单元所容许承纳的污染物质的最大数量或负荷量。"由定义可知，土壤环境容量实际上是土壤污染起始值和最大负荷值之间的差值。若以土壤环境标准作为土壤环境容量的最大允许极限值，则该土壤的环境容量的计算值，便是土壤环境标准值减去背景值（或本底值但在尚未制定土壤环境标准的情况下，环境科学工作者往往通过土壤环境污染的生态效应试验研究，以拟定土壤环境所允许容纳污染物的最大限值土壤环境基准值，土壤环境基准与土壤环境背景的差值称为土壤环境的净容量，相当于土壤环境的基本容量。

土壤环境的净容量虽然反映了污染物生态效应所容许的最大容纳量，但尚未考虑和顾及土壤环境的自净作用与缓冲性能，也即外源污染物进入土壤后的累积过程中，还要受土壤的环境地球化学背景与迁移转化过程的影响和制约，如污染物的输入与输出、吸附与解吸、固定与溶解、累积与降解等。这些过程都处在动态变化中，其结果都能影响污染物在土壤环境中的最大容纳量。因而，目前的环境学界认为，净容量加上这部分土壤的净化量，才是土壤的全部环境容量或土壤的动容量。

土壤环境容量的概念尚在探索之中，正朝着强调其环境系统与生态系统效应的更为综合的方向发展。最新的研究将土壤环境容量定义为："一定土壤环境单元，在一定时限内，遵循环境质量标准，既维持土壤生态系统的正常结构与功能，保证农产品的生物学产量与质量，也不使环境系统污染时，土壤环境所能容纳污染物的最大负荷量。"

（二）土壤环境容量的应用

（1）制定土壤环境标准。土壤环境容量是制定土壤环境标准的重要依据，也是进行土壤环境质量评价的重要依据。

（2）制定农田灌溉用水水质和水量标准。我国是世界上水资源比较缺乏的国家之一。一方面，污水灌溉为缺水地区解决了部分农田用水，减缓了用水的紧张程度，减少了污水处理费用；另一方面，部分地区将未经处理或仅经一级处理的污水用于灌溉，造成了大面积农田土壤环境的污染。

因此，控制有害污水对农田的污染，加强污水灌溉的管理，已成为进一步发展污水灌溉的重要措施。而制定农田灌溉水质标准，把灌溉污水的水质水量限制在容许范围内，是避免污水灌溉污染环境的基本措施之一。

（3）制定污泥施用量标准。随污水及其处理量的增加，污泥量也在不断增加，污泥土地利用过程中由污泥带入农田的污染物也不可忽视。一般来说，污泥中污染物含量决定着污泥允许施入农田的量，但实质上，其容许每年施用的量决定于每年1万平方米容许输入农田的污染物最大量，即土壤动容量或年容许输入量。

（4）污染物总量控制上的应用。土壤环境容量对于环境污染地区，即急需采取对策地区的土壤环境规划与管理，具有特别重要的意义。土壤环境容量充分体现了区域环境特征，是实现污染物总量控制的重要基础，在此基础上可以经济、合理地制定污染物总量控制规划，也可以充分利用土壤环境的纳污能力。

（5）制定卫生标准的依据。环境医学领域对"环境容量"的具体定义为：土壤对某污染物的环境容量是指一定环境单元，一定时间内，在不超过土壤卫生标准的前提下土壤对该污染物能容纳的最大负荷量。例如，某地土壤中砷的自然本底值为9mg/kg，土壤砷的卫生标准为15mg/kg，则该土壤对砷的环境容量为6mg/kg。土壤的环境容量是制定卫生标准和防护措施的重要依据。

另外，土壤环境容量在区域土壤污染物预测和土壤环境质量评价方面也起着重要作用。

第二节　土壤污染

一、土壤污染的概念及特点

（一）土壤污染

1. 概念

目前，土壤污染的定义尚不统一，较为一致的看法是："土壤生态系统由于外来物质、生物或能量的输入，使其有利的物理、化学及生物特性遭受破坏而降低或失去正常功能的现象称为土壤污染。"广义而言，任何有毒有害物质的进入导致土壤质量的下降，或人为因素导致的表土流失等，也应视为土壤污染。

如何识别土壤污染？通常有以下几种看法：①土壤中污染物含量超过土壤背景值的上限值；②土壤中污染物含量超过土壤环境质量标准 GB15618—1995 中的二级标准值；③土壤中污染物对生物、水体、空气或人体健康产生危害。可进一步从以下三个方面认定：一是土壤物理、化学或生物性质的改变，使植物受到伤害而导致产量下降或死亡；二是土壤物理、化学或生物性质已经发生改变，虽然植物仍能生长，但部分污染物被农作物吸收进入作物体内，使农产品中有害成分含量过高，人畜食用后可引起中毒及各种疾病；三是因土壤中污染物含量过高，从而间接地污染空气、地表水和地下水等，进一步影响人体健康。

综上所述，土壤污染是指由于人为活动，有意或无意地将对人类和其他生物有害的物质施加到土壤中，其数量超过土壤的净化能力，从而在土壤中逐渐积累，致使这些成分明显高于原有含量，引起土壤质量恶化、正常功能失调，甚至某些功能丧失的现象。但从环境科学角度讲，人类活动所产生的污染物，通过多种途径进入土壤，当污染物向土壤中输入的数量和速度超过土壤净化作用的能力时，自然动态平衡即遭到破坏，造成污染物的积累过程占优势，逐渐导致土壤正常功能的失调，同时由于土壤中有害和有毒物质的迁移转化，引起大气和水体的污染，并通过食物链构成对人体直接或间接的危害，这种现象称为土壤污染。所以，土壤污染应同时具有以下三个条件：一是人类活动引起的外源污染物进入土壤；二是导致土壤环境质量下降，而有害于生物、水体、空气或人体健康；三是污染物浓度超过土壤污染临界值。

2. 土壤污染过程

土壤是环境四大要素之一，又是连接自然环境中无机界、有机界和生物界的中心环节，因此土壤环境污染不像大气与水体污染那样容易显现，而是一个漫长的过程。

外界的物质和能量，不断地输入土壤体系，并在土壤中转化、迁移和积累，从而影响土壤的组成、结构、性质和功能。同时，土壤也向外界输出物质和能量，不断影响外界环境的状态、性质和功能，在正常情况下，两者处于一定的动态平衡状态。在这种平衡状态下，土壤环境是不会发生污染的。但是，如果人类的各种活动产生的污染物质，通过各种途径输入土壤（包括施入土壤的肥料、农药等），其数量和速度超过了土壤环境自净作用的能力，打破了污染物在土壤环境中的自然动态平衡，污染物的积累过程占据了优势，即可导致土壤环境正常功能失调和土壤质量下降，或者土壤生态结构发生明显变化，导致土壤微生物区系（种类、数量和活性）的变化，土壤酶活性减小。

土壤污染可使土壤性质、组成及性状等发生变化，使污染物质的积累过程逐渐占优势，破坏土壤的自然动态平衡，从而导致土壤自然功能失调，土壤质量恶化，影响作物的生长发育，以致造成产量和质量的下降，并可通过食物链造成对生物和人类的直接危害。

（二）土壤污染的特点

土壤污染不像大气与水体污染那样容易被人们发现，因为土壤是复杂的三相共存体系。有害物质在土壤中可与土壤相结合，部分有害物质可被土壤生物所分解或吸收。当土壤有害物迁移至农作物，再通过食物链损害人畜健康时，土壤本身可能还继续保持其生产能力，这更增加了对土壤污染危害性的认识难度，以致污染危害持续发展。土壤环境污染危害具有以下的特点：

（1）隐蔽性或潜伏性。水体和大气的污染比较直观，土壤污染则不同。土壤污染需要通过粮食、蔬菜、水果或牧草等农作物的生长状况的改变，或摄食受污染农作物的人或动物健康状况的变化才能反映出来。特别是土壤重金属污染，往往要通过对土壤样品进行分析化验和对农作物重金属的残留进行检测，甚至研究其对人、畜健康状况的影响才能确定。

（2）不可逆性和长期性。土壤一旦受到污染往往极难恢复，特别是重金属对土壤的污染几乎是一个不可逆过程，而许多有机化学物质的污染也需要一个比较长的降解时间。土壤重金属污染一旦发生，仅仅依靠切断污染源的方法很难恢复。土壤中重金属污染物大部分残留于土壤耕层，很少向下层移动。这是由于土壤中存在着有机胶体、无机胶体和有机 – 无机复合胶体，它们对重金属有较强的吸附和螯合能力，限制了重金属在土壤中的迁移。解决土壤重金属污染问题，有时要靠换土、淋洗等特殊方法。

（3）间接危害性。土壤对污染物具有富集作用，也就是土壤通过对污染物的吸附、固定作用，包括植物吸收与残落，从而使污染物聚集于土壤中。多数无机污染物特别是重金属和微量元素，都能与土壤有机质或矿质相结合，并长久地保存在土壤中。其后果：一是进入土壤的污染物被植物吸收，并可以通过食物链危害动物和人体健康。植物从土壤中选择吸收必需的营养物，同时也会吸收土壤中释放出来的有害物质。植物的吸收利用，有时能使污染物浓度达到危害自身或危害人畜的水平。即使食用的污染性植物产品不会引起急性毒性危害，或没有达到毒害水平，当它们为人、畜禽食用并且在动物体内排出率较低时，也可以逐日积累，由量变到质变，最后引发疾病。二是土壤中日积月累的有害物质，可成为二次污染源。土壤中的污染物随水分渗漏在土壤内发生移动，可对地下水造成污染，也可通过地表径流进入江河、湖泊等，对地表水造成污染。土壤遭风蚀后，其中的污染物可附着在土粒上被扬起，有些污染物也以气态的形式进入大气。因此，污染的土壤可造成大气和水体的二次污染。

（4）难治理性。一般地，大气和水体受到污染时，切断污染源之后，在稀释和自净作用下，大气和水体中的污染物可逐步降解或消除，污染状况也有可能会改善。但积累在土壤中的难降解性污染物很难靠稀释和自净作用来消除。土壤污染一旦发生，仅仅依靠切断污染源的方法一般很难恢复，有时要靠置换、淋洗土壤等方法才能解决问题，其他治理技术见效较慢。因此，治理污染土壤通常成本较高、治理周期较长。

（三）土壤污染途径

根据主要污染物的来源，土壤环境污染的主要途径如下。

（1）水。污染源主要是工业废水、城市生活污水和受污染的地表水体。据报道，在日本由受污染地表水体造成的土壤污染占土壤环境污染总面积的 80%，而且绝大多数由污水灌溉造成。

地表径流造成的土壤污染，其分布特点是污染物一般集中于土壤表层，因为污染物质大多以污水灌溉形式从地表进入土壤。但是，随着污水灌溉时间的延长，某些污染物质可随淋溶水向土壤下层迁移，甚至达到地下水层。水型污染是土壤污染的最主要发生类型，其分布特点是沿被污染的河流或干渠呈树枝状或呈片状分布。

（2）大气。土壤中的污染物质来自被污染的大气，大气中颗粒物的沉降可引起土壤环境污染。

由大气造成的土壤环境污染，可分为点源污染和面源污染两类。点源土壤污染的特点是，以大气污染源为中心呈椭圆状或条带状分布，长轴沿主风向伸长。其污染面积和扩散距离，取决于气象条件（风向、风速等）和污染物质的性质、排放量，以及排放形式。有报道称，中欧工业区采用高烟囱排放的 SO_2 等酸性物质可扩散到北欧斯堪的那维亚半岛，使该地区土壤酸化。面源土壤污染的特点是，由于污染源分散或呈流动状，土壤污染无明显边界且污染面积广。例如，因大气污染造成的酸性降水乃至土壤酸化，就是一种广域范围、跨越国界的大气污染现象，是一种"越境公害"。而汽车尾气是低空排放，只对公路两旁的土壤产生污染。大气污染型土壤的污染物质主要集中于土壤表层（0~5cm）。

（3）固体废弃物。在土壤表面堆放或处理、处置固体废物、废渣，不仅占用大量耕地，并且污染物还可通过大气扩散或降水淋溶，使周围地区的土壤受到污染。固体废物系指被丢弃的固体状和泥状物质，包括工矿业废渣、污泥，城市垃圾，电子产品垃圾等。固体废弃物污染属点源性质，主要造成土壤环境的重金属、油类、病原菌和某些有毒有害有机物的污染。

（4）农业生产。农业生产施用过量的化肥、农药，以及城市垃圾堆肥、厩肥、污泥等引起土壤环境污染。其主要污染物质是化学农药和污泥中的重金属。因此，化肥既是植物生长发育必需营养元素的给源，又是环境污染因子。

农业污染型土壤污染的轻重程度与污染物质的种类、主要成分，以及施药、施肥制度等有关。污染物质主要集中于表层或耕层（0~20cm），其分布比较广泛，其污染特征属于面源污染。

二、人类活动对土壤环境的影响

（1）施用化肥和农药。大量施用化肥和农药会造成土壤直接污染，并进一步导致地下水和地表水污染。施用化肥本来是为提高土壤肥力增加作物产量，但若施用不当，会使作物贪青、倒伏而减产，同时导致土壤中营养元素的不均衡，并且通过挥发与蒸发进入大气、迁移进入地表水或地下水环境，影响大气和水环境。

（2）污水灌溉和土地处理系统对土壤生态环境的影响。污水灌溉和污水土地处理系统是人们有意识、有目的地利用土壤环境自净功能，解决水资源缺乏和污水资源化的重要应用工程措施。但土壤的环境容量有限，而污水的成分和水质变化又极为复杂，因此污水灌溉和污水土地处理系统，对土壤环境污染防治与生态环境保护的作用及影响尚需进一步研究和探讨。

（3）固体废弃物对土壤生态环境的影响。土壤向来都是作为固体废弃物的处理场所来使用的。随着工农业生产的发展和城市化进程的加快，固体废弃物的种类和数量、成分日益增多和复杂化。如工矿企业的固体废弃物包括金属矿渣、粉煤灰，城市固体废弃物包括生活垃圾、污泥、塑料废弃物等。一些大型的水利枢纽工程、煤矿、铁矿、重金属矿床和石油开采等项目，已成为当今人类开发建设对环境造成影响的主要形式。固体废弃物化学成分复杂，并难以降解，破坏了土壤生态环境。建设项目和其他工业生产中产生的固体废弃物污染将是今后必须重视研究和解决的土壤环境问题，受其影响，土壤环境的治理、复垦和生态保护措施研究是今后的重要课题。

（4）大气酸雨沉降与土壤酸化。由于人类活动向大气排放的酸性物质（SO_2、NO_x 等）的增加，酸性物质的干、湿沉降增多。它们沉降到土壤环境中，引起土壤酸化、土壤营养状况变化，从而引起土壤环境改变，影响到植物的正常生长发育。酸雨对土壤生态环境产生的生态影响，已成为全球性的重要区域环境问题。

（5）全球气候变化与人类利用开发中的土壤生态环境问题。全球变暖是世界关注的焦点问题。全球温度上升变暖，对冻土带的冻融变化、自然地带界线的移动以及某些区域的旱化都将产生极大的影响。例如，每年夏季，为新疆西部地区数百万人提供饮用水和土地灌溉用水的乌鲁木齐一号冰川，它的消融将对该干旱地区生态、生活环境产生巨大影响。由于气温上升，两极地区冰盖的融化会使海面上升，对滨海地区土壤也将产生重大影响。在全球性气候变化的背景下，世界规模的土壤退化现象，如土壤侵蚀、土壤沙化、土壤盐渍化和土壤沼泽化等也将受到深刻的影响。如何应对全球气候变化对土壤环境的影响，以及采取何种保护措施与对策，将是土壤生态环境研究与生态保护的重大研究课题。

三、我国土壤环境污染的现状

随着我国社会经济的发展、城市化进程的加快，我国土壤环境污染不断加剧，土壤环境污染物种类和数量不断增加，发生的地域和规模在逐渐扩大，危害也进一步显现，总体形势相当严峻。

值得注意的是，我国乡镇工业发展迅速，其"三废"无序排放对土壤环境带来的污染问题相当严重。据报道，乡镇企业污染占整个工业污染的比重，已由 20 世纪 80 年代的 11% 增加到 45%，一些主要污染物的排放量已接近或超过工业企业污染物排放量的一半以上。

令人忧虑的另一个重要问题是，沿海污染企业不断向内地转移，城市污染企业不断向农村转移。那些在沿海、大城市因严重污染无法生存下去的工厂，正在以多种渠道向内地、农村迁移，这将使我国土壤环境面临潜在的巨大威胁。我国土壤污染对农业生态系统已造成极大的危害，土壤环境安全已成为我国可持续发展的制约因素。

第三节　土壤污染的危害

近 10 年来，我国经济高速发展，工业生产产生的"三废"和城市生活垃圾随意堆放以及污水灌溉、农药和化肥不合理使用等因素，使得土壤污染问题越来越严重。从目前情况看，我国土壤污染的总体现状与趋势已从局部蔓延到区域；从城市、城郊延伸到乡村；从单一污染扩展到复合污染；从有毒有害污染发展至有毒有害污染与氮、磷富营养污染的交叉；形成点源与面源污染共存，生活污染、农业污染和工业排放叠加，各种新旧污染与二次污染相互复合或混合的态势。土壤污染的发展态势对我国耕地资源可持续利用和粮食安全提出了严峻的挑战。

一、土壤污染导致严重的直接经济损失

据初步调查，我国受镉、砷、铬、铅等重金属污染的耕地面积近 2000 万公顷约占总耕地面积的 1/5；其中工业"三废"污染耕地 1000 万公顷，污水灌溉的农田面积已达 330 多万公顷。对于各种土壤污染造成的经济损失，目前尚缺乏系统的调查资料。仅以土壤重金属污染为例，每年因重金属污染，全国粮食减产 1000 多万吨、被重金属污染的粮食多达 1200 万吨，合计经济损失至少 200 亿元；对于农药和有机物污染、放射性污染、病原菌污染等其他类型的土壤污染所导致的经济损失，目前尚难估计，但是这些类型的土壤污染问题确实存在，并且很严重。自我国加入 WTO 以来，绿色食品和无公

害食品日益受到全世界关注，我国出口的农副产品也因质量问题而受阻，所以土壤污染给我国经济发展造成了巨大影响，成为农业可持续发展的"瓶颈"。

二、土壤污染导致农产品安全问题

我国大多数城市近郊土壤都受到不同程度的污染，许多地方粮食、蔬菜、水果等食物中的镉、铬、砷、铅等重金属含量超标或接近临界值。土壤污染除导致食品安全问题外，也明显地影响到农作物的其他品质，如有些污水灌溉地区使得蔬菜的味道变差、易烂，甚至出现难闻的异味，农产品的储藏品质和加工品质也不能满足深加工的要求。

三、土壤污染危害人体健康

土壤污染会使污染物在植（作）物中积累，并通过食物链富集到人体和动物体中，危害人畜健康，引发癌症和其他疾病。土壤被污染后，对人体产生的影响大多是间接的，主要通过土壤—植物—人体，或土壤—水—人体，这两个基本途径对人体产生影响。

土壤污染对人体健康主要产生以下影响：

（1）引起中毒。工业废水中含有大量铅、镉等有毒重金属，污水灌溉后可以通过稻米进入人体，造成慢性镉中毒（痛痛病）和铅中毒；含砷、汞的农药污染土壤引起慢性砷中毒和汞中毒；"三废"和农药污染土壤后，经雨水冲刷而污染地表水和地下水，人类通过饮水、食物，家畜通过饲料都可引起中毒。

（2）诱发癌症。近年来的研究进一步证实，重金属镉、苯氧基除草剂、取代苯杀虫杀菌剂、卤代烷类熏蒸杀虫剂等对人体有致癌作用。土壤受到放射性污染，通过对人体的外照射和内照射（经呼吸道和消化道），会诱发癌症，还会导致头昏、乏力、脱发、白细胞减少或增多等病症。

（3）致突变、致畸作用。土壤中的某些污染物能引起人类细胞染色体异常变化。许多多环芳烃化合物（如受到广泛关注的苯并芘）都是致突变物，它们的来源分布很广，汽油、煤油、煤炭及木柴的不完全燃烧都可产生多环芳烃化合物。核能发电厂使用过的核燃料，也是致突变物质。

土壤中的一些化学物质，如放射性物质、某些类固醇、乙二醇酸等也能影响人类遗传物质变化或影响胎儿正常发育。

（4）传播疾病。被含有病原体的粪便、垃圾和污水污染的土壤，可成为有关疾病的传播媒介，如伤寒、副伤寒、痢疾、结核病等。另外破伤风、气性坏疽、肉毒杆菌等能在土壤中长期生存，成为人们感染相关疾病的重要原因。

四、土壤污染导致其他环境问题

（1）土壤与大气。土壤通过影响大气环境间接地影响人体健康。在土壤中含有大量的有机物，能够在好氧微生物以及甲烷菌的作用下分解释放出 CO_2、CH_4 和 NO_x 等温室气体，影响气候的变化，而气候的变化又会反过来影响有机质的分解速率，进而影响温室气体的产生。"温室效应"是当今全球面临的主要环境问题之一，气温升高会引起海平面上升、气候异常、粮食减产以及生命损失等。最近有研究发现，湿地是大气中甲基卤化物甲基溴和甲基氯仿的重要来源地，而甲基溴现在被认为是破坏臭氧层的第三种重要的化学物质，但没有受到足够的重视。甲基溴也是主要的土壤熏蒸杀虫剂。

（2）土壤与水体。土壤中的各类物质，在雨水作用下会通过地表径流、渗流、地下径流发生迁移，最终有一部分进入饮用和娱乐水体中。土壤中的各种元素和物质通过多种渠道进入水体，其含量过多或者过少都会对人体健康产生不良影响。土壤中存在的 Ca^{2+} 和 Mg^+ 会增加水体的硬度，有证据表明，硬水地区居民中某些组织内钙、镁浓度较软水地区高，而 Ca^{2+} 和 Mg^{2+} 的增加会引起心血管病。土壤中氮肥的大量使用导致硝酸盐和氨态氮进入地表水或渗入地下水，硝酸盐在人体内可被细菌还原成亚硝酸盐，这是一种有毒物质，可直接使人体中毒缺氧，产生高铁血红蛋白症，严重者神志不清、抽搐、呼吸急促，抢救不及时可致死亡；另外，亚硝酸盐在人体内与仲胺类作用形成亚硝胺类，它在人体内达到一定剂量时是致癌、致畸、致突变的物质，可严重危害人体健康。常年饮用高氟含量的饮用水是引起氟中毒的主要原因。另外，作为土壤肥料的粪便，也会携带一些细菌、病毒进入水体，从而引起人体内肠道感染和急性腹泻等症状。

第四节　土壤污染的健康风险评价

风险评价是近几十年来逐渐广泛应用于环境及公共卫生管理决策的一种技术。将健康风险评价引入土壤污染物的评定过程中，可以最大限度地保护人群免受污染物的危害，减少管理决策的盲目性，增强其客观性与科学性。

风险评价技术是由 20 世纪 40 年代开始使用的环境辐射标准制定方法引申出来的。1976 年美国国家环保局（EPA）首次将风险评价方法使用于致癌物的评价，并颁布了《致癌物风险评价准则》。80 年代以来，EPA 在发布《致癌物风险评价准则》修订版的同时，又颁布了多个与风险评价有关的规范、准则，将风险评价的使用范围进一步扩大。随后，美国职业安全与健康管理局（OSHA）、食品和药物管理局（FDA），及世界卫生组织（WHO）、联合国环境规划署（UNEP）、经合组织（OECD）等一系列机构与国际组织也相继颁布了与风险评价有关的规范、准则，使风险评价技术迅速发展，并在世界范围内得到了广泛的应用。在环境科学领域，风险评价可分为生态风险评价和健康风险评价。健康风险评价是近十几年建立和发展起来的一种新技术方法，它通过对有害因子对人体不良影响发生概率的估算，评价接触有害因子的个体健康受到影响的风险程度。

一、健康风险评价的由来和发展

20世纪70年代以前，人们对于环境危害的研究主要集中在危害发生后的治理。然而，很多有毒有害物质一旦进入环境，对人体健康和生态环境将造成长期的危害，而且治理上难度大，费用高。欧美发达国家在付出了沉重的代价后，终于认识到风险评价的重要性，环境风险评价应运而生。

健康风险评价是环境风险评价的重要组成部分，是对有毒有害物质危害人体健康的影响程度进行概率估计，并提出减小风险的方法和对策。健康风险评价萌芽于20世纪30年代，当时主要采用毒物鉴定法进行健康影响定性分析。部分学者通过动物实验和人群流行病学的剂量-反应关系研究，建立人体暴露于化学物质的剂量和不良健康反应之间的定量关系。直到20世纪60年代，毒理学家才开始进行低浓度暴露条件下的健康风险评价。

20世纪70—80年代为健康风险评价研究的高峰期，基本形成较完整的评价体系。美国在该时期取得了极为丰富的成果，1983年美国国家科学院（NAS）出版的红皮书《联邦政府的风险评价：管理程序》可称为健康风险评价的经典。该书将健康风险评价概述为四个步骤即危害鉴别、剂量-反应评估、暴露评估和风险表征，目前已被许多国家和国际组织采用。同时，美国国家环保局制定了一系列风险评价指南和技术性文件，包括《致癌风险评价指南》《致突变风险评价指南》《女性生殖发育风险建议导则》、《男性生殖发育风险建议导则》和《超级基金污染场地健康风险评价指南》等。1987年，欧盟立法规定对所有可能发生化学事故危险的工厂必须开展包括健康风险在内的环境风险评价。亚洲开发银行于1990年出版了《环境风险评价》，对健康风险评价的相关问题进行了描述。

20世纪90年代以来，人们逐渐认识到人为地将健康风险和生态风险分开来评价的局限性，开始提出及探讨健康和生态综合风险评价方法。世界卫生组织将综合风险评价定义为"对人体、生物种群和自然资源的风险进行估计的一种科学方法"，并在美国环保局和经济合作与发展组织的协助下，于2001年制定了健康和生态风险综合评价框架，提出综合评价健康和生态风险的建议和方法。欧盟也制定了健康和生态风险综合评价技术指南，建议和指导欧盟成员国采用新的综合评价体系开展环境风险评价。

我国的健康风险评价研究起步于20世纪90年代，主要以介绍和应用国外的研究成果为主。胡二邦、胡应成、杨晓松等人有关环境风险评价的成果中，分别对健康风险评价的方法和不确定性等进行了解释与描述。王永杰等专门介绍了健康风险评价中的不确定性问题和评价模型，讨论了致癌毒性和非致癌毒性评价中的不确定性因素。高仁君等从危害性鉴定、剂量反应评定、接触评定和风险表征四个步骤评价了农药对人体健康的风险。高继军等对北京市城区和郊区 120 个样点的饮用水中的 Cu、Hg、Cd 和 AS 浓度进行了调查，初步评价了由饮水方式引起的人群健康风险。韩斌等根据北京市某区浅层地下水有机污染调查结果，评价由饮水和洗浴带来的人群健康风险。陈鸿汉和堪宏伟等分别对污染场地健康风险评价的理论和方法开展了探讨，提出了叠加风险和多暴露途径下，同种污染物人群健康风险的概念，并以常州市某厂有机溶剂洒落导致的土壤和地下水污染为例，综合评价厂区人群由于皮肤接触污染土壤、吸入挥发性气体和厂区下游居民由于饮用地下水带来的非致癌健康风险，是针对具体污染土壤开展的较为完整的健康风险评价。

二、土壤污染健康风险评价的发展

土壤污染健康风险评价是专门针对土壤污染开展的基于人群健康的风险评价，是指对已经或可能造成污染的土壤进行调查分析。在此基础上，对由污染物排放或泄漏对人体健康造成的危害程度进行概率估计，并据此提出降低风险的方案和对策，为土壤污染防治提供决策依据。土壤污染对人体健康的危害目前已得到各国的高度重视。欧盟于 1996 年完成污染土壤场地风险评价协商行动指南，旨在促进成员国之间的技术交流和合作。该指南主要集中解决人体毒理学、生态风险评价、污染物的迁移转化、污染场地调查和分析、风险评价方法以及模型建立等六大问题。荷兰在 20 世纪 80 年代就开始了土壤污染治理，并于 1987 年颁布了《土壤保护法》，规定污染严重的场地必须治理。为了开展土地污染风险评价和治理决策，荷兰国家公众健康与环境研究所（RIVM）和土壤保护技术委员会（TCB），为土壤污染的风险评价和治理提了供理论和技术支持。美国国家环保局于 1980 年颁布了《环境响应、补偿与义务综合法案》，作为污染物排放和突发性污染事件的法律性文件。此后，作为对上述法案的补充，于 1986 年颁布了《超级基金修正和授权法案》。在该两部法律框架下，美国分别于 1985 年、1988 年制定和修正了《国家石油与有毒有害物质污染应急计划》，对遭受石油和其他有毒有害物质污染的场地制定了应对和治理对策。在充分的法律法规保障下，超级基金制定了一系列的风险评价导则，指导污染场地土壤的风险评价。代表性的技术文件和指南有《健康风险评价手册》《场地治理调查和可行性分析指南》《超级基金暴露评价手册》、《土壤筛选导则》和《超级基金居民区铅污染场地评价手册》等。美国超级基金在开展污染土壤的健康风险评价方面已形成了一套比较完整的评价体系，包括法律法规、导则指南和具体的技术文件。澳大利亚在《国家环境保护委员会实行法案》的基础上制定了《国家环境保护措施》，其中涉及个人责任、污染土壤资料收集和分析、人体健康、场地评价、环境影响、风险评价、评价目的等多方面内容，包括《土壤和地下水调查导则》、《污染土壤的分析导则》《地下水污染风险评价导则》《健康风险评价方法》及《暴露背景和暴露事件导则》等技术文件。

多数欧美国家在不断建立和完善土壤污染风险评价体系的基础上，开展了全国性的污染调查，并根据不同场地条件和污染类型建立污染土壤国家级数据库。但由于治理难度大、费用高，真正治理的数目非常有限。因此，欧美国家非常重视污染场地风险评价，以求降低污染治理的成本。美国专门设立了污染场地治理调查和可行性研究国家项目（RI/FS），结合风险评价，开展污染土壤治理恢复工程。美国在土地污染风险评价方面的理论体系和先进经验被许多国家借鉴和采用，加拿大、澳大利亚和芬兰等国，基本参照美国提出的风险评价方法，构建了适合本国实际的健康风险评价体系。

我国环境保护法和环境影响评价法只对规划和建设项目开展环境影响评价做出了规定，尚未涉及土壤污染健康风险评价方面的内容。目前，环境保护部正在组织制定污染场地土壤环境管理相关规章制度，污染场地风险评价技术标准、基于风险评价的土壤环境标准制定方法等相关工作业已启动。尽管如此，我国土壤污染健康风险评价仍处于起步阶段，还存在较多的研究空白。随着我国坚持科学发展观，"社会、环境和谐发展"战略的确定，土壤污染治理工作将逐步展开，土壤污染健康风险评价工作也必将提到十分重要的位置。

三、健康风险评价的几种方法

健康风险评价是对暴露于某一特定环境条件下，该环境中的有毒有害物质（因素）可能引起个人和群体产生某些有害健康效应（伤、残、病、出生缺陷和死亡等）的概率进行定性、定量评价。

目前，健康风险评价方法以美国国家科学院（NAS）提出的四步法为典范（简称NAS四步法），此外，还有生命周期分析、MES法等。

（一）NAS四步法

四步法即危害鉴别、剂量－反应评估、暴露评估和风险表征。该方法广泛应用于由事故、空气、水和土壤等环境介质污染造成的人体健康风险评价。

危害鉴别指定性评价化学物质对人体健康和生态环境的危害程度。首先从危险毒性开始，收集和评定化学物质的现有毒理学和流行病学资料，确定其是否对生态环境和人体健康造成损害。

剂量－反应评估指定量评估化学物质的毒性，建立化学物质暴露剂量和暴露人群不良健康效应发生率之间的关系。剂量－反应评估的主要内容包括确定剂量－反应关系、反应强度、种族差异、作用机理、接触方式等。

暴露评估指定量或定性估计或计算暴露量、暴露频率、暴露期和暴露方式。

接触人群的特征鉴定与污染物质在环境介质中浓度与分布的确定，是接触评估中不可分割的两个组成部分。接触评估的目的是估测整个社会或一定区域内人群接触某种化学物质的程度或可能程度。

风险表征指利用所获取的数据，估算不同暴露条件下可能产生的健康危害的强度或某种健康效应的发生概率的过程，它是连接风险评价与风险管理的桥梁。风险表征包括风险估算、不确定性分析和风险概述三方面内容。

（二）生命周期分析

生命周期分析指对产品系统的环境行为从原材料开采到废弃物的最终处置进行全面的环境影响分析和评估，是一种重要的决策和可持续发展支持工具，已被纳入 ISO14000 环境管理标准体系。

国际环境毒理学和化学学会将 LCA 定义为："LCA 是对某种产品系统或行为相关的环境负荷进行量化评价的过程。它首先通过辨识和量化所使用的物质、能量和对环境的排放，然后评价这些使用和排放的影响。评价包括产品或行为的整个生命周期，即包括原材料的采集和加工、产品制造、产品营销、使用、回收、维护、循环利用和最终处理，以及涉及的所有运输过程。它关注的环境影响包括生态系统健康、人类健康和能源消耗三个领域，不关注经济或社会效益。"

近年来，越来越多的学者开始将其用于局域性的人体健康影响评价。利用污染物生命周期分析方法，通过归宿分析—效应分析—危害分析，研究排放物通过不同介质和途径对人体健康的影响，定量计算污染物对人体健康的危害。

（三）MES 法

MES 法将"风险"定义为特定危害性事件发生的可能性和后果的结合，即风险发生的概率（P）× 后果（S）。MES 法从人体暴露于危险环境的频繁程度（E）和控制措施的状态（M）两方面考虑人身伤害事故发生的可能性（P），得到风险 $K = M \cdot E \cdot S$。

按暴露时间长短和暴露频率可将频繁程度分为各种级别，每种级别赋予相应的分数值，如宋大成将暴露时间分为连续暴露、工作时间内暴露、每周暴露一次和每月暴露一次四种情况，每种情况的分数值分别为 10、6、3 和 2。按照同样的方法，可将控制措施按有无控制措施和控制措施的完整程度分为多个级别；将事故发生后果根据疾病的发生率、伤亡人数或设备财产损失分为多个级别，同样赋予一定的分数值，这样既可以计算事故发生的风险，并根据风险值的大小，评估风险发生的可能性。

四、土壤污染健康风险评价的意义

土壤污染健康风险评价以健康毒理学、人群流行病学、环境和暴露资料等方面的知识为基础，评价的目的在于估计特定剂量的化学或物理因子对人体造成损害的可能性及其严重程度，揭示土壤环境因素的变化对人类健康可能产生的后果。

（一）防治土壤污染维护生态平衡

由于土壤污染具有滞后性、隐蔽性等特点，使得对土壤污染危害的认识落后于大气、水体等环境要素污染的认识，目前我国急需建立土壤污染的健康风险评价系统。风险评价成果，可强化管理部门对土壤污染问题严重性和治理工作紧迫性的认识，加强开展土壤污染风险决策管理。随着我国"以人为本""经济、社会、环境和谐发展"战略的确定，土壤污染治理工作将逐步展开，土壤健康风险评价工作也必将提到十分重要的位置。

（二）提出预防保健的重点，保障人民健康

针对我国土壤污染日益加剧的特点，土壤污染的防治必须以防为主，除对已经污染的土壤采取有效措施加以修复外，还需进一步加强土壤污染综合防治与环境管理。健康风险评价将明确暴露原因、暴露人群及危害程度，从根本上协调经济发展与土壤环境保护的关系，以利于采取有针对性的策略与措施，从而为土壤防治提供理论依据，保护人群健康。

（三）为土壤污染防治及制定土壤质量和卫生标准提供依据

土壤健康风险评价以环境流行病学、实验研究为基础，考虑污染物对人类及生态系统造成的影响，以便达到消除或减轻土壤污染的目的，共同起到保护生态环境的目的，也为相关部门做出正确、可行的卫生和环境决策提供科学依据。这项工作的开展，对我国环境保护政策和各类污染防治标准的制定以及土地污染治理的可行性分析，具有极强的理论和现实意义。同时应通过土壤质量监测，严格控制污染物排放，加强对土壤污染防治的监督管理力度，严格控制污染物的超标排放，通过法律手段有效地防治土壤污染。

（四）进行土壤监测工作

通过对土壤污染源、生物、人体健康状况、疾病谱的监测，阐明土壤中污染物对人群健康的影响，以及土壤污染物的健康效应、作用机制，为土壤污染的相关疾病的诊断提供依据。健康风险评价的结果，对保护人群健康有积极意义，有利于研究与土壤污染有关的疾病的发生、分布、发展的规律，并且可进一步探索这些疾病的环境病因学问题，提出有效的环境安全卫生管理的对策依据。

我国的土壤污染典型地区的调查结果表明，由于受人为活动与土地利用不当的影响，我国土壤污染问题已经相当严重，并且对水环境质量和农产品质量构成明显的威胁，但

是目前对土壤污染问题并没有像大气污染和水污染那样重视。近年来，我国在"三废"处理、污水灌溉控制、低毒新农药应用等方面做出了显著的成绩，但是预计在近期内，土壤环境污染问题，尤其是在重污染工业企业密集区、城郊和乡镇企业密集区，以及化肥、农药用量较大的地区，仍将呈逐渐加重的趋势。因此，对土壤污染问题严重性和治理工作的紧迫性应该予以高度的重视。在今后的工作中，利用土壤污染健康风险评价的结果探讨制定卫生标准的理论依据、原则和方法，积极推动土壤污染防治法律、法规的制定；完善各类土壤环境标准和技术体系；加强重点区域土壤环境质量调查和监控；开展土壤污染风险评估；研究掌握土壤环境质量演变规律及发展趋势；开发和引进土壤污染修复技术；加强对污水灌溉、农药使用、有害废渣处理的监管，防止土壤污染继续扩大；提高公众土壤环保意识，开展广泛的国际合作，逐步建立我国土壤环境安全预警系统。

第二章　土壤污染的健康危害途径

土壤环境中的物理、化学和生物等污染物可以通过各种途径，直接或间接地进入人体而危害健康。

第一节　土壤污染物对人体健康危害的途径

一、土壤污染物的生物转移

土壤是大气圈、岩石圈、水圈和生物圈相互作用的产物，是联系无机界和有机界的重要环节。人类生产活动排放到大气、水中的污染物终归要进入土壤，而土壤环境中的污染物也可通过大气、水及食物链等途径转移到人体，危害人体健康。

（一）土壤污染物转移到人体的途径

1. 土壤—大气—人体

土壤本身含有空气，土壤中的一些有害气体如甲烷等，可通过与外界空气的气体交换，而进入大气。稻田和一些畜牧场释放的甲烷，会对大气造成污染。

土壤环境中具有挥发性的污染物酚、氨、硫化氢等可以直接蒸发而进入大气。氮肥在施用后，可直接从土壤表面挥发成气体进入大气，而以有机氮或无机氮形式进入土壤的氮肥，在土壤微生物的作用下可转化为氮氧化物进入大气。

因地面铺装不好、缺少绿化，地面的尘土和堆积的垃圾等被风刮起扬起尘埃，可将化学性污染物（如铅、农药等）和生物性污染物（如结核杆菌、粪链球菌等）转移入大气；沥青路面也可由于车辆频繁摩擦而扬起多环芳烃、石棉等物质被风携带而悬浮于空气中污染大气。在风速较大、交通繁忙时，扬入大气的尘土更多。土壤污染物可随大气扬尘扩散到更远的地方，沉降在地面成为尘土（灰尘），既污染近地面空气也可污染水体和土壤，并经呼吸道、消化道等进入人体，危害人体健康。铅是对儿童威胁最大的环境污染物，儿童接触环境铅的重要途径之一是尘土。据研究报道，儿童生活环境中尘土含铅量的自然对数每增加一个单位，儿童血铅可增加 $23\mu g/L$。

2. 土壤—水—（水生物）—人体

土壤污染物经水转移至人体有四种形式：

（1）地表水径流。土壤污染物可以通过雨水冲刷、淋洗进入地表水体，尤其是雨水或灌溉水流过农田后形成的径流，更易使土壤中的污染物进入水体。由于化肥、农药的大量使用，土壤中的氮、磷、农药等污染物都可污染水体。农田土壤每侵蚀 1mm，每公斤土壤的径流中磷的含量为 10kg，氮 10~20kg，碳 100~200kg。径流中农药流失量约为施药量的 5%。如施药后短期内出现大雨或暴雨，径流中农药含量会更高。水溶性强的农药可溶入水相，吸附力强的农药（如 2，4-D，三嗪等）可吸附在土壤颗粒上，并随径流悬浮于水中。我国农村有使用人粪尿和厩肥等有机肥料的传统，用未经处理的粪尿浇灌菜地和农田还可造成土壤生物性污染。粪尿经雨水冲刷污染水体。土壤污染物质进入水体后，可通过水生植物的根系吸收向地上部分以及果实中转移，使有害物质在作物中累积，同时也能进入水生动物体内并蓄积。有些污染物，如汞、镉等，当其含量远低于引起农作物或水体动物生长发育危害的量时，就已在体内累积，使其可食用部分的有害物质的累积量超过食用标准，对人体健康产生危害。

（2）污水灌溉。污水灌溉可导致农作物中有害物质含量增加。污水灌溉是指经过一定处理的污水、工业废水或生活与工业混合污水灌溉农田、牧场等。污水灌溉在缓解水资源紧张、农业增产增收和污水处理上有着重要的意义。我国污水灌溉自 20 世纪 50 年代以来一直呈发展势态，近几年来有迅速增长的趋势。未经处理或处理不达标的污水灌入农田，会造成土壤和农作物的污染，甚至造成健康危害。

污水灌溉中重金属污染是引起我国农产品安全问题的原因之一。我国污水灌溉的农田主要集中在水资源严重短缺的海、辽、黄、淮四大流域，约占全国污水灌溉面积的85%。污水灌溉区占耕地面积的比例虽然不大，但往往是我国人口密度最大的地区，是粮食、蔬菜、水果等农产品的主产区。

当前，许多国家已明文规定，在干旱地区禁止用污水灌溉可生吃的瓜果蔬菜等农作物，对必须烹调煮熟后食用的农产品，规定在收获前 20~45d 停止污水灌溉；要求污水灌溉既不危害作物的生长发育，不降低作物的产量和质量，又不恶化土壤，不妨碍环境卫生和人体健康。

（3）地下水。土壤中的污染物还可以随土壤水向地下渗漏，当达到渗透区时，污染物就很容易在地下含水层中转移。一般污染物在砂质土壤中转移速度比在黏性土壤中快，但如果黏土中有裂缝，则污染物的转移速度加快。土壤中污染物最终将转移到附近的饮用水井或污染地下饮用水水源，虽然这一过程十分漫长，但水井或地下水源一旦受到污染，则在相当长的时间内污染持续存在，污染物浓度会越来越高，治理难度和治理成本都很高。

（4）水生生物或植物。进入地表水的污染物，除可通过饮用水直接进入人体外，还可以被水中的生物所摄取，并在生物体内大量地蓄积。研究表明，进入水体中的重金属对水生生物的毒性，不仅表现为重金属的本身，而且重金属可在微生物作用下转化为毒性更大的金属化合物，如汞的甲基化作用。此外，生物还可以从环境中摄取重金属，经过食物链的生物放大作用，在体内成千上万倍富集，人体则通过食入含重金属的水产产品而受到污染物危害，造成慢性中毒。

有关资料表明，农田径流带入地表水体的氮占人类活动排入水体氮的51%，施氮肥地区的这种氮流失比不施氮肥地区高3~10倍。据有关部门调查，在我国532条河流中，82%受到比较严重的氮污染。大量氮肥流入江、河、湖、海，为水生生物的迅猛增殖提供了丰富的氮营养条件，成为"水华""赤潮"的主要诱发因素之一。赤潮的发生，使海域生态系统遭到破坏，鱼类、贝类中毒或死亡，并通过食物链危害人类健康。我国天津近海渤海湾、连云港近海海域、大连湾海区及南海珠江口入海处等一些海域氮污染比较严重，已达到富营养化程度，并且在近几年屡有赤潮发生，已引起人们普遍关注。

另外，进入水体底泥中的有害物质可以被河流带来的泥沙覆盖，成为底泥中污染物的储藏库。在水流的冲击下，底泥中的污染物也可以再次进入水体，或部分溶解于水中，或部分附着在泥沙颗粒中以胶体形式携带，成为二次污染源。这些二次污染物进一步附着在水生植物、浮游动植物中，沿着食草鱼—食鱼鱼—鹅、鸭等家禽这一食物链过程，在鱼体和家禽及其蛋中富积，最终进入人体。

3. 土壤—人体

土壤中的生物性污染物可通过人体的直接接触而危害健康。用于肥田的生活垃圾、畜禽粪便等固体废弃物中的微生物、病毒或寄生虫，如钩端螺旋体、破伤风杆菌可通过完好和破损皮肤使人体受到感染。另外，土壤中的放射性物质可直接照射于人体而引起健康危害。

4. 土壤—食物—人体

土壤污染物经食物途径进入人体有两种形式：

（1）植物直接吸收转移。土壤污染物进入植物，为直接污染危害。生长在污染土壤中的植物，可以从土壤中吸收有害污染物，并通过食物链转移进入人体。

土壤中的氨或氨盐，经硝化菌的作用，形成亚硝酸盐和硝酸盐，即可被植物吸收、利用。动物以这些植物为食，或人食用了这样的农产品，其中的亚硝酸盐和硝酸盐将最终进入体内并危害健康。调查发现，施氮过多的蔬菜中，硝酸盐含量是正常情况的20~40倍。硝酸盐和亚硝酸盐本身对人体并无大的毒害作用，但是，它们通过化肥进入蔬菜、水果，人食用后，在体内可转化成具有毒性和强致癌作用的亚硝酸胺，可造成人体（尤其是婴幼儿）血液失去携氧功能，出现中毒症状，对健康构成极大的危害。

（2）通过食物链转移。土壤污染物通过植物吸收又经食物链传递至人体，为间接污染危害。食物链是指通过一系列吃与被吃关系，把生态系统中的生物紧密地联系起来，形成以食物营养为中心的链索。食物链上的每一个环节叫营养级，土壤污染物可以沿着食物链在生物体间转移，而在转移过程中，通过每个营养级的累积、传递作用，将土壤中污染物蓄积、转移至食物链的顶端——人体。

自然界不能降解的重金属元素或有毒物质，如镉、铅、汞、铜等重金属以及苯酚化合物、DDT 等，在土壤环境中的起始浓度不一定很高，但可经过食物链的生物累积和放大作用，使污染物随着食物链逐级传递，而使高位营养级生物体内的浓度比低位营养级生物体内浓度逐级放大很多倍。例如，环境中 DDT 通过食物链在各种生物体内的逐渐放大作用，使高位营养级生物体内 DDT 的浓度高出数十万倍。假设河流中 DDT 浓度为 L，水生植物体内的 DDT 可达 265，通过逐级放大，小鱼体内 DDT 为 500，大鱼体内可达到 80000，而水鸟体内更高达 850000。这是一个经典的水环境 DDT 污染浓缩、放大案例。同样，土壤中的污染物，通过食物链的生物放大作用，使食物链上营养级较高的生物体内污染物的浓度高于营养级比它低的生物体内的含量。

虽然目前我们仍未掌握环境污染物通过土壤食物链浓缩、放大的参数，但已有的研究均表明，重金属污染物依照以下规律转移：大气、农灌水（工业废水）—农田土壤—农作物—畜禽饲料（粮菜果等）—人体。

贵州万山特区曾为我国最大的"汞都"，持续生产几十年。目前虽然大部分冶炼厂已停止开矿，但长期的汞采冶对当地生态环境造成了破坏，尤其是大量废气排放和废渣堆放引起了严重的环境污染，包括当地农民土法炼汞引起的污染。汞矿区和化工厂周边，汞的迁移不仅造成环境污染，而且还进入食物链。李黔军等对万山某汞冶炼厂，废渣堆附近的水、土壤、牧草、家畜进行调查分析，研究其食物链受污染情况。调查研究发现，汞随水、土壤—饲草—羊（动物组织）的食物链而转移富集，并在转移过程中含量相应升高，进而通过食物链，对整个生态系统和人体健康造成威胁。牟树森等对蔬菜中汞污染进行了研究。结果显示，奶牛在以草类与菜叶做青饲料时，更易提高牛奶中汞的含量，它可通过食物链不断富集，特别是以青草、菜叶做饲料而加重危害的趋势。

生物放大作用是与食物链有关的，但是生物体内污染物浓度的增加还与生物蓄积作用和生物浓缩作用有关。生物蓄积作用是指同一生物个体对某种物质的摄入量大于排出量，因而在生命过程中该种物质在体内的含量逐渐增加。生物浓缩作用是指生物机体摄入环境中某种元素和化合物后加以浓缩，使生物体内该物质的浓度超过环境浓度。生物蓄积和生物浓缩最终作用是使生物体中某种污染物的浓度高于环境浓度。因此，进入土壤中的微量毒物，可通过生物放大作用、生物蓄积作用和生物浓缩作用，使高位营养级的生物受到毒害，最终威胁人类健康。

例如，土壤中放射性核素向植物的转移。植物根系由土壤中吸收放射性核素。放射性核素在植物表面聚集和向内转移的量与气象条件、核素理化性质、植物种类和农业生产技术等因素有关。雨水冲刷可降低植物表面污染量，叶类植物表面积大易聚集较多的放射性核素，带纤毛的籽实和带壳的产品污染量较低。放射性核素中易被植物吸收，易从叶部向内部组织转移，有些易从根系吸收，放射性核素又可通过植物如牧草、饲料等途径进入禽、畜体内，储存于组织器官中。这些核素还可以进入奶及蛋中，通过这些食物又可以进入人体。

由上可知，土壤污染对人类健康危害大都具有潜隐性、间接性的特点，其后果是严重的。

（二）土壤污染物在食物链—大气—水中的动态转移原理

污染物在食品中的残留量，受环境污染物浓度、植物对污染物的截获能力以及污染物在植物体内富集、转移等多种因素的影响。因此，从污染物排放（特别是重大污染事件发生时）到污染物在动植物可食部分中出现（量）是一个动态过程。国外针对重大环境污染事件而开展了动态食物链模式研究。如1989—1996年，国际原子能机构与环境合作委员会组织了大型国际协调研究项目"核素在陆地、水体、城市诸环境中迁移模式有效性的研究"（简称VAMP）。胡二邦作为中国组负责人，主持开展了"动态食物链模式、参数的理论与实验研究"工作，进行了有关转移参数（污染物沉积速度、植物叶面积指数、土壤表层的污染元素、浓度、植物可食部分污染元素、浓度等）的理论和定量研究，建立了我国动态食物链模式及中国食物链的部分转移参数，提出了适合于中西方食物链的污染物动态转移模式。

二、土壤污染物侵入人体的方式及分布、储存

土壤污染物经大气、水和食物等途径进入人体，并通过机体的生物膜而进入血液，这一侵入过程称为吸收。土壤污染物主要通过消化道、呼吸道和皮肤吸收。

（一）侵入方式

（1）消化道侵入。经土壤—水和土壤—食物途径转移的污染物，主要通过消化道侵入人体。消化道的任何部位均对污染物有吸收作用，经口腔黏膜吸收的极少，在胃内主要通过简单扩散的方式被吸收，起主要作用的是小肠。小肠黏膜上绒毛的面积相当于小肠表面积的30倍，达$10m^2$，是吸收污染物的主要部位。脂溶性污染物较易吸收，污染物的浓度越高，吸收越多。

污染物在消化道的吸收过程中受很多因素影响：①消化道中多种酶类和菌群可改变污染物的毒性，使其转化成新的、毒性更大的物质。如婴幼儿胃肠道有硝酸盐还原菌，可将饮水、食物中含量较高的硝酸盐还原成亚硝酸盐，吸收后与血红蛋白结合，引起变性血红蛋白症。小肠内的菌群可以还原芳香硝基为芳香胺，后者是可疑的致甲状腺肿和

致癌物质。②胃肠道内容物的种类和数量、排空时间及蠕动状态都会影响消化道对环境化学物的吸收。肠道蠕动减少可增加污染物的吸收，蠕动增加则可降低其吸收率。③污染物的溶解度和分散度也是影响吸收的因素。如硫化汞不易溶解吸收，氯化汞则很易吸收引起中毒。苯酸等弱酸性物质在胃内脂溶性大，易被吸收；苯胺等弱碱性物质在胃内呈游离状态，不被吸收，但在小肠脂溶性大，易被吸收。另外，消化道不同部位的 pH 值、饮食营养状况也是影响污染物吸收的重要因素。例如，摄入高钙、高铁或高脂食物可降低铅的肠道吸收。

（2）呼吸道侵入。经土壤—大气或土壤—扬尘转移的污染物，主要经呼吸道侵入机体。经呼吸道吸收的污染物质不经门静脉血液进入肝脏，故未经肝脏的生物转化过程而直接进入体循环并分布到全身。

由于肺泡表面积大，肺泡周围毛细血管丰富与空气接触面广，经肺部吸收的气态毒物，如氯气、硫化氢、氮氧化物等能迅速通过肺泡壁进入血液，其速度仅次于静脉注射。同时，呼吸道富有水分，易使污染物溶解吸收，或造成局部刺激和腐蚀性损害。颗粒状污染物直径＞10μm者，因重力作用而较快地沉降，在空气中停留时间短，一般从呼吸道吸入的机会较少。直径＜10μm的飘尘在空气中停留时间长，能够通过呼吸道进入人体，沉积于肺泡内或被吸收进入血液及淋巴液内。直径＞5μm的尘粒，在通过鼻腔、喉头、气管等上呼吸道时，能被这些器官的纤毛上皮吸附阻留，经咳嗽、咳痰、喷嚏等保护性反射作用排出。0.4μm以下的更细的尘粒能随呼吸自由进出呼吸道。因此，最终进入细支气管及肺深部者，一般是直径0.4~5.0μm的尘粒。有些尘粒长期停留在肺内可以形成尘肺（肺尘埃沉着病）或结节。

影响污染物经呼吸道吸收的影响因素主要有：①分压差和血／气分配系数。按扩散规律，气体从高分压（浓度）处向低分压（浓度）处通透，肺泡气和血液中该气态物质的分压（浓度）差越大，吸收越快。血／气分配系数越大，气体越易被吸收入血液。例如，乙醇的血／气分配系数为1300，乙醛为15，二硫化碳为5，说明乙醇远比乙醛和二硫化碳易被吸收。②溶解度和相对分子质量。非脂溶性的物质通过亲水性孔道被吸收，其吸收速度主要受相对分子质量大小的影响，相对分子质量大的化学物吸收较慢。③肺的通气量和血流量的比值。肺泡通气量与血流量的比值称通气／血液比值。

（3）皮肤侵入。一般来说，完整、健康无损的皮肤是良好屏障，对污染物质的通透性较弱，但确有不少污染物质可通过皮肤吸收而产生全身毒性作用。

经土壤—大气或土壤—扬尘转移的污染物也可经皮肤侵入，其主要是通过表皮和毛囊、汗腺、皮脂腺吸收。但毛囊、汗腺、皮脂腺只占皮肤表面积的0.1%~1.0%，所以其吸收不如表皮重要。可以通过皮肤吸收的污染物，大多数是通过表皮后，经乳突毛细血管进入血液。易溶于脂和水的物质，如苯胺可被皮肤迅速吸收，只有脂溶性而水溶性极微的苯，经皮肤吸收的量较小。某些污染物可通过皮肤吸收引起全身作用，如有机磷农药经皮肤吸收引起中毒甚至死亡，四氯化碳经皮肤吸收引起肝脏损害。表皮吸收的主要方式是简单扩散，其影响因素很多。

经毛囊吸收的污染物不经过表皮屏障，可直接通过皮脂腺和毛囊壁进入真皮。电解质和某些金属，特别是汞，可通过毛囊、汗腺和皮脂腺而被吸收。皮肤被擦伤、灼伤或被酸、碱化学性损伤，可促进污染物的迅速吸收。

（4）其他途径侵入。此外，某些污染物可通过眼部和口腔黏膜被吸收。另外，土壤中的放射性物质还可通过直接辐射或照射作用于人体而引起健康损害。

（二）分布和储存

（1）分布。通过不同途径侵入人体的污染物除少数在血液里呈游离状态，大部分与血浆蛋白结合，随血液和淋巴的流动分散到全身各组织器官，这个过程称为分布。同一种污染物在机体内各组织器官的分布是不均匀的，不同的污染物在机体内的分布情况也不一样。这是因为其在体内的分布与各组织和器官的血流量、亲和力及其他因素有关。分布的起始阶段，主要取决于机体不同部位的血流量，血液供应越丰富的器官，污染物的分布越多，所以血流丰富的肝脏，可达很高的起始浓度。但是随着时间的延续，污染物在器官和组织中的分布，受到污染物与组织或器官亲和力的影响而形成污染物的再分布过程。如甲基汞吸收初期，血液和肝脏含汞较高，然后逐渐向脑组织转运，其分布顺序是：肝＞脑＞肾。又如吸收入血液的铅大部分（约90%）与红细胞结合成为非扩散性铅，少量成为与血浆蛋白结合的结合性铅或可扩散铅（主要为磷酸氢铅和甘油磷酸铅）。可扩散铅的量少但生物活性较大，可通过生物膜，进入中枢神经系统。进入血液中的铅，初期分布于肝、肾、脾、肺、脑中，以肝、肾中含量最高。数周后转移到骨骼、毛发、牙齿等。体内的铅90%以上以不溶的磷酸铅沉积存在于骨骼内，血液中的铅仅占体内总铅量的2%。一般认为软组织铅能直接产生毒害作用，硬组织的铅作为机体"储存库"具有潜在毒作用。

某些污染物与某种组织有很强的亲和力或具有高度脂溶性而在某种组织浓集或蓄积。浓集或蓄积的部位可能是污染物主要毒性作用部位即靶器官，也可能不呈现毒性作用而成为储存库。储存状态的污染物质与其游离状态部分呈动态平衡；储存的污染物释放入血液成游离状态时，即可呈现毒性作用。研究污染物在体内的分布规律和归属，了解和获得不同污染物的亲和组织、靶器官和储存库基础知识，对于深入研究环境污染物在人体内的代谢及毒作用机理具有重要意义。

（2）储存。如上所述，进入血液的污染物大部分与血浆蛋白或体内各组织成分结合，并在特定部位蓄积而导致组织器官局部有较高的浓度。被污染物蓄积并受到其毒性直接攻击的组织或器官称为靶组织或靶器官。如金属镉主要蓄积于肾脏，铅主要蓄积于骨骼，甲基汞除蓄积于肾脏和肝脏外，还可通过血脑屏障在脑组织内蓄积，并均可引起这些组织的病变。反之，虽然被污染物蓄积，但并未受到其毒性直接攻击或显示中毒效应的组织或器官称为储存库，如血脂蛋白、脂肪、骨骼等。

污染物质在体内储存的毒理学意义：一方面对急性中毒有保护作用，储存库使污染物在体液中的浓度迅速降低，减少其到达靶组织或靶器官的作用剂量；另一方面储存库可能成为体内污染物的内暴露源，具有慢性致毒的潜在危害。美国哈佛大学公共卫生学院的研究者在墨西哥城进行了对铅毒通过胎盘传播的研究，发现母体骨骼中蓄积的铅是胎儿铅暴露的一个重要来源，即内源性铅暴露。研究还表明，铅的毒作用部位在软组织，铅储存于骨内有保护作用，但在缺钙、体液 pH 下降或甲状旁腺激素分泌增多等促进溶骨作用的情况下，骨质破坏会使骨内储存的铅释放入血而引起中毒。这类中毒一般为慢性中毒。

（3）排泄。排泄是环境污染物及其代谢产物由体内向体外转运的过程。排泄的主要途径是经肾随尿液排出和经肝随同胆汁，再通过肠道随粪便排出。此外，环境污染物也可随各种分泌液如汗液、乳汁、唾液、泪液及胃肠道的分泌物等排出；挥发性物质还可经呼吸道排出。例如，经呼吸道吸收入体内的铅主要经肾脏由尿排出，小部分随粪便、唾液、乳汁、汗液及月经排出，毛发和指甲也可排出少量。经消化道食入的铅由于消化道吸收很少，大部分从粪便中排出，故粪便中的铅含量几乎等于食物中的铅含量；还有一部分主要通过肾脏经尿排出体外，还可通过肺、胎盘、各种腺体排出。挥发性污染物苯，吸收进入机体的苯有 50% 以原形态经肺部呼出。

三、人体对土壤污染物的反应

随着环境条件的变化，人体可不断地调节自身的适应性、稳定性以保持与环境间的平衡。人类对环境因子变化具有一定的调节能力，只要环境异常改变不超过人体正常生理调节范围，就不会影响人体健康。但是如果环境异常变化超出了人类正常生理调节的范围，则可能导致人体某些功能和结构的异常甚至病理性改变。

（一）基本概念

（1）健康。通常人们将有无疾病视为是否健康的标准，单纯地认为不生病就是健康，或者说健康就是"无病、无残、无伤"。这些看法有道理，但很不全面。正确认识健康，必须从生物—心理—社会—环境医学模式加以考虑。健康的标准不是绝对的，而是相对的。健康是一个动态的概念，在不同的地区、不同的群体、不同的个人，或个人不同的年龄阶段，健康的标准是有差异的，而且随着社会经济、科学技术及生活水平的发展和进步，健康的标准及其内涵也将会不断发展变化。

（2）疾病。目前认为，疾病是指机体在一定病因的损害作用下，由于自稳调节紊乱而发生的异常生命活动过程，从而引起一系列机能、代谢和形态结构的变化，并表现为症状、体征等的异常，此种异常的生命活动过程称为疾病。

（3）环境病。"环境病"不是临床医学上某一具体的疾病，而是指由于环境中某些人体需要的化学元素过多或过少，或是自然生态环境破坏，或是由于人类生产、生活等活动造成某些环境因子（如生物、物理、化学）超过环境容量，这些因子独立或者共同侵入、作用于人体，导致人类生命活动的秩序呈现紊乱的状态，人体机能、代谢和形态结构发生变化，所引起的一类疾病。当环境病的波及范围广、危害程度大，造成巨大的社会影响和涉及法律时，即演变为"公害病"。这类疾病不是原生的，是伴随着人类征服大自然活动和粗放型的环境开发、工业生产而逐渐产生的，因此称为环境病或环境污染病。

（4）人体反应。人体对可能造成机体受到损害的物质的入侵所做出的反应。土壤污染物进入人体后，机体会产生不同程度的反应。首先，通过生理适应过程，来维持机体正常的生理功能。另外，人体对环境污染物还存在一系列的抗损害作用，包括各种生物膜屏障、代谢解毒、分子水平和细胞水平的修复、代偿和免疫防御等，因而，从健康损害到疾病发生存在一个由量变到质变的演变过程。当土壤污染物低强度侵入时（剂量或浓度较低，作用时间较短），人体可以通过正常的生理调节，使机体适应和耐受，不致产生健康损害和疾病；当土壤污染物高强度侵入（剂量或浓度较高，作用时间较长）或长期在人体内蓄积，破坏人体生理自稳性、超过人体生理调节能力限度时，即可造成人体某些组织和器官机能、代谢和形态结构发生变化造成损害并引起疾病，最后还可导致死亡。

人体对土壤污染物的反应过程可分为三个阶段。

①适应期，又称正常调节阶段，指机体可在平衡范围内使侵入的污染物代谢与排泄。少量污染物进入人体，由于生理正常调节功能的作用，污染物通过生物转化、排泄等方式，使其毒性降低或被及时排出体外，机体不致产生损害和疾病。

②代偿期，又称有代偿功能的亚病态阶段。污染物数量增加到某一程度即作用于靶器官或组织，造成脏器或组织机能下降，但通过机体代偿机制可维持其机能，使机体保持相对稳定或未造成典型的损害，暂不出现临床症状和体征，几乎无自觉症状。这一阶段看上去是"健康人"，但实际上机体生理、生化反应发生改变，机体的某些功能下降，是为疾病的早期，也可称为亚临床期。

③损害期，又称失代偿状态病态阶段。污染物大量侵入人体，超过了生理代偿功能，造成健康损害，出现疾病症状，体征，生理、生化检验异常，甚至死亡。

以上三个阶段中，一般前两个阶段属于环境医学研究范畴，即仅有机体污染物负荷增加，意义不明的生理或生化改变的亚临床变化阶段，第三阶段属于临床医学范畴。从"预防为主，保护人群健康"的观点看，环境医学和临床医学都应及早发现亚临床状态病人，保护高危人群，加强卫生保健和干预措施，防止亚临床状态发展为疾病。

（二）人群对土壤污染物的反应

（1）人群健康效应谱。同其他环境有害因素一样，土壤污染物作用于人群可产生不同程度损害，严重时可以引起居民患病率（特异或非特异疾病）增加或死亡率增加。但人群中不是所有人对污染物的反应程度都一样，而是呈现金字塔形分布。

人群暴露于土壤污染物时，大多数人表现为机体负荷增加，不引起生理变化；较少数人稍有生理变化，但属正常调节范围；少数人处于生理代偿状态，此时如果停止接触有害因素，机体就向着健康方向恢复，代偿失调而患病的人在人群中只是极少数，而死亡的人数比患病人数要更少。

由此可见，土壤环境有害因素作用下产生的人群健康效应，由人体负荷增加到患病、死亡这样一个金字塔形的人群健康效应谱组成。环境污染物或其他有害因子引起的健康效应，在人群中呈现的金字塔形分布，反映了人体对环境污染物毒作用敏感性、易感性和反应性差异。这种金字塔形分布的顶端到达何种水平，视环境污染物作用量、作用强度、作用时间以及生物个体差异等而定。当环境污染严重和环境有害因素作用极强时，可引起公害病或"环境病"的流行，并导致死亡。例如，日本"痛痛病"在日本富山县神通川流域流行 20 多年，造成 200 多人死亡。

人群健康效应谱反映了环境污染物作用强度与人群反应关系的动态变化。人群健康效应谱是环境医学一个很重要的概念，也指出了环境医学应面向整体人群做调查研究，查清各种水平的健康损害者以及出现频率，才能科学地解释环境污染危害的性质、程度与范围，制定正确的环境管理、疾病预防措施。

（2）高危人群。人体对环境污染反应的性质和强度因个体健康状况、年龄、性别和遗传等因素而异，有的反应强烈，出现疾病，甚至死亡，有的则反应不大。易受环境有害因素损害的人群称为高危人群，在环境污染同一暴露水平中，高危险人群比正常人群出现健康危害早而且程度也严重。因此，在进行环境致病因素的研究中，要特别注意保护高危险人群，保护了高危险人群就保护了整个人群。

构成高危险人群对环境污染物易感性的生物学基础为：

①年龄。不同年龄的人群对环境因素作用的反应不同。例如，胎儿和新生儿由于体内酶的解毒系统尚未成熟，儿童的一些正在发育的组织和器官可能对化学物质更为敏感，血清免疫球蛋白水平低下，老人应激功能较低，往往对环境因素敏感。因而在暴露环境污染物后，婴幼儿、儿童可能表现出与成人截然不同的反应。有调查显示，吸烟开始年龄在 16 岁前与 20 岁后相比，乳腺癌的致死危险度明显增高。如儿童对铅的吸收较成年人多 4~5 倍，对镉则多 20 倍。

②性别与激素。环境污染物导致健康危害与性别有关，日本镉污染地区经产妇"痛痛病"的发病率就比其他人群高。试验研究表明，性别差异主要与性激素有关。雄性激

素能促进细胞色素 P450 酶的活力，故雄性体内易于代谢和降解外来化学物质。

③遗传因素。遗传缺陷者或遗传病病人对某些毒物异常敏感。1998 年，美国国家环境卫生科学研究所启动环境基因组计划，研究人体环境反应基因，鉴定对机体接触环境因素易感性起决定作用的环境反应基因多态性。环境反应基因包括：控制毒物分布和代谢的基因，DNA 修复途径的基因，细胞周期控制系统的基因，细胞死亡 / 分化基因，控制其他基因表达的信号转导系统的基因。

④营养及膳食。营养不足或失调将影响污染物的毒性作用。蛋白质缺乏将引起酶蛋白合成减少及酶活性降低，使污染物代谢减慢，机体的解毒能力降低，污染物毒性增加。营养缺乏可以加剧某些污染物的毒作用。已有报道维生素 A 和维生素 C 长期不足，机体易于发生癌症。

⑤疾病与健康状况。健康状况也可影响污染物的毒性作用，如患肝病使机体解毒能力下降而致污染物毒性增加；慢性支气管炎和肺气肿患者易发生刺激性气体中毒，且后果较严重. 例如，1952 年的伦敦烟雾事件死亡者中，80% 的人是心、肺疾病的患者。再如，慢性心肺疾病患者，对二氧化硫污染特别敏感，冠心病病人接触一氧化碳后，由于形成一氧化碳血红蛋白妨碍了血液的供氧功能，使疾病恶化。

由于高危人群对环境污染因素的易感性，因此，研究环境污染因素对健康的影响，制定环境有害因素的质量标准时，均应以高危险人群为主要对象，力求保证全体人群的健康。

四、土壤污染对人群健康的影响

（一）土壤污染物对人体作用的影响因素

土壤污染物可从多种途径侵入人体，对人体健康的危害是隐秘、间接而复杂的。其对人体危害的程度与多种因素有关，取决于污染物的种类、毒性、理化性状、进入人体的剂量、持续作用时间、个体敏感性等因素。

（1）剂量。土壤污染物对人体的危害程度，首先取决于污染物进入人体的剂量。机体对污染物的反应强弱和污染物的毒性大小也有密切关系。人体对不同的污染物有不同的剂量反应关系。进入人体的污染物可分为两类：一类是非必需元素、有毒有害物质等，这类物质进入人体的剂量达到中毒阈值时，即可对机体造成危害，甚至发展为疾病；另一类是人体必需的元素，其剂量与反应关系较为复杂，因为这类元素过多或过少都可能对机体造成危害。例如，氟在饮用水和土壤环境中含量过低，可致龋齿的发病率增高，但氟含量过高，可造成地方性氟病。碘在饮用水和食物中含量不足，可引起缺碘性甲状腺肿，但碘含量过高可造成高碘性的甲状腺肿大。

（2）作用时间。许多污染物在人体内有蓄积作用，因此，随着人体暴露于污染物时间的延长，污染物在体内的蓄积量和危害性也随之增加。

除了污染物的作用时间，污染物在体内的蓄积量还与摄入量及污染物本身的生物半衰期两个因素有密切关系。污染物摄入量大，生物半衰期长，持续作用时间长，污染物在体内的蓄积量大，对人体的危害性也大。生物半衰期是指污染物在生物体内浓度减一半所需的时间，污染物摄入量相等时，生物半衰期长的物质对人体毒作用的危险性比半衰期短的大。

（3）个体差异。个体的年龄、性别、生理和心理状态、健康和营养状况、遗传因素等，均可影响人体对污染物的反应。例如，有些人由于红细胞6-磷酸葡萄糖脱氢酶缺乏，对硝基苯类化合物引起的血液损害特别敏感；缺乏血清抗胰蛋白酶因子者，则对刺激性气体造成的肺损伤特别敏感。环境污染物可以影响群体健康，其中包括由于个体差异而对某种污染物特别敏感的人，即所谓高敏感人群。儿童因身心发育未健全，妇女因月经期、孕期某些生理调节功能的降低，往往对污染物的毒性反应特别敏感。

（4）多因素的综合影响。通常环境中是多种污染物并存，因此，土壤污染对人体的作用，也会呈现多种因素的综合影响。环境中多种污染物同时存在，当受到化学、物理、生物等因素影响时，其毒性可发生变化。例如，水体底泥中的金属汞可在生物的作用下转变成剧毒的甲基汞；飘尘中的二氧化硫经重金属催化生成三氧化硫，与空气中的水蒸气形成酸雾；辐射可以改变机体对许多化学物质的敏感性；一氧化碳和硫化氢可以相互促进中毒等。此外，土壤污染物的浓度、毒作用还受当地的地形、地理、气象条件等因素及人为因素的影响。

土壤中各种污染物进入体内，对机体产生作用，依污染物的性质和所处条件不同，可以呈现为：

①独立作用：单项污染物对机体的作用途径、部位均不同，即它的危害是污染物独立作用的结果；

②相加作用：污染物对人体的毒性作用，其毒性等于各个单项污染物毒性作用的总和，即毒性为 1+1=2；

③协同作用：污染物对人体的毒性作用，其毒性超过各个污染物毒性作用的总和，即毒性为 1+1＞2；

④拮抗作用：污染物对人体的毒性作用，小于各个污染物毒性作用的总和，即毒性为 1+1<2。

（二）土壤污染对人体健康的影响

土壤污染物对人体健康的影响，可表现为特异性损害和非特异性损害两个方面。特异性损害就是土壤污染物所引起的人体急性或慢性中毒，以及致畸、致突变、致癌作用等。非特异性损害主要表现在一些疾病的患病率、发病率增高，人体抵抗力和劳动能力的下降等方面。土壤污染对人体健康的损害，按其发病时间分成急性危害、慢性危害和远期危害。

（1）急性危害。土壤污染物主要通过间接途径进入人体，因此，土壤污染引起的急性损害较为少见。

（2）慢性危害。土壤污染物在人生命周期的部分、大部分时间，或整个生命周期内持续作用于机体所引起的损害为慢性危害。其特点是作用剂量低、作用时间长，作用方式间接、隐蔽，而且引起的损害出现缓慢、轻微，易呈现耐受性，并通过遗传贻害后代。土壤污染物对人体的慢性毒作用既是污染物本身在体内逐渐蓄积的结果，又是污染物引起机体损害逐渐积累的结果。大多数公害病属于慢性损害，由镉引起的"痛痛病"便是土壤环境污染物慢性毒作用的典型例子。

（3）远期危害。土壤污染物长期、慢性作用于机体，给人体健康带来远期的危害，这种危害可分为非特异性危害和特异性危害。非特异性危害主要指对人群生存、死亡、胎儿死亡流产、儿童智力受损等影响；特异性危害主要指污染物损伤体内遗传物质或基因，引起突变和致畸、致癌作用。如生殖细胞发生突变，后代机体在形态或功能方面会出现各种异常导致畸形，体细胞突变则往往是癌变的基础。

动物实验也表明，镉对雌性哺乳动物的生殖系统具有明显的毒害作用。镉可引起卵巢病理组织学改变，造成卵泡发育障碍，可干扰排卵和受精过程，引起暂时性不育；它还可以抑制卵巢颗粒细胞和黄体细胞类固醇的生物合成，影响卵巢内分泌功能。此外，镉还对垂体内分泌功能，对雌激素受体、黄体酮激素受体及其基因表达产生影响。镉对雄性生殖也会产生不良影响，大鼠口服含镉饮用水 3~6 个月后，血清睾酮水平发生变化，其他动物实验还发现，镉暴露动物睾丸黄体化激素受体和 cAMP 水平均产生变化。环境镉暴露被认为是导致乳腺癌和前列腺癌发生的重要原因之一。研究表明，镉能干扰性激素的稳态，可导致雌性性器官发育和导致雄性前列腺损害，进一步导致乳腺癌和前列腺癌，其致癌的机理可能是外因性的，包括活化转录因子、原癌基因和抑制细胞凋亡等作用。其作用机理有待进一步深入研究。

（4）其他危害。在土壤污染因素作用下，机体的功能减弱、免疫力下降，可导致常见病、多发病的发病率增高，这是间接影响所致的健康损害。铅、苯、汞、有机磷酸酯等污染物，均能产生不同程度的免疫抑制，使某些疾病的发病率增高。另外，铅和镉污染对幼儿智力发展产生影响。铅对认知功能的损伤已众所周知，但镉对智力的不良影响还很少有研究。秦俊法报道，美国马里兰州东海岸的公立学校调查研究表明，幼儿发镉浓度与认知功能有一定关系。头发镉水平与智力评分和学校成绩评分的关系非常密切，在排除人口学因素后，发镉仍与智商相关，即使是智商正常的儿童，仍观察到两者的相关性。发镉与智力测试评分的关系多项式回归分析发现，用韦氏儿童智能量表测定的总智商、操作智商和语言智商的评分与发镉均有显著意义的相关关系。为了确定这些影响的相对强度，研究者计算了"效应大小"和"重复概率"两项指标。由于儿童发镉与铅之间存在密切关联，为了区分这两种元素的相互影响，在对铅调整后对智力评分与镉作等级回归分析或对镉调整后对智力评分与铅作等级回归分析。结果发现，镉和铅对智力有不同的影响：镉对语言智商的影响明显强于铅，而铅对操作智商的影响显著强于镉。

（5）公害病。公害病是由人类活动造成的环境污染所引起的疾患。公害病不仅是一个医学的概念，而且具有法律意义，须经严格鉴定和法律认可。公害病的流行，一般具有长期（十数年或数十年）陆续发病的特征，还可能累及胎儿，危害后代。如"痛痛病"（土壤污染）、水俣病（水污染）、四日市哮喘（空气污染）。

第二节　土壤污染与农产品安全

土壤污染是影响农产品安全的一个重要因素。

一、农产品安全问题

农产品质量安全是相对于食品安全而来的，其含义为："农产品中不应包含有可能损害或威胁人体健康的有毒、有害物质或不安全因素，不可导致消费者急性、慢性中毒或感染疾病，不能产生危及消费者及后代健康的隐患。

"民以食为天"，食品是人类赖以生存的物质基础，随着经济社会不断的进步和发展，生活水平的提高，人们对食品的要求不仅仅是温饱和提供营养素需求，更重要的是对食品安全性需求越来越高，迫切要求提供无污染和高质量的食品。农产品质量安全关系着人类健康和生存，同时也与经济社会发展、构建和谐社会休戚相关。据估计，全球每年约 1/3 的人有食源性疾病经历。每年因环境污染出现的腹泻病例达到 15 亿，其中有 70% 是直接由食品的生物或化学性污染所致。尤其是震惊世界的"疯牛病事件"、比利时"鸡污染事件"、美国"沙门氏菌病"等重大食品安全事件的发生，更是对世界各国的经济和社会发展产生了重要的影响。

食品安全问题已引起了全社会的普遍关注和重视。近年来，我国食品安全形势总体是好的，但也不容乐观。由于农产品产地环境、原料供给、生产、加工和农产品溯源等环节存在着严重的不适应性，时常导致食品安全事件发生。另外，在国际市场上，由于各国不断提高农产品安全质量的卫生检疫标准，从而使我国农产品在质量方面面临着更为严峻的挑战，并表现出明显的质量竞争劣势。主要问题为：农药残留、品质差、卫生差、细菌毒素污染等，使我国在农产品贸易中遭受巨大损失，对国家也产生极大的负面影响。

食品公害来自两个方面：一是来自农业生产外部，主要是城市和工业"三废"污染物对农业的污染；二是来自农业本身的污染，主要是不合理地使用化肥、农药和饲料添加剂，致使农产品污染等。土壤污染是农产品安全问题的重要源头之一。土壤环境的好坏直接关系着农产品的安全水平。土壤污染不仅直接着影响农产品的生长，其污染物转移会进入农产品，降低农产品的品质，间接危害人体健康。

1. 影响农产品安全的土壤污染因素

农产品产地环境对保证其质量安全非常重要。在农业生产中大量使用化肥、农药和农膜等将造成农作物生长环境，即土壤的污染。

影响农产品安全土壤主要污染因素有：

（1）化肥。化肥可以大幅度地增加作物产量，同时也可能导致环境的污染。近几年来，由于农业上化肥用量的增加，化肥已成为农业环境中一种主要的污染物质。施入土壤中的各种肥料只有一部分为作物吸收，其余大量的营养物质有的从土壤中淋失，有的转化为"难效态"残留在土壤中，有的则在化学反应过程中挥发到大气中。各种作物对肥料的平均利用率，氮为施用的 40%~50%，钾为 30%~40%，磷为 10%~20%；对作物不合理的大量施肥，不仅导致营养物质的损失，降低肥料中营养元素的利用率，还造成对农业环境的污染。

根据计算，在全球氮素循环中，通过各种途径固定的氮素总计为 $91.8 \times 106t$，而经过反硝化作用，返回大气的氮素总计为 $85 \times 106t$，每年固定的氮素比返回大气的氮素多 $6.8 \times 106t$。留在地球上的这部分氮素，分布在土壤、地下水、河流、湖泊和海洋中。目前，各地出现氮污染的问题与这部分氮素关系密切。氮素的损失中，有一部分发生脱氮反应，变成毒性强的氮氧化物，动物吸入可引起中毒症状。

农业生产中施用硝态氮、氨态氮化肥，可以使土壤和农作物如蔬菜中硝酸盐含量增加，硝酸盐在人畜体内转变成亚硝酸盐，破坏血液吸收氧气的能力，过量摄入引起高铁红蛋白血症，缺氧中毒。亚硝酸盐还可与胃内胺类物质结合生成亚硝胺，是诱导细胞癌变的重要原因。

生产磷肥的磷矿石，除了含有营养元素的成分外，往往同时含有对作物有害的元素，如砷、镉、汞、铅等。另外，氟磷矿石含氟量较高，一般磷矿石或过磷酸钙中，含氟 2%~4%，随磷肥进入土壤中的氟可以在土壤里和植物体内蓄积，造成不良影响，人长期饮用或食用含氟高的水和食物会导致慢性氟中毒。

（2）农药。农药污染农业环境的途径主要是通过农田施用，此外，农药的储存、运输、销售和农药厂"三废"的排放等也可造成对土壤环境的污染。

虽然大多数农药在环境中能逐渐分解成无毒的化合物，但有的农药化学物质稳定，能较长期地残留在作物或土壤中，有的农药能代谢为更毒或致癌的化合物，如杀虫脒水解产生四氯磷甲苯胺，代森锌代谢为亚乙基硫服，直到农产品收获时，还会有残留农药及其有毒代谢物。这种农产品被人长期食用或作为饲料通过家畜、家禽最终进入人体，引起慢性中毒。

由于我国施药技术和农药制剂较落后，或施药不及时，农药的实际利用率很低。据测定，农药接触到靶农作物上的仅为10%~20%，绝大部分都降落到地面或扩散到大气中。虽然经光、热和微生物的降解，仍有相当数量的农药本体及降解产物残留在环境中，最终污染农作物。

根据试验资料，农药的流失率一般在11%~12%，如果按11%的流失率来计算，20世纪90年代我国每年使用农药原药23万~25万吨,万制剂80万~100万吨。据此可以估计，我国每年有2.53万~3.0万吨农药原药流失，对环境污染造成的影响非常大。可以看出，我国高毒农药，特别是高毒有机磷农药的产量仍然相当大。近年来，虽然我国先后采取了一系列有效政策措施，淘汰和限制了一批高毒、高残留的农药品种，但这一问题并没有得到完全解决。

目前，我国大棚蔬菜生产害虫防治主要依靠化学农药的使用。农药使用后，约有15%的农药黏附在蔬菜表面，85%的农药散落在地表，其中一部分被作物的根系吸收，另一部分通过光解、蒸发和微生物的作用消失，但大部分残留在土壤中，被作物吸收并通过食物链富集，另外残留在土壤中的农药也可通过地表径流污染水体。化学农药特别是有机氯类农药具有中高毒、高残留、降解速度慢等特点，因而给土壤环境和人类健康造成危害。化学农药主要有有机磷类、氨基甲酸酯类、有机氯类和菊酯类农药等。

（3）农膜。农用地膜覆盖栽培技术的推广应用已经在农业生产中取得显著的经济效益。然而，由于地膜强度低，在田间不易回收；同时，地膜又是高分子的碳氢化合物，在自然条件下难以降解，所以，随着地膜覆盖栽培面积的扩大，使用年份的增加，耕地土壤中的残膜量也不断增加。

从调查情况来看，我国使用地膜覆盖栽培的耕地，普遍存在着地膜残留的问题。有的残留量很高，给农田生态环境造成了严重污染。农田使用的农膜老化后会破碎，不及时清理则形成大量残留碎片遗留田间。

残留土壤中的农膜主要危害，除了影响农作物对水分、养分的吸收，抑制农作物的生长发育，造成农作物减产，更为严重的是农膜中的增塑剂主要是酸酸酯类化合物，为持久性有机污染物，具有致癌、致畸、致突变的作用。农田里的废农膜通过日晒雨淋不断渗入土壤，污染土壤并残留，使土壤环境恶化。

（4）重金属。重金属对土壤的污染,特别是蔬菜种植地区的污染,主要来自于工业"三废。重金属污染物可通过污水灌溉、大气沉降、固体废弃物渗漏污染土壤，导致农作物中重金属含量增加，农作物中蔬菜吸收重金属后，叶片重金属含量最高，叶菜类蔬菜吸收重金属高于根茎类蔬菜，茄果类蔬菜吸收重金属最低。

（5）致病微生物。有害微生物污染主要由未经处理的城市生活污水、医院污水排入地表后引起的。导致农产品污染的有害生物因子主要包括：①细菌及其毒素，如沙门菌、蜡样芽孢菌、志贺菌、金黄色葡萄球菌、霍乱弧菌等；②寄生虫和原虫，囊虫、旋毛虫、阿米巴等；③病毒，肝炎病毒、轮状病毒等；④有毒动物，有毒鱼类、贝类等；⑤有毒植物，毒蘑菇、新鲜黄花菜等；⑥真菌毒素，黄曲霉毒素以及其他霉菌毒素。

2. 土壤有害因子污染农产品途径

工业化、城镇化、农业集约化产生的大量未经处理的污染废弃物向土壤系统转移，并在自然因素的作用下残留、累积于土壤中，又通过土壤—植物、土壤—水—植物、土壤—降尘（扬尘）—植物途径迁移至农产品中。

土壤污染物在植物体内迁移富集途径可归纳为地下部分迁移和地上部分迁移。

（1）地下部分迁移。地下部分迁移主要指通过植物根系吸收土壤溶液中的污染物并向地上部分运输。这是土壤污染物转移至农作物的主要途径。

重金属污染物的特性是移动性差、难以降解、累积性并可通过食物链转移，是严重危害健康的土壤污染物。土壤中的重金属主要通过根系吸收进入农作物体内。

段飞舟等对沈阳市西郊张士污水灌溉区、城市污水灌溉的调查结果表明，经过10年左右的停灌和灌渠改造等措施，该污水灌溉区稻田土壤表层镉含量仍然处于较高的水平，土壤镉含量水平仍然对环境和人体健康具有潜在的危害。

阎春生对甘肃渭河流域采用污水灌溉3年以上的8个乡、镇的小麦、玉米、蚕豆、谷子、苹果、韭菜、菜花、当归、辣椒等9种农作物进行随机采样检测，同时检测了污水灌溉样。分别测定各采集样品中氟、镉、铅、砷、银、六六六、DDT、亚硝酸盐等9种污染物。结果表明污水灌溉区采集的农产品除花菜外，所有作物都受到不同有害物质的污染。

李波等研究报道，蔬菜体内的铅主要通过根部吸收，叶片吸附吸收起次要作用。同样，小麦各器官含铅量主要由根系从土壤中吸收有效铅而来，叶片和穗可从大气中吸收少量铅，但由于迁移性比较差，对籽实的贡献很低。

特别是利用城市生活及工业污水进行灌溉，未经完全处理的污水可造成有害重金属Hg、Cd、Pb、Cr、Zn、Cu等污染土壤。长期污水灌溉对作物、蔬菜均会造成不同程度的污染。冯绍元等认为污水灌溉会导致重金属铅、砷和镉在小麦植物体中残留，其残留量因部位不同而有差异，总的分布趋势是小麦根部的重金属累积量最大，依次为根>茎>叶>穗。

（2）地上部分迁移。地上部分迁移主要指植物的地上部分吸收大气中污染物或污染土壤扬尘。例如，植物叶片、穗可吸收溶解在干湿沉降颗粒中的污染物，茎叶直接受土壤颗粒与大气颗粒干湿降尘污染等。这是土壤或大气污染物转移至农作物的一个途径。

在城市的工业区外围，工业区通过烟雾排放的重金属、So_2、NO_2有机物等，在重力作用下以干沉降或湿沉降方式，进入城市或工业区外围的土壤引起污染或直接沉降在农作物表面，通过叶面吸收，这种污染一般呈同心圆状、椭圆状、条带状分布。

有研究表明，有机污染物进入植物体内的主要途径之一是叶片吸收，如 Wild 等利用双光子激发显微技术观测到有机污染物在植物叶部吸收和分布的直接证据。

DDT 是典型环境持久性有机污染物，由于其毒性大、难降解和易于在生物体内富集等特性，被世界各国列为优先控制污染物。农田土壤中结合残留态 DDT，在适宜条件下，可被活化而表现出一定的生物有效性，在植物体内富集并沿食物链传递。邰红建等在可控条件下，研究了人为污染土壤中 DDT 类污染物在蔬菜（菠菜和胡萝卜）不同部位的富集与分配规律。研究结果表明，DDT 类污染物在菠菜、胡萝卜叶部和根部均有一定富集，其中菠菜叶面富集量占富集总量的 68.6%~92.2%；而胡萝卜叶部富集占富集总量的 34.9%~41.6%。由于 DDTS 在蔬菜体内富集后，可沿食物链传递和放大，对农产品质量和人体健康构成直接威胁。

李波等对公路两侧农田土壤铅污染及对农产品质量安全进行研究，指出飘浮在空气中的含铅粉尘能被作物表面吸附，这种吸附作用一方面阻止了铅在土壤中的迁移，但另一方面加重了铅对作物的污染。研究发现，在公路两侧青饲料中，卷心菜叶片吸附率较高，为 44.2%，光叶苕子和小麦秸秆的吸附率相对较低，分别为 30.1% 和 24.3%。由此可见，农作物对铅吸附率的大小，首先取决于大气中颗粒的含铅量，其次与作物类型有关，因为叶面对铅尘的吸附率与植物的生长周期、叶面的表面积、光滑度、是否分泌黏性物质，以及叶片的生长状态等因素有关。

不同土壤污染物如何进入植物体内并在农产品中富集，它们的主要积累部位以及在不同部位如根部、茎部、穗和叶部累积的比率及对农作物污染的贡献率如何，仍需要开展相应的科学研究。

二、土壤农药污染与农产品安全

农药和兽药残留是当前一个十分突出的农产品安全问题。由于农药和兽药的滥用，造成食物中此类物质残留问题十分突出。据统计，近几年约有 10 万人农药中毒，死亡 2000~3000 人。2003 年因重大食物中毒死亡的，主要是由国家明令禁止生产和使用的甲胺磷、双氟磷、氟乙酰胺、毒量强等农药引起的，利用毒鼠强投毒为中毒致死原因的首位。除急性中毒外，农药、兽药残留的慢性蓄积，还会对人体健康造成潜在的危害。

（一）农药概况

1. 农药含义和范围

随着农药工业和农业生产的发展，不同的时代和不同的国家都有所差异。根据我国

1997 年颁布的《农药管理条例》和 1999 年颁布的《农药管理条例实施办法》，目前我国对农药的定义为，用于预防、消灭或者控制危害农业、林业的病、虫、草和其他有害生物，以及有目的地调节植物、昆虫生长的化学合成或者来源于生物、其他天然物质的一种物质或者几种物质的混合物及其制剂。

农药的品种多，常见的为有机磷农药、有机氯农药和有机汞农药。研究表明，在喷洒农药时，一般只有 20% 附着于作物上，5%~30% 飘浮于空气中，其余的 40%~60% 都落入土壤中。由于农药的生产和使用量大，造成广泛的环境污染，尤其是有机氯农药，化学性质比较稳定，在土壤中不易分解，残留期长，可造成农作物残毒。如滴滴涕在土壤中的半衰期为 2~4 年，完全降解则需要 4~30 年（平均 10 年）；土壤中六六六消失 95% 需要 3~6 年。农药污染土壤后，多通过农作物进入人体引起危害。

2. 农药使用情况

农药是一种重要的农业生产资料。目前，世界上绝大多数国家都在使用农药，很多国家在生产农药。

我国是农药生产和使用大国。现有农药生产定点企业 2500 多家，现已登记并可以生产的农药品种有 600 多个（全世界现有品种约为 1000 个），比 20 世纪 80 年代增加了 3~4 倍，登记的制剂 1000 多个，登记的产品数量超过 16000 个。

据统计，20 世纪 90 年代我国农业平均每年发生病、虫、草、鼠害 44 亿亩次，防治面积为 49 亿亩次，其中化学防治占 90% 以上。目前，我国不同农药种类使用排名为：杀虫剂第一，除草剂第二，杀菌剂第三。其中杀虫剂在不同作物上使用排名为：棉花最多，约占 27%；水稻占第二位，约为 24.6%；蔬菜占第三位，约为 15%；小麦占第四位，约为 9.8%；果树占第五位，约为 7.9%。杀菌剂在不同作物上使用排名为：蔬菜最多，约占 43.6%；水稻第二，约占 25.8%；果树第三，约占 13.8%。除草剂在不同作物上使用排名为：水稻、大豆、小麦。从近几年发展趋势来看，除草剂使用一直处于上升趋势。

3. 农药毒性

农药毒性是指农药损害生物体的能力，农业上习惯将对靶标生物的毒性称为毒力。毒性产生的损害称为毒性作用或毒效应。农药一般都是有毒的，其毒性大小通常用对试验动物的致死中量或致死中浓度表示。我国农药毒性分级标准为五级，即剧毒、高毒、中等毒、低毒和微毒。在农药生产、分装、运输、销售和使用过程中，人体通过呼吸道、皮肤和消化道等途径最易受到危害，特别是一些挥发性强、易经皮肤吸收的剧毒或高毒品种可导致急性中毒，对接触者造成严重损害甚至死亡。农药还能通过食品中的残毒对人群产生危害，因此，在农药投产前必须进行毒性试验。

农药标签上标明的农药毒性是按照农药产品本身的毒性级别来标示的，反映了该产品本身的毒性，但当农药产品的毒性级别与其所使用的原药毒性不一致时，应在产品的毒性级别标示后用括号注明原药的毒性级别。当产品中含有多种农药成分时，应在括号中注明该产品中所含原药毒性最高成分的毒性级别，以引起生产、经营和使用者的注意。

4. 农药安全间隔期

农药安全间隔期为最后一次施药至作物收获时所允许的间隔天数，即收获前禁止使用农药的日期。大于安全间隔期施药，收获农产品中的农药残留量将不会超过规定的最大残留限量，可以保证食用者的安全。通常按照实际使用方法施药后，隔不同天数采样测定，画出农药在作物上的残留动态曲线，以作物上的残留量降至最低残留限量的天数，作为安全间隔期的参考。在一种农药大面积推广应用之前，为了指导安全使用，须制定安全间隔期，这是预防残留农药污染作物的重要措施，亦是新农药登记时必须提供的试验资料。

安全间隔期因农药性质、作物种类和环境条件而异。不同的农药有不同的安全间隔期，性质稳定的农药不易分解，其安全间隔期长；同一种农药在不同作物上的安全间隔期亦不同，相同条件下果菜类作物上的残留量比叶菜类作物低得多；由于日光、气温和降雨等气候因素，同一种农药在相同作物上的安全间隔期在不同地区是不同的。因此，必须制定各种农药在各类作物上适合于我国地理气候的安全间隔期。

作为农药使用者，应严格按照标签上规定的使用量、使用次数、安全间隔期使用农药。否则，①容易造成农产品农药残留超标，引起人畜中毒，甚至导致死亡；②农药残留量超标的农产品难以出口上市，我国出口的农产品常因农药残留超标而被国外退回的情形就是有力的证据，这意味着我国不合理使用农药的形势依然严峻，我国正在逐步加强市场上农产品农药残留的监测，出售农药残留量超标的农产品也将受到处罚；③如不按照标签上规定的要求使用农药，一旦出现事故，农药使用者将承担主要责任，严重的将追究其刑事责任。

另外，兽药对人体健康也会带来不利影响。从广义上来说，兽药包括化学药物、饲料药物添加剂和生物制品。兽药的应用极大地促进了畜牧业的发展。由于这些药物具有良好的保健和促进生长的作用，故在畜牧业中应用日趋普遍，用量也在逐年增加。兽药残留同样给人体健康带来一些不利影响，主要表现为变态与过敏反应、急性毒性作用、细菌产生耐药性、"三致"（致畸、致突变及致癌）作用。

由于我国畜牧业经济实体规模小、数量多，一线从业人员素质普遍偏低，用药存在着很多误区，无休药期概念，导致畜产品中兽药残留现象非常严重。此外，在兽药管理上，现有的人力远远不能适应兽药发展的需要。以新兽药评审为例，为了配合兽药GMP认证，自2002年起，全国所有兽药厂的新兽药评审全部由农业部来进行，而目前农业部人力资源极为有限，根本无法满足兽药评审工作的需要。再如兽药残留监测，目前具备监测条件的单位只有7~8家，而全国的畜产品数量惊人，靠目前的人力物力，严格保证农产品安全异常困难。近几年出现的猪肉中的"瘦肉精"事件、水产品的"氯霉素"事件、输欧肠衣中药物（氯霉素、呋喃类药物）事件等就是证明。

兽药残留问题，一方面使得我国消费者健康受到威胁，另一方面使畜产品出口受到严重影响。近年来，猪肉、牛肉、禽肉、羊产品、蛋产品、水产品的出口困难与兽药投入不合理有密切关系。

（二）农药对农产品的影响

食品原料来源于农产品，农药的使用极大地提高了农业生产力和农产品数量。但是，不科学、不合理地使用农药也可能导致农产品中农药残留量超标，进而影响消费者的身体健康和食品贸易。

1. 农业生产

当今世界最迫切的需要之一，是从可利用的土地上生产出足够的食物，以满足日益增长的世界人口的需求。农作物病、虫、草害等是农业生产的重要生物灾害。使用农药，可增加农产品产量以满足消费者对食品数量需求。据统计，世界范围内，如不使用农药，遭受病、虫、草害将使稻谷产量损失 47.1%，小麦产量损失 24.4%，玉米产量损失 35.7%，人均粮食在现有的基础上就会降低 1/3，可见农药对于农业生产的巨大作用。在生物灾害的综合治理中，根据目前植物保护学科发展的水平，化学防治仍然是最方便、最稳定、最有效、最可靠、最廉价的防治手段。尤其是当遇到突发性、侵入型生物灾害时，尚无任何防治方法能够代替化学农药。

仅以防治有害生物计算，每年挽回的粮食损失即达 6500 多万吨，相当于 3.25 亿人口的口粮（按每人 200kg 计算）。我国每年使用农药挽回粮食损失约 5000 万吨，棉花 100 多万吨；平均每年药剂除草 9 亿亩，挽回粮食损失 1100 多万吨；平均每年药剂灭鼠约 3 亿亩，挽回粮食损失 400 多万吨。另外植物生长调节剂在棉花、小麦、水果上的应用，对棉花、小麦的保产、增产，水果的高产、优质起到重要作用。总之，化学防治对减轻我国农业生物灾害，保障农业丰收方面做出了重要贡献。

20 世纪 90 年代以前，尤其在 80 年代，我国农业生产主要是通过生产关系调整、技术进步和投入增加，促进农业生产实现数量型增长。当时对农产品的质量要求还没有得到足够的重视，农业工作的核心是围绕农业生产数量和产值的增长。因此，我国农产品中农药残留问题的出现，是长期以来只重视农产品数量增长，而忽视农产品质量提高所带来的必然后果。

2. 农药残留超标

不科学、不合理地使用农药可能导致农产品中农药残留超标。在提高农产品数量的同时，各国消费者和政府越来越关注农产品中农药残留对人体健康可能造成的危害。在国际上，一种农药使用之前必须通过严格的法律程序，包括健康风险评估。英国政府的农药顾问委员会主席甚至指出："比较登记体系，相对人类对医药化合物的了解，我们必须得到更多有关农药的信息。"一旦一种农药登记使用，它将持续受到监控，如果发现一些明确的问题而且得不到有效解决，这种产品的登记将随之取消。

到 20 世纪 90 年代后期，特别是进入 21 世纪后，我国农产品因农药、兽药和其他有害物质残留引起的食物中毒事件时有发生，越来越多的生鲜农产品及其制品因农药残留超标而导致出口受阻，农产品入世面临的考验十分严峻。

为提高中国农产品质量安全水平和市场竞争力，2001 年 4 月，农业部决定以抓农产品质量安全和治理"餐桌污染"为核心，实施"无公害食品行动计划"，将农产品质量安全管理关口前移，通过加强生产源头管理、推行市场准入制度，力争在 5 年左右的时间内，基本实现食用农产品无公害生产，使其质量安全指标达到发达国家或地区的中等水平。

3. 相关技术要求缺失

农药与农产品安全有关技术要求设置不完整甚至完全未做规定。目前，联合国粮农组织和世界卫生组织已经正式颁布了 200 多种农药的 3000 多项最大残留限量标准；欧盟已制定了 17000 多项农产品的 MRL 标准；美国共制定了 9000 多项 MRL 标准；在德国登记使用的农药活性成分有 200 种，已经制定了 3400 项 MRL 标准；日本也制定了 200 多种农药的近 10000 项 MRL 标准。与发达国家相比，我国农药残留限量标准的制定工作严重滞后。如对甲胺磷，我国没有制定其在鲜食农产品中的 MRL 标准，而欧盟制定了 25 项农产品中甲胺磷的 MRL 标准，美国制定了 4 项，德国制定了 7 项，日本制定了 12 项。我国迄今仅规定了六六六、滴滴涕、甲萘威、丁硫克百威、多菌灵、残杀威、抗蚜威和氟鼠戊菊酯等 9 种农药的最大残留限量，而欧盟对茶叶农药残留的限定达 56 项，日本制定的茶叶农药残留指标更高达 64 项。

在农药残留检测方面，我国与发达国家差距也很大。美国食品与药品管理局的多残留分析方法可检测 360 多种农药，德国可检测 325 种农药，加拿大可检测 251 种农药，而我国缺乏同时测定上百种农药的多残留分析技术。

4. 我国农药投入对农产品安全的影响

随着人民生活水平的不断提高，尤其是农业和农村经济发展进入新的阶段，农产品生产从追求数量战略性地转变到数量与质量并重，主要农产品由长期供不应求转为阶段性供大于求，这是我国社会经济发展进程中的历史性跨越，也为农业和农村经济的发展提出了新的要求。经过 20 多年的改革开放，我国提前实现了第二步战略目标，人民过上了小康生活，人们在解决温饱的基础上对农产品的质量提出了更高的要求，特别是对农产品中的农药残留问题格外重视。

食用农产品中农药残留超标，严重时可能造成消费者急性中毒，长期食用农药残留超标食品，可对消费者身体造成慢性危害，并有可能引发多种慢性疾病，如肿瘤、生育能力降低等。

当前，我国农产品农药残留超标的主要原因有以下几个方面：①我国一些农业生产者缺乏安全合理使用农药的知识，安全合理使用农药的意识薄弱。②部分农业生产者为了达到快速防治病、虫、草害的目的，未按照国家有关农药安全规定使用农药，盲目地超剂量和超范围使用。③一些农业生产者在经济利益的驱动下，违反国家有关规定，随意地在蔬菜、水果、茶叶等作物上使用高毒甚至剧毒农药，或未按国家规定的安全间隔期施用农药。以上种种原因致使农产品中农药残留量超过国家规定的标准，造成农产品被农药污染。近年来，我国农产品在出口到欧美一些国家时，因为产品中农药残留超标，导致外商拒收、退货、扣留、索赔、撤销合同等事件时有发生。

我国是世界上农药施用量最大的国家。农药年施用量超过 130 万吨，单位面积用量是世界平均水平的 2 倍。我国与欧美等发达国家相比，农药生产使用存在较大的差距。使用的农药仍以杀虫剂为主，占总用量的 68%，其中有机磷杀虫剂占整个杀虫剂用量的 70% 以上，杀菌剂和除草剂占总用量的 18.7% 和 12.5%。一些高毒农药的使用，一方面会造成使用过程中的人畜中毒，另一方面可造成农药在作物和环境中的残留超标。例如，农业部 2000 年底对我国 14 个经济较发达的省会城市 2110 个蔬菜样品进行检测，发现农药超标达 31.1%，其中尤以有机磷农药残留最为突出，有机磷农药污染蔬菜而造成大陆居民中毒事件仍时有发生。

5. 农药污染综合防制措施

（1）国家已对现有生产和使用的化学农药进行全面登记，提出了安全合理的用药措施：①限制使用部分剧毒和残毒高的农药，如有机磷剧毒农药（1605，1059 等）；砷剂农药，规定在一定范围内安全使用，防止污染环境。②制定农药安全使用标准，控制农药的施用量、浓度、次数和施药方式。规定农作物收获前最后一次施药的安全间隔天数，使收获的农产品中农药残留量不超过农药残留容许量，以保证人、畜安全。按标准要求用药，既能防治病虫草害，又可节省用药量，减少对环境的污染。

（2）改变剂型和施药方式。剂型方面，可将农药加工成缓释剂，使农药减少流失并延长残效期。减少施药次数能在一定程度上减轻对环境的污染，同时应大力推广超低容量喷雾的施药方法。

（3）研制高效、低毒、低残留的新农药。应该积极研制和发展不污染或少污染环境的新农药，如昆虫激素（变态激素等）、性引诱剂、绝育剂等。生物防治方面，如用白僵菌防治玉米螟、松毛虫，用七星瓢虫防治棉蚜，用赤眼蜂防治松毛虫、蔗螟、豆天蛾、稻纵卷叶螟；用杀螟杆菌防治三化螟、松毛虫等，都有较好的效果。目前，我国许多地区对农作物病虫采取了综合防治的方法，联合或交替使用化学的、物理的、生物的和其他方法，有效地避免了单纯用一种或几种农药的做法。如使用微生物农药，以菌治虫，以菌治病；推广以虫治虫，冬季灭虫、诱杀、辐射处理等治虫杀虫办法，不仅减少农药的使用量，而且收到了良好效果。

（4）积极开发农兽药残留检测技术。通过多年的努力，我国在农兽药残留检测技术研究方面取得了很大进展，现已能在大米、茶叶、果汁等食品中同时检测 100 种农药，并正向 150 种的目标发展，成功研制了有机磷农药快速测试纸条，取得一批农药残留的抗体。农业部门多个实验室在验证的基础上，已经直接应用国外先进的农药多残留检测方法，建立了有机磷和氨基甲酸酯类农药残留的快速检测方法。卫生部门除制定了 136 种农药残留限量标准，以及相应的 123 种农药的检验方法外，还发展了近 50 种农药的多残留检测方法，建立了一系列特异、灵敏的免疫化学检测方法，并掌握了一些先进的分子生物学技术。国家质量监督检验检疫总局建立了一系列农药残留检验方法，并成功研制了食品安全监测车。

在兽药残留检测方面，农业部门已经建立了两个兽药残留国家基准实验室和近 50 种单个兽药在饲料和动物源性食品中残留的测定方法。对于饲料中的"瘦肉精"，现在也有了成熟准确的检测方法。针对出口需要，国家质量监督检验检疫总局每年也投入大量资金，建立了一些兽药残留检测方法。卫生部门组织了猪肉中克仑特罗中毒控制方法的研究，取得了明显的进展。另外，还有部分科研机构和高校正在进行酶联免疫吸附（ELISA）测定法试剂（盒）国产化的研究。

三、土壤重金属污染与农产品安全

（一）重金属污染概况

重金属一般指密度大于 $5.0g/cm^3$ 的金属，约 45 种。砷、硒是非金属，但是它们的毒性及某些性质与重金属相似，所以将砷、硒列入重金属污染物范围内。重金属污染物主要是指生物毒性显著的汞、镉、铅、铬以及类金属砷，还包括具有毒性的锌、铜、钴、锦、锡、钢等。重金属污染物通过各种途径进入土壤，造成土壤严重污染。土壤重金属污染可影响农作物产量和质量的下降，并可通过食物链危害人类的健康，也可以导致大气和水环境质量的进一步恶化，因此引起世界各国的广泛重视。

重金属是污染土壤的一个重要因素，这些物质一旦进入土壤，既难以分解，又难以除去，因此一年一年地积累起来，最终造成严重的后果。有资料表明，某灌溉区，污水灌溉 12 年后，土壤中含铬 58.1mg/kg；灌溉 14 年后，铬含量增至 63.2mg/kg；16 年后达 96.6mg/kg。

监测数据显示，北京有 5 个监测点位菜田耕层土壤中汞（Hg）含量超标，超标率为 16.7%，最大超标倍数为 3.1 倍，均分布在朝阳区历史上污水灌溉区范围内。天津共 3 个监测点位超标，其中 1 个监测点位汞、镉、铜超标，1 个监测点位汞、镉超标，1 个点位汞超标，其超标原因同样为污水灌溉。超标点位中目前仍有 2 个点位采用污水灌溉。

深圳有 2 个监测点位超标, 分别为砷超标和锌超标, 其中砷超标没有相关的污染来源, 估计与土壤自然背景值高有关系; 锌超标可能与周围工业企业建设有关。山东寿光市土壤无超标现象, 上海市土壤中主要污染物含量基本处于背景值水平, 无超标现象。

从上海市对部分蔬菜产品中重金属残留的抽检中, 发现叶菜类中镉、铅存在不同程度的超标现象, 从地域分布来看, 中、远郊区的镉、铅超标率明显低于近郊区。天津市对各基地的蔬菜产品进行了同步采样, 结果发现在灌溉水汞超标的地区, 其主要产品芹菜中的汞残留也超标, 土壤中汞含量较其他地区明显偏高。

据估算, 我国重金属污染耕地已经达到 3 亿亩, 固体废弃物堆存占地和毁田 200 万亩。2002 年对 30 万 hm^2 基本农田保护区抽样监测表明, 我国土壤重金属超标率高达 12.1%, 重金属污染最为突出的是铅和镉。据估算, 近年来, 有 1200 万 kg 粮食因重金属污染而不能食用。

(二)重金属污染土壤的途径

大气中的重金属主要来源于工业生产, 汽车尾气排放及汽车轮胎磨损产生的大量含重金属的有害气体和粉尘, 它们主要分布在工矿企业的周围, 公路和铁路的两侧。大气中的大多数重金属是经自然沉降和雨淋沉降进入土壤的。如瑞典中部 Falun 市区的铅污染, 它主要来自市区铜矿工业厂、硫酸厂、油漆厂、采矿和化学工业生产中的废物, 由于风的输送, 这些细微颗粒的铅, 从工业废物堆扩散至周围地区。南京某生产铬的重工业厂, 铬污染叠加已超过当地背景值的 4.4 倍。污染以车间烟囱为中心, 范围达 1.5km。

公路、铁路两侧土壤中的重金属污染, 主要是铅、锌、镉、铬、铜, 它们来自含铅汽油的燃烧, 汽车轮胎磨损产生的含锌粉尘等。污染呈条带状分布, 即以公路、铁路为轴线, 向两侧污染强度逐渐减弱; 随着时间的推移, 公路、铁路土壤重金属污染具有很强的叠加性。

经过自然沉降和雨淋沉降进入土壤的重金属污染, 主要以工矿烟囱、废物堆和公路为中心, 向四周及两侧扩散, 扩散路径为城市—郊区—农区, 且随着与城市的距离加大, 逐渐污染降低, 一般城市的郊区污染较为严重。此外, 污染的程度还与城市的人口密度、城市土地利用率、机动车密度呈正相关: 重工业越发达, 污染相对越严重。

施用含有铅、汞、镉、砷等农药和不合理地施用化肥, 都可以导致土壤中重金属的污染。一般过磷酸盐中含有较多的重金属汞、镉、砷、铅, 磷肥次之, 氮肥和钾肥含量较低, 但氮肥中铅含量较高, 其中砷和镉污染严重。

由于城市工业化的迅速发展, 大量的工业废水涌入河道, 使城市污水中含有的许多重金属离子, 随着污水灌溉进入土壤。我国自 20 世纪 60 年代至今, 污水灌溉面积不断扩大, 其中以北方旱作地区污水灌溉最为普遍, 占全国污水灌溉面积的 90% 以上, 南方地区的污水灌溉面积仅占 6%, 其余分布在西北和青藏。污水灌溉导致土壤重金属汞、砷、铅、锌、镉、铝、铜等含量的增加。淮阳污水灌溉区自污水灌溉以来汞、镉、铬、砷、铅等逐渐增高，1995—1997年已超过警戒级。太原污水灌溉区的镉、铬、铅含量远远超过其当地背景值，且积累量逐年增高。

污泥中含有大量的有机质和氮、磷、钾等营养元素，但同时污泥中也含有大量的重金属。随着大量的市政污泥进入农田，使农田中重金属的含量不断增高。污泥施肥导致土壤中镉、汞、铬、铜、锌、银、铅含量增加，且污泥施用越多，污染越严重。镉、铜、锌主要引起水稻、蔬菜的污染；镉、汞可引起小麦、玉米的污染；污泥增加，青菜中的镉、铜、锌、银、铅也增加。Anthony研究表明，用城市污水、污泥改良土壤，重金属汞、镉、铅等的含量明显增加。

含重金属的废弃物种类繁多，不同种类其危害方式和污染程度都不一样。污染的范围一般以废弃堆为中心向四周扩散。通过对武汉市垃圾堆放场、杭州某铬渣堆存区、城市生活垃圾场及车辆废弃场附近土壤中重金属污染的研究，这些区域的镉、汞、铬、铜、锌、银、铅、砷、镍、锑、钴等含量均高于当地土壤背景值，重金属在土壤中的含量和形态分布特征受其垃圾中释放率的影响，且随距离的加大而降低。由于废弃物种类不同，各重金属污染程度也不尽相同，如铝渣堆存区的镉、汞、铅为重度污染，锌为中度污染，铬、铜为轻度污染。

金属矿山的开采、冶炼、重金属尾矿、冶炼废渣和矿渣堆放等，可以被酸溶出。含重金属离子的矿山酸性废水，随着矿山排水和降雨使之带入水环境（如河流等）或直接进入土壤，造成土壤重金属污染。1989年我国有色冶金工业向环境中排放汞56t、镉88t、砷173t、铅226t。矿山重金属污染的范围一般在矿山的周围或河流的下游，在河流中不同河段的重金属污染往往受污染源（矿山）控制。江西乐安江沽口-中洲由于遭受德兴铜矿的污染水体致土壤中的重金属铜、铅、锌、铬含量增高，至鄱阳湖段重金属含量逐渐降低。美国科罗拉多州罗拉多流域，受采矿的影响，重金属元素镉、锌、铅、砷的浓度以污染源为最高，之后随着与污染源距离延长而逐渐降低。

（三）重金属对农产品安全的影响

（1）镉污染的危害。镉是土壤重金属污染中重要的一种有毒化学污染物。土壤中镉的本底值约为0.06mg/kg，超过1.0mg/kg时，即可认为土壤被镉污染。

土壤镉污染可以积累。某地区污水灌溉17年后土壤平均镉含量为7.18~9.50mg/kg，最高达68.8mg/kg，不同植物对镉的积累具有明显差别。有些植物如玉米、胡萝卜、番茄、莴苣、青椒在镉浓度很低（甚至在0.1mg/kg）时，都能吸收一定量的镉。从人体健康而言，当土壤表层镉含量为0.13mg/kg时，即具有潜在危害。另外，当某些作物中含镉量较高时，在外观上与含镉量正常者并无明显区别，如莴苣叶，即使其中的含镉高达688mg/kg，在外观上也很难识别，但对食用者来讲是不安全的。镉在人体中具有高积累性，因此食品中镉的允许量较严格。我国规定食品中镉允许限量值为0.05~0.50mg/kg。长期食用含过量镉的食品，可以导致慢性镉中毒。

日本"痛痛病"是典型的由于土壤镉污染造成的居民健康危害的案例。该病的潜伏期一般为2~3年，长的可达30年。主要症状是腰背、膝关节疼痛，疼痛程度逐渐加剧，范围逐渐扩大遍及全身。患者骨质疏松，四肢弯曲变形，脊柱受压并缩短变形，全身多发性骨折，以致卧床不起，因继发感染而死亡。

消除镉污染是防治本病的根本措施。含镉废水应进行综合处理，防止镉污染水体和土壤。

（2）铅污染的危害。铅在植物体内的分布与其生长期和部位有关。一般根部含铅量高于基叶和籽实，生长期长的植物含铅量高于生长期短的。粮食、蔬菜中的含铅量一般为0.2mg/kg左右，动物性食品中的含铅量往往比粮食和蔬菜中的低。植物对铅的耐受能力较强。土壤中可溶性铅达400mg/kg时，对植物生长的影响也不明显。但当土壤中含铅量达75mg/kg时，植物叶片中的铅会明显增加，这对草食性动物而言可能形成威胁。铅随食品进入人体，只有5%~10%被人体吸收，但长期摄入时铅可在人体中蓄积。我国规定食品中铅允许限量值为0.02~0.30mg/kg。铅化合物对人体的影响主要是神经系统、肾脏和血液系统的危害，还能引起肾功能损害，影响儿童的智力发育等。

（3）砷污染的危害。土壤中的砷主要来自土壤本身，但含碎肥料、农药以及含砷废水灌溉也是土壤砷的来源。我国土壤中水溶性砷低于10%，因此即使可溶性砷进入土壤，也容易转化为难溶性砷积累于土壤表层。砷可在植物的各部分残留。在砷对水稻和小麦的土壤残留土培试验研究中，当土壤中砷含量为60mg/kg时，水稻和小麦中砷的含量分别为0.48mg/kg和1.68mg/kg，表明了砷在作物中具有较高的积累性。不同发育期的农作物对种的敏感性有差异。土壤砷浓度过高时，会导致农作物的死亡。有机砷对人体的毒性较低，无机砷对人体却是剧毒的。我国规定食品中砷（无机砷）的允许限量值为0.050~1.50mg/kg。砷慢性中毒表现为疲劳、乏力、心悸、惊厥，还能引起皮肤损伤，出现角质化、蜕皮、脱发、色素沉积，还可能致癌。

（4）汞污染的危害。一般土壤中汞的含量不高，但用含汞废水污水灌溉土壤或施用含汞农药的土壤，汞含量可明显增加。污染较严重时，土壤汞含量可高达10~100mg/kg。农作物吸收汞量与土壤汞浓度密切相关。目前，废电池的堆放是一个较大的汞污染源，其中约50%的汞进入环境。

汞在地壳中主要以各种硫化物的形式存在，在土壤和水缺氧的情况下，硫酸盐细菌可将汞转化成硫化物。由于微生物的作用，生成的汞以及从工业生产废料中释放出来的汞，很快会被生物体吸收，并且经过浮游生物的过滤性吸收而进入水底无脊椎动物体内，通过食物链影响人体健康。生长于土壤中的植物一般不能富集汞，植物中甲基汞含量也很低。但当土壤含汞量达4mg/kg时，就能增加食物链中汞含量，表现出植物对土壤汞的较高的积累性。另外，毒性大的有机汞更易于为植物所吸收。最常见的汞污染食品主要为水产品。我国规定食品中汞允许限量值（以 Hg 计）为 0.01~0.05mg/kg，以甲基汞计为 0.5~1.0mg/kg。

汞对人体的危害主要表现为头痛、头晕、肢体麻木和疼痛等，甲基汞在人体内极易被肝和肾吸收，其中 15% 被脑吸收，首先受损的是脑组织，并且难以治疗，往往促使死亡或贻患终生。

（5）铬污染的危害。铬在未污染的土壤中的有效含量较低。对我国不同类型的土壤进行分析，结果表明，一般土壤含铬量为 17~270mg/kg。工业污染，特别是制革废水及处理后的污泥是土壤铬的重要污染源。微量的会对植物生长有刺激作用，植物从土壤中吸收的铬大部分积累在根中，其次是茎叶，在籽粒中累积量很少。铬在籽粒中的转移系数很低，在污染情况不严重时，粮食作物种子中路的累积不至于引起农产品安全问题。但也有研究表明铬在茎叶特别是根中转移系数很高。我国规定食品中铬允许限量值为 0.3~2.0mg/kg。

三价铬是人体必需的微量元素，而过量的摄入铬会对身体产生毒害。特别是六价铬，其毒性比三价铬大 100 倍。我国各类食品中铬含量的调查表明，水果、蔬菜含铬量通常在 0.1mg/kg 以下；由于生物富集作用不同，畜禽类食品中含铬量往往比植物食品中为高，但一般不超过 0.5mg/kg。研究表明，成年人每日允许摄入铬量约 3mg。六价铬可经口、呼吸道或皮肤进入人体，引起支气管哮喘、皮肤腐蚀、溃疡和变态性皮炎。长期接触铬，还可导致呼吸系统癌症。

四、土壤生物性污染与农产品安全

（一）生物性污染概况

生物性污染包括细菌、病毒和真菌及其毒素的污染。据世界卫生组织估计，全世界每年有数以亿计的食源性疾病患者，其中 70% 是由于各种致病性微生物污染了食品和饮用水引起的。长期以来，食品生产、加工等过程中所引发的微生物污染对人民群众造成了较大的健康损害。

（二）土壤生物性污染途径

土壤的生物性污染主要有以下几个来源：用未经处理的人畜粪便进行施肥，用未经处理的生活污水和医院污水及工业废水进行灌溉，病畜尸体处理不当。人体和动物排出的病原微生物可直接或经由施肥或污水灌溉进入土壤，如炭疽杆菌形成芽孢后，在土壤中可存活几十年。土壤中的本土病原微生物，如破伤风杆菌，可在土壤中存活多年，并通过伤口进入人体。生长在土壤中的有些霉菌，在人吸收其孢子或人体接触时可以引起霉菌病。

有害微生物主要来自城市生活、医院污水。排放的污水中常包含细菌、病毒、原生动物、寄生蠕虫等，如贺氏痢疾杆菌、肝炎病毒、肠道病毒、绦虫卵等，如某医院污水的 pH 值、悬浮物、化学耗氧量、五日生化需氧量均有不同程度的超标。细菌总数为 1000~10360000 个 /L，大肠菌群数为 90~23800 个 /L。检出的顺道致病菌有鼠伤寒沙门氏菌、副伤寒乙沙门氏菌、副伤寒丙沙门氏菌、阿贡那沙门氏菌、德尔卑沙门氏菌、鸭沙门氏菌等。检出的寄生虫有蛔虫卵和鞭虫卵等。

土壤经常受到生活污水、医院污水和工业废水的污染。经调查，有的城市仍然使用未经无害化处理的粪便和污水处理厂的污泥做肥料，使用未经处理的生活污水和家禽家畜饲养厂及其加工厂的污水灌溉农田，严重污染了农作物，对人群的身体健康产生了极大的危害。用于农田灌溉的城市污水，经过简单的一级处理，粪大肠菌群数量未见减少，检出率达 100%，沙门氏菌检出率 92%，蛔虫卵检出率 82%。污水灌溉后，土壤大肠菌群值降低。番茄虽属搭架果菜，但第一果丛距地面近，易受到污水灌溉污染。土壤对粪大肠菌群的自净过程至少在 3 周以上，从土壤分离出的放线菌对肠道致病菌有一定的拮抗作用。相关研究表明，污水灌溉区地下水、土壤和蔬菜的生物性污染水平与污水水质污染程度呈正相关，而且污水灌溉区婴幼儿腹泻率、学龄儿童蛔虫感染率都明显高于非污水灌溉区，且具有显著性差异。

（三）生物性污染对农产品安全的影响

（1）引起肠道传染病。人体排出的病原体随粪便污染土壤后，通过雨水的冲刷，进入地面或地下水，在条件适宜时，经水和食物能引起多种肠道传染病。这些病原体在土壤中生存时间较长，如霍乱弧菌可存活 8~60 天，痢疾杆菌 22~142 天，肠道病毒 2~4 个月。

（2）传播肠寄生虫病。由土壤污染而传播的寄生虫病有蛔虫病、钩虫病、鞭虫病等。这些寄生虫的生活史中有一个阶段必须在土壤中进行，如蛔虫卵一定要在土壤中发育成熟，钩虫卵一定要在土壤中孵出钩蚴才有感染性等，所以污染的土壤在传播寄生虫病上起着十分重要的作用。

（3）引起其他疾病。有病动物排出的病原体污染土壤，人与污染的土壤直接接触后可患病。例如，带钩端螺旋体的猪、牛、羊、马、鼠等常可从尿中排出大量病原体，这种病原体在中性或弱碱性的水和土壤中能存活几周，当易感动物和人接触这种受污染的水和土壤时，钩端螺旋体可以通过黏膜、伤口或浸软的皮肤进入体内而得病。破伤风、炭疽杆菌等病原体能形成芽孢，对土壤有很强的抵抗力，能长期生存，在一定条件下，经皮肤或伤口使人得病。

五、土壤二噁英污染与农产品安全

（一）概述

二噁英，是一类多氯代三环芳烃类化合物的统称，共有 209 种异构体，包括多氯代二苯并二噁英（PCDDS）和多氯代二苯并呋喃（PCDFS）以及某些共平面多氯联苯（CAPCBS），是目前《斯德哥尔摩国际公约》中最受关注的首批持久性有机污染物。美国环保局确认的二噁英物质有 30 种，以氯原子取代基在 2 位，3 位，7 位，8 位上的四氯双苯并二噁英（TCDD）毒性最强，致癌作用最大。其毒性相当于氰化钾（KCN）的 1000 倍以上，是目前发现的无意识合成的副产品中毒性最强的化合物，被称为"地球上最强的毒物"。据报道，只要 1 盎司（28.35g）二噁英，就能将 100 万人置于死地。二噁英易溶于脂肪，会在身体内积累，并难以排除。在一般环境温度下，不挥发、耐高温、难以氧化、分解或水解。具有超长的物理、化学或生物降解期（需几十年甚至更长时间），人和其他动、植物都没有分解或氧化二噁英的机能或条件。因而其毒性很难在环境中消除，一旦产生或受污染，则只能转移和积累，难以转化，且常随食物链逐级传递和富集，给人类和各种动物带来灾难性影响。

二噁英这类有毒化合物可通过大气干湿沉降、污水灌溉、废弃物随意堆放及农药、除草剂、污泥等不合理农业利用等途径进入土壤生态系统。土壤是这类具"三致"作用化合物重要的汇集地。土壤通过食物链影响到其他生态环境，并进一步影响到农产品安全。因此，土壤中二噁英类物质的污染来源、污染水平与分布以及如何有效控制与削减等问题引起了许多国家政府和学术界的高度重视。

1999 年，比利时、荷兰、法国、德国相继发生因二噁英污染导致畜禽类产品及乳制品含高浓度二噁英的事件。二噁英事件使比利时蒙受了巨大的经济损失，造成的直接损失达 3.55 亿欧元，如果加上与此关联的食品工业，损失超过 10 亿欧元。

虽然二噁英污染事件已被媒体广为报道，但我国公众对二噁英的来源、污染途径、危害知之甚少，以为二噁英污染只是发达国家的事，其实二噁英的污染是全球性的。从 20 世纪 80 年代以来，世界上的每一个人都暴露在二噁英的污染之下，连加拿大北极地区的生物都受到了二噁英的污染。

二噁英是人工合成氯酚类产品的副产品，氯酚类产品最早用作农药杀虫剂。20 世纪 60—70 年代，以滴滴涕、六六六为代表的杀虫剂被广泛使用。一种称为"橙剂"的化合物作为落叶剂在越南战场上使用后，人们很快发现这类化合物在环境中能长期存在，对人类有难以估计的危害。1962 年，美国的海洋生物学家 R.Carson 女士在她的《寂静的春天》一书中叙述了这样一个事实：美国密歇根州东兰辛市为了杀灭榆树上的甲虫，用滴滴涕喷洒杀虫，秋天树叶落在地上，蠕虫吃了树叶。来年春天，树上的知更鸟吃了蠕虫，一周之内，全市的知更鸟几乎全部死光。卡逊女士描写的使用有机氯杀虫剂后荒芜、寂静的地球景象震惊了全世界。1976 年意大利一家生产三氯苯酚消毒剂的工厂发生大爆炸，引起世人关注，人们才认识到二噁英类化合物的广泛存在及其对人类健康的影响。

1991—1994 年，美国环境保护局开展了一项对二噁英（Dioxins）进行全面评价研究，1996 年底发表了正式报告，明确指出二噁英不仅增加癌症死亡率，还降低人体免疫力，干扰内分泌功能。

自然界本身并不存在二噁英，它是许多含氯化工处理过程中无意识合成的一种副产品，如城市和医院固体垃圾焚烧，有机含氯化合物的合成和使用（如除草剂 2，4-D 和兼酚等），钢铁冶炼，造纸和纸漂白，废旧电子器件处理，木材和秸秆燃烧以及水泥窑、汽车尾气的排放等。土壤作为二噁英的天然汇集地，上述过程中产生的二噁英可以通过大气干湿沉降、有机氯农药的施用、污水污泥农用以及废弃物的堆放等多种途径进入土壤环境。

土壤中二噁英来源的识别，一方面可以通过现场调查，同时也可通过解析二噁英的污染指纹（如其异构体类型和分布形态等），追溯土壤二噁英的污染来源。许多调查研究表明，焚烧炉附近土壤中二噁英含量明显较高，固体废弃物焚烧装置可能是土壤中二噁英的主要污染源之一。如美国俄亥俄州哥伦布地区焚烧炉附近土壤二噁英平均浓度高达 I–TEQ458pg/g。西班牙某市政固体废弃物焚烧炉曾在 1 年内使焚烧炉附近土壤中二噁英平均浓度由 I-TEQ12.24pg/g 增加到 14.41pg/g。受焚烧影响的土壤中通常以高氯代二噁英的异构体为主，其中七、八氯代二噁英占总量的 2/3。近期的一项研究结果表明，废旧电缆电线焚烧影响的农田土壤中八氯代二苯并二噁英（OCDD）含量占 88.2%，1，2，3，4，6，7，8– 七氯代二苯并二噁英（HPCDD）含量占 8.6%，

氯有机农药的使用可能也是农田土壤二噁英污染的重要原因之一。如在除草剂 2，4-D 的生产中会产生一定量的副产物 TCDD，它们随 2，4-D 的使用而进入土壤。早期人们使用含有 PCDDS 和 PCDFS 杂质的五氯苯酚（PCP）和二氯硝基苯（CNP）等作为除草剂，致使农田土壤残留有相当高的二噁英类物质。这一现象在日本尤为突出。日本曾使用 PCP（1955—1974）和 CNP（1965—1994）作为稻田的除草剂，致使 20 世纪 70—80 年代日本部分稻田土壤出现了严重的二噁英污染，其浓度超过了 90000pg/g。另一研究结果表明，由于使用 PCP，韩国釜山地区高尔夫球场的土壤中二噁英浓度高达 323.26I-TEQpg/g，比焚烧炉附近土壤中的浓度还要高。但是除草剂 CNP 和 PCP 污染土壤中二噁英的异构体相对较少，仅含某些特定取代位的多氯代二噁英类杂质，如 CNP 中所含的异构体主要是 1，3，6，8-TCDD 和 1，3，7，9-TCDD 成分，并不生成所有的二噁英异构体。世界各国（主要是发达国家）土壤中二噁英污染的调查研究资料表明，土壤二噁英水平与土地利用方式有密切联系。一般来说，农业与林牧区土壤往往具有较低的二噁英水平，而工业区和城市地区土壤中的浓度往往较高。

我国尚未开展全国性的土壤二噁英污染调查，但近年来我国学者对土壤中二噁英的水平进行了一些探索性研究。吴文忠等（1998）检测了湖北鸭儿湖地区的二噁英水平，其中土壤中浓度为 LTEQ0.11~0.15pg/g，沉积物为 LTEQ0.16~797pg/g。另一项研究中，北京地区城市土壤的 PCDD/Fs 为 I-TEQ 1.1pg/g，农业土壤为 LTEQ0.87pg/g，林牧地区为 I-TEQ0.48pg/g。有人对长江三角洲地区某典型污染区农田土壤中 PCDD/Fs 的组成、含量及毒性当量进行了初步研究，结果表明，该地区农田土壤中 PCDD/Fs 总含量的平均值达 2639.1pg/g，毒性当量（WHO-TEQ）为 TEQ 20.82~21.32pg/g，并检测出 PCDD/Fs 的四氯至八氯多种异构体。农田中的这类毒性物质，不仅可以通过挥发造成跨区域性污染，还可通过地表径流影响水体环境质量，因其具脂溶性，易于通过食物链富集、放大，进入人体而危害健康。目前，我国土壤二噁英的污染资料仍十分有限，仅涉及局部区域局部点位的研究，远远落后于发达国家土壤二噁英的研究水平。

（二）二噁英对农产品安全的影响

1. 二噁英进入人体的途径

二噁英进入人体主要有两种途径：一是通过呼吸系统；二是经口摄入进入人体。后者是最主要的，约占人体摄入量的 90%。由于二噁英是亲脂物质，进入植物或动物体后，会富集在脂肪层或脏器内，污染鱼、肉、蛋及奶制品，从而造成对人体的严重危害。进入人体的二噁英可积蓄 7 年以上，而且极难排出体外，只有减少摄入量才能避免累积效应。微量的二噁英污染即可造成人体许多复杂的疾病，如前列腺癌、乳腺癌、睾丸癌、免疫力低下、先天缺损和生育力降低等。现在科学界普遍关注的环境激素问题，也主要由二噁英的污染引起的。生物化学研究认为，二噁英具有类似人体激素的作用，但它不被代谢和降低，极小剂量的二噁英也可能造成激素分泌的紊乱，非常微量的"错误信号"就能对激素调控产生极大的影响作用，包括细胞分裂、组织再生、生长发育、代谢和免疫功能，造成人体内分泌紊乱、免疫力低下、神经系统混乱等。最近发现，二噁英还会激活艾滋病病毒基因的转录，对病毒感染起促进作用，因而被国际癌症研究所认定为致癌物，是一种严重危害人体健康的污染物。而且到目前为止，人类 TCDD 中毒尚没有针对性的解毒物，也没有促进其代谢的有效手段。

2. 二噁英对农产品安全的影响

有研究表明，人体吸收的 PCDD/Fs90% 以上来源于食物，食物链是 PCDD/Fs 人体暴露和构成健康风险的主要途径。农田生态系统成为有害污染物生物毒性得以传递、放大的重要环境载体。

由于二噁英在脂肪中具有高度溶解性，一旦其进入人体，能在体内蓄积且较难排出。人体内的半衰期平均为 7 年。在环境中，二噁英可通过食物链富积。由于高亲脂性，容易存在于动物脂肪和乳汁中。因此，鱼、肉、禽、蛋、乳及其制品最易受到污染。长期食用这些受污染的食品可危害健康。

保护食品供应体系的安全至关重要。世界卫生组织制定的二噁英每日允许摄入量为每公斤体重1~4pg。从理论上讲，去除肉的脂肪和采用低脂奶粉可以减少二噁英的摄入，注意膳食平衡，适当增加蔬菜、水果和谷物摄入量也可相应减少动物性脂肪摄入量。当然，公众自身减少二噁英摄入量的能力有限，政府采取行动保护食品供应系统最为关键。

3. 食物中的二噁英污染水平

（1）蔬菜。生长中的植物能与土壤、地表水以及空气中沉降的二噁英接触。研究表明，根茎作物是由于外表与土壤的接触而污染二噁英。在胡萝卜、马铃薯等根茎作物中可检出低浓度二噁英，可通过削皮除去大部分。二噁英还可通过大气中的颗粒沉降以及从气体吸收（因蒸发从土壤进入空气）污染叶菜和水果表面。据德国、英国、加拿大研究表明，水果、蔬菜中二噁英低于检测限。

（2）奶。许多国家都有检测数据。瑞士：6个地区的牛奶样品中检出二噁英，污染水平TEQ以全奶计为0.03~0.27ng/kg。英国：对不同地区进行市场调查，以全奶计其TEQ均值为0.08ng/kg。荷兰：以脂肪计TEQ为1.00ng/kg。

（3）肉类。德国Beck等人调查了许多肉类样品，以脂肪计TEQ牛肉、羊肉和鸡肉为1.8~2.4ng/kg。荷兰：牛肉、羊肉和鸡肉的结果与此相似，以脂肪计TEQ为1.3~2.4ng/kg。美国：以脂肪计TEQ为0.03~0.35ng/kg。

（4）鸡蛋。英国的研究报道了两份蛋样的数据，以全蛋计TEQ分别为0.22ng/kg和0.16ng/kg。美国的结果与欧洲的情况相似，而有机会接触中等污染土壤鸟蛋的浓度则相当高，其水平比商品蛋高100倍。加拿大蛋类产品中仅检出更高氯代的异构体，TEQ均值为0.59ng/kg。

（5）鱼。尽管水体中二噁英水平极低，但生物富集作用可使鱼体中的水平显著提高。英国：包括比目鱼、鲭鱼、鳕鱼等在内的8种零售鱼样品，以湿重计TEQ范围为0.15~1.84ng/kg. 德国：Beck等研究鲫鱼、鳕鱼和红鱼的结果，以脂肪计TEQ为30~43ng/kg。荷兰：低脂的海鱼污染水平稍高，两个混合样品以脂肪计TEQ分别为48.1ng/kg和49.2ng/kg。

第三章 地下水概述

第一节 地下水的存在形式

一、岩石的空隙

地下水存在于岩石空隙之中。地壳表层十余千米范围内，都或多或少存在着空隙，特别是浅部1~2km范围内，空隙分布较为普遍。按照维尔纳茨基形象的说法，"地壳表层就好像是饱含着水的海绵"。

岩石空隙既是地下水的储容场所，又是地下水的运动通路。空隙的多少、大小及其分布规律，决定着地下水分布与运动的特点。

将空隙作为地下水储容场所与运动通路研究时，可以分为三类，即松散岩石中的孔隙，坚硬岩石中的裂隙以及易溶岩层中的溶穴。

（1）孔隙：松散岩石是由大大小小的颗粒组成的，在颗粒或颗粒的集合体之间普遍存在空隙；空隙相互连通，呈小孔状，故称作孔隙。

孔隙的多少用孔隙度表示。孔隙度乃是某一体积岩石（包括孔隙在内）中孔隙体积所占的比例。

孔隙度的大小主要取决于颗粒排列情况及分选程度；另外，颗粒形状及胶结情况也影响孔隙度。

为了说明颗粒排列方式对孔隙度的影响，我们可以设想一种理想的情况，即颗粒均为大小相等的圆球。当这些理想颗粒做立方体排列时，可算得其孔隙度为47.64%；做四面体排列时，孔隙度仅为25.95%。颗粒受力情况发生变化时，通过改变排列方式而密集程度不同。上述两种理论上最大与最小的孔隙度平均起来接近37%，自然界中松散岩石的孔隙度与此大体相近。

应当注意的是，我们在上述计算中并没有规定圆球的大小；因为孔隙度是一个比例数，与颗粒大小无关。

自然界并不存在完全等粒的松散岩石。分选程度越差，颗粒大小越不相等，孔隙度便越小。因为，细小颗粒充填于粗大颗粒之间的孔隙中，自然会大大降低孔隙度。

自然界中也很少有完全呈圆形的颗粒。颗粒形状越是不接近圆形，孔隙度就越大。因为这时突出部分相互接触，会使颗粒架空。

黏粒表面带有电荷，颗粒接触时便连结形成颗粒集合体，形成结构孔隙。

松散岩石受到不同程度胶结时，由于胶结物质的充填，孔隙度有所降低。

孔隙大小对水的运动影响极大，影响孔隙大小的主要因素是颗粒大小。颗粒大则孔隙大，颗粒小则孔隙小。需要注意的是，对分选不好、颗粒大小悬殊的松散岩石来说，孔隙大小并不取决于颗粒的平均直径，而主要取决于细小颗粒的直径。原因是，细小颗粒把粗大颗粒的孔隙充填了。除此以外，孔隙大小还与颗粒排列方式、颗粒形状以及胶结程度有关。

（2）裂隙：固结的坚硬岩石，包括沉积岩、岩浆岩与变质岩，其中不存在或很少存在颗粒之间的孔隙；岩石中的空隙主要是各种成因的裂隙，即成岩裂隙、构造裂隙与风化裂隙。

成岩裂隙是岩石形成过程中由于冷却收缩（岩浆岩）或固结干缩（沉积岩）而产生的。成岩裂隙在岩浆岩中较为发育，如玄武岩的柱状节理便是。构造裂隙是岩石在构造运动过程中受力产生的，各种构造节理、断层即是。风化裂隙是在各种物理的与化学的因素的作用下，岩石遭破坏而产生的裂隙，这类裂隙主要分布于地表附近。

裂隙率可在野外或在坑道中通过测量岩石露头求得，也可以利用钻孔中取出来的岩芯测定。在测定裂隙率时，一般还应测定裂隙的方向、延伸长度、宽度、充填情况等。因为这些都对水的运动有很大影响。

裂隙发育一般并不均匀，即使在同一岩层中，由于岩性、受力条件等的变化，裂隙率与裂隙张开程度都会有很大差别。因此，进行裂隙测量应当注意选择有代表性的部位，并且应当明了某一裂隙测量结果所能代表的范围。

（3）溶穴：易溶沉积岩，如岩盐、石膏、石灰岩、白云岩等，由于地下水的溶蚀会产生空洞，这种空隙就是溶穴。

岩溶发育极不均匀。大者可宽达数百米、高达数十米乃至上百米、长达数十千米或更多，小的只有几毫米直径。并且，往往在相距极近处岩溶率相差极大。例如，在具有同一岩性成分的可溶岩层中，岩溶通道带的岩溶率可以达到百分之几十，而附近地区的岩溶率却几乎是零。

将孔隙率、裂隙率与岩溶率做一对比，可以得到以下结论。虽然三者都是说明岩石中空隙所占的比例的，但在实际意义上却颇有区别。松散岩石颗粒变化较小，而且通常是渐次递变的。因此，对某一类岩性所测得的孔隙率具有较好的代表性，可以适用于一个相当大的范围。坚硬岩石中的裂隙，受到岩性及应力的控制，一般发育颇不均匀，某一处测得的裂隙率只能代表一个特定部位的状况，适用范围有限。岩溶发育极不均匀，利用现有的办法，实际上很难测得能够说明某一岩层岩溶发育程度的岩溶率。即使求得了某一岩层的平均岩溶率，也仍然不能真实地反映岩溶发育的情况。因此，岩溶率的测定方法及其意义，都还值得进一步探讨。

二、地下水的存在形式

地下水在岩石中以不同的形式存在着。首先可以划分出气态水、液态水和固态水三类，液态水又可以根据水分子是否被岩石固体颗粒吸引住而分为结合水和重力水两类。上述各类型的地下水系均存在于岩石的空隙之中。除此之外，还有存在于矿物内部的水，称为矿物结合水。

（1）气态水：以水蒸气状态存在于未饱和岩石空隙中的水。它可以是来自地表大气中的水汽，也可以由岩石中其他形式的水蒸发形成。气态水可以随空气的流动而运动，但即使空气不流动，它本身也可以发生迁移。由水汽压力（或绝对湿度）大的地方向水汽压力（或绝对湿度）小的地方迁移。当岩石空隙内水汽增多达到饱和时，或是当周围温度降低达到 $0℃$ 时，气态水开始凝结而形成液态水。由于气态水在一地蒸发又在另一地点凝结，因此对岩石中地下水的重新分布有一定的影响。

（2）结合水：岩石固体颗粒或颗粒集合体表面带有电荷。水分子是偶极体，一端带正电，另一端带负电。由于静电引力作用，岩石颗粒表面便吸引水分子。根据库伦定律，电场强度与距离平方成反比。距离表面很近的水分子，受到强大的吸力，排列十分紧密，随着距离增大，吸力逐渐减弱，水分子排列较稀疏。受到岩石颗粒表面的吸引力大于其自身重力的那部分水便是结合水。结合水束缚于岩石颗粒表面上，不能在重力影响下运动。

最接近岩石颗粒表面的水称为强结合水。根据不同研究者的说法，其厚度相当于几个、几十个或数百个水分子直径。其所受吸引力约达 1013MPa，密度平均为 $2 \times 10^3 kg/m^2$ 左右，力学性质与固体物质相似，具有极大的黏滞性、弹性和抗剪强度，溶解盐类能力弱，温度达 $-78℃$ 时才可能冻结，不受重力影响，不能流动，只有在吸收了足够的热能（温度达 $150℃ \sim 300℃$）后，才能以气态形式脱离岩石颗粒表面而移动。

结合水的外层，称为弱结合水，厚度相当于几百或上千个水分子直径，岩石颗粒表面对它的吸引力有所减弱。密度为 $(1.3 \sim 1.774) \times 10^3 kg/m^3$，仍大于普通液态水，具有较高的黏滞性和抗剪强度，溶解盐类的能力较低，冰点低于 $0℃$。弱结合水的抗剪强度及黏滞性是由内层向外逐渐减弱的。当施加的外力超过其抗剪强度时，最外层的水分子即发生流动。施加的外力越大，发生流动的水层厚度越加大。

应当指出，以往的水文地质文献中广泛采用列别捷夫的观点，认为结合水是不能传递静水压力的，并以包气带中结合水不传递静水压力的试验做证明。近年来，实践证明这种说法并不确切。以前所述，强结合水的力学性质近于固态物体，不能流动；弱结合水则不然，当其处在包气带中时，因分布不连续，自然不能传递静水压力，而处在地下水面以下的饱水带时，却是能够传递静水压力的，但要求外力必须大于结合水的抗剪强度。例如，充满黏土空隙中的水基本上都是结合水，由于结合水在其自身重力下不能运动，因此黏土是不透水的，但当黏土层处于承压状态时，在一定的水头差的作用下，黏土层也能产生渗透现象变成透水层。这是静水压力大于结合水的抗剪强度的缘故。

（3）重力水：岩石颗粒表面上的水分子增厚到一定程度，重力对它的影响超过颗粒表面对它的吸引力，这部分水分子就受重力影响向下运动，形成重力水。重力水存在于岩石较大的空隙中，具有液态水的一般特性，能传递静水压力，并具有溶解岩石中可溶盐的能力。从井中吸出或从泉中流出的水都是重力水。重力水是水文地质学研究的主要对象。

重力水在表面张力的作用下，在岩石的细小空隙中能上升一定的高度（某一水面以上）的，这种既受重力又受表面张力作用的水，称为毛细水。毛细水常常位于饱和地下水面之上，但也有与地下水面无关的含于非饱和地带的所谓"悬挂"毛细水。毛细水能传递静水压力。

（4）固态水：以固态形式存在于岩石空隙中的水称为固态水。在多年冻结区和季节冻结区可以见到这种水。我国北方、东北和青藏高原即有多年冻结或季节冻结的情况。

（5）矿物结合水：存在于矿物结晶内部或其间的水，称为矿物结合水。以 H^+ 和 OH^- 的形式存在于矿物结晶铬架的某一位置上的，称为"结构水"，以水分子 H_2O 的形式存在于结晶铬架的一定位置上的，称为"结晶水"；以水分子的形式存在于矿物晶包和晶包之间的，称为"沸石水"。一定的矿物其所含的结构水或结晶水在数量上是一定的，沸石水则没有固定的数量。如方沸石即含有数量不定的沸石水。结构水和结晶水在高温下可从矿物中分离出来，沸石水在常温条件下也可以逸出，逸出的数量取决于空气的湿度。

第二节　地下水的埋藏条件

为了阐明地下水的埋藏条件，可把地面以下岩层分为包气带和饱水带。地下水面以上称作包气带，以下称作饱水带。

按埋藏条件，地下水可划分成上层滞水、潜水和承压水三种类型。前者存在于包气带中，后两者则属饱水带水。这三种不同埋藏类型的地下水，既可赋存于松散的孔隙介质中，也可赋存于坚硬基岩的裂隙介质和岩溶介质之中。

一、上层滞水

上层滞水是指赋存于包气带中局部隔水层或弱透水层上面的重力水。它是大气降水和地表水等在下渗过程中局部受阻积聚而成。这种局部隔水层或弱透水层在松散沉积物地区可能由黏土、粉质黏土等的透镜体所构成的，在基岩裂隙介质中可能由局部地段裂隙不发育或裂隙被充填所造成，在岩溶介质中则可能由于差异性溶蚀作用使局部地段岩溶发育较差或存在非可溶岩透镜体。

由于埋藏特点，上层滞水具有以下特征：上层滞水的水面构成其顶界面。该水面仅承受大气压力而不承受静水压力，是一个可以自由涨落的自由表面。大气降水是上层滞水的主要补给源，因此其补给区与分布区相一致。在一些情况下，还可能获得附近地表水的入渗补给。上层滞水通过蒸发及透过其下面的弱透水底板缓慢下渗进行垂向排泄，同时在重力作用下，在底板边缘进行侧向的散流排泄。

上层滞水的水量一方面取决于其补给水源，即气象和水文因素，另一方面还取决于其下伏隔水层的分布范围。通常其分布范围不大，因而不能保持常年有水。但当气候湿润、隔水层分布范围较大、埋藏较深时，也可赋存相当水量，甚至可能终年不干。

上层滞水水面的位置和水量的变化与气候变化息息相关，季节性变化大，极不稳定。因此，由上层滞水所补给的井或泉，尤其当上层滞水分布范围较小时，常呈季节性存在。雨季或雨后，泉水出流，井水面上涨；旱季或雨后一定时间，泉水流量急剧减小甚至消失，井水则水面下降甚至干涸。

由于距地表近，补给水入渗途径短，上层滞水容易受污染。因此，在缺水地区如果利用它做生活用水的水源（一般只宜做小型供水源），对水质问题尤应注意。

二、潜水

1. 潜水的埋藏特征

赋存于地表下第一个稳定隔水层之上，具有自由表面的含水层中的重力水称为潜水。该含水层称为潜水含水层。潜水的水面称潜水面。其下部隔水层的顶面称隔水底板。潜水面和隔水底板构成了潜水含水层的顶界和底界。潜水面到地面的距离称为潜水的埋藏深度。潜水面到隔水底板的距离称为含水层的厚度，潜水面的高程称为潜水位。

由于埋藏浅，上部无连续的隔水层等埋藏特点，潜水具有以下的特征：潜水面直接与包气带相连构成潜水含水层的顶界面，该面一般不承受静水压力，是一个仅承受大气压力的自由表面。潜水在重力作用下，顺坡降由高处向低处流动。局部地区在潜水位以下存在隔水透镜体时，则潜水的顶界面在该处为上部隔水层的底面而承受静水压力，呈局部承压现象。

潜水通过包气带和大气圈及地表水发生密切联系，在其分布范围内，通过包气带直接接受大气降水、地表水及灌溉渗漏水等的入渗补给，补给区一般与分布区相一致。潜水的水位、埋藏深度、水量和水质等均显著地受气象、水文等因素的控制和影响，随时间而不断地变化，并呈现显著的季节性变化。丰水季节潜水获得充沛的补给，储存量增加，厚度增大，水面上升，埋深变小，水中的含盐量亦由于淡水的加入而被冲淡。枯水季节补给量小，潜水由于不断排泄而消耗储存量，含水层厚度减薄，水面下降，埋深增大，水中含盐量亦增加。

潜水面的形状及其埋深受地形起伏的控制和影响。通常潜水面的起伏与地形起伏基本一致，但较之缓和。在切割强烈的山区潜水面坡度大，埋深也大，潜水面往往深埋于地表下几十米甚至达百米以上。在切割微弱、地形平坦的平原区，潜水面起伏平缓，埋深仅几米，在地形低洼处潜水面接近地表，甚至形成沼泽。

潜水的水质除受含水层的岩性影响外，还显著地受气候、水文和地质等因素影响。在潮湿性气候、切割强烈的山区，潜水径流通畅，循环交替强烈，往往为低矿化度的淡水。在干旱性气候、地形平坦的平原地区，潜水径流缓慢，循环交替微弱，蒸发成了主要排泄方式，潜水则往往为高矿化的咸水。此外，潜水因其埋藏浅且与包气带直接相联而容易受污染。

2. 潜水等水位线图

等水位线图即潜水面的等高线图。它是在一定比例尺的平面图上（通常以地形等高线图做底图）按一定的水位间隔将某一时期潜水位相同的各点联成的一系列等水位线所构成的。为了绘制该图，首先需要在研究区内布置一定数量的水文地质点（对地表水也应布置一定数量的测量点），进行水准测量和水位测量，然后按绘制地形等高线的方法绘制等水位线。绘图时应注意等水位线与地表水相交的地段和相交形式。各点的水位资料应在相同时间内测得。等水位线图上应标明水位测量的时间。

等水位线图反映潜水面的形状以及潜水的流动情况。通过该图可以解决以下问题：

（1）确定潜水流动方向：潜水的流向与等水位线相垂直。

（2）确定水力坡度：沿水流方向取一线段，确定其距离和端点的水位差值，该水位差与长度之比值即为该线段的平均水力坡度。

（3）确定潜水和地表水的关系：通过确定地表水附近潜水的流向即可确定其间的补排关系。

（4）确定潜水面的埋藏深度：当等水位线圈上具有地形等高线时，可首先确定计算点的地面高程，再根据等水位线确定其水位值，二者的差值即为该点处潜水面的埋藏深度。

（5）分析推断含水层岩性或厚度的变化：等水位线变密处，即水力坡度增大之处，表征该处含水层厚度变小或渗透性能变差；反之，等水位线变稀的地方则可能是含水层渗透性变好或厚度增大的地方。

此外，等水位线图还可用来作为布置工程设施的依据。例如，取水工程应布置于潜水流汇合的地段，而截水工程的方向则应基本上和等水位线相一致。

受自然和人为因素影响，潜水面的形状和位置因时而异。同一地区不同时间的等水位线图亦不相同。工程中常用的是高水位（丰水季节）和低水位（枯水季节）期的等水位线图。

3. 潜水的补给、排泄和径流

含水层从外界获得水量的过程叫补给，耗失水量的过程叫排泄，地下水由补给区向排泄区流动的过程便是地下水的径流。补给和排泄是含水层与外界进行水量和盐分交换的两个环节，控制和影响着含水层中地下水的水量、水质及其变化，从而也控制了地下水在含水层中的径流情况。径流则是在含水层内部进行水量和盐分的积累与输送，并调整含水层内部势能和盐分的分配。地下水的补给、排泄和径流构成了地下水的循环交替及地下水资源不断获得补充和更新的特点。因此，只有正确分析含水层的补给、排泄和径流条件才能正确评价含水层中的地下水资源，在开发利用地下水或防水治水过程中才能采用合理的方案和措施。

（1）潜水的补给

大气降水和地表水的入渗是潜水的主要补给源。在特定条件下潜水尚可获得来自承压含水层中的地下水、水汽凝结水、工农业用水的回渗水和人工补给水等的补给。

a. 大气降水对潜水的补给：通常，大气降水是潜水的主要补给源。在潜水含水层的分布面积上几乎均能获得大气降水的入渗补给，因此降水的补给是面的补给。降水量的多少、降水的性质和持续时间、包气带的岩性和厚度、地形以及植被情况等因素，均不同程度地影响着降水对潜水的补给。

短期的小雨小雪在入渗过程中主要润湿浅部的包气带，雨停后又很快耗失于蒸发，对潜水的补给作用甚微。急骤的暴雨则因其水量过于集中，超过了包气带的吸收能力，尤其是在地形坡度大的地方，大部分降水以地表径流的方式流走，补给潜水的水量所占比例甚小。长时间连续的绵绵细雨对潜水的补给最为有利。

植被的覆盖有助于减缓冰雪融化的速度，阻滞降水转化成地表径流很快流失，从而有利于潜水获得补给。地形的陡缓明显地影响着降水对潜水的补给：地形陡峻的山区，降水到达地表后不易蓄积而很快地沿地表流走，因此不利于对潜水的补给；平坦尤其是低洼地形处，则有利潜水接受补给。我国西北的黄土高原，由于地形陡，且缺乏植被覆盖，常常容易造成水土流失，不利于降水对潜水的补给。

包气带是降水入渗补给潜水的通道。包气带岩土的渗透性能越好，其厚度越小则下渗的水流到达潜水面越快，中途水量的损耗越少，也就越有利于潜水获得补给。我国广西部分岩溶发育地区，降水的入渗量达 80% 以上，即绝大部分的降水都补给了地下水。

b. 地表水对潜水的补给：江、河、湖、海及水库等地表水体，当它们与潜水间具有水力联系且其水面高出潜水面时，均可对潜水进行补给。山前冲、洪积扇的顶部地区，一般分布透水性能良好的砂砾石层，潜水埋藏较深，该地区的地表水往往大量渗漏补给潜水，构成潜水的长年补给源。在大河的中上游地区，洪水季节河水往往高于附近的潜水位面构成潜水的补给源。但是这些地段河水与潜水的补排关系受地貌、岩性及水文动态影响而复杂化，必须具体情况具体分析。

一些大河的下游地段，河床位于地形高处，河水便成为附近潜水经常性的补给源。例如，我国黄河下游地段由于泥砂淤积以及历代修堤，大堤以内的地面往往高出堤外的地面若干米。黄河水就成了附近潜水的长期补给源。

干旱地区大气降水量极少，源出山区的河流就成为山前地区潜水主要的甚至是唯一的补给。如甘肃河西走廊的武威地区，99% 以上的地下水是由河水漏渗补给的。

c. 承压水对潜水的补给：当潜水含水层与下部的承压含水层之间存在导水通道，同时潜水位又低于下伏承压水的测压水位时，承压水便通过导水通道向上补给潜水。这种导水通道可能是由隔水层中存在的"透水性天窗"或导水的断层和断层破碎带等所组成。承压水与潜水间的水位差值越大，通道的透水性能越好，截面积越大，通道越短则承压水对潜水的补给量越大。当潜水含水层底板由厚度不大的弱透水层组成时，如果下伏承压水的水位高出潜水位足够高，在这种水位差的作用下，承压水可透过其顶部的弱透水层补给潜水，通常把这种方式的补给叫作越流补给。当弱透水层分布范围很大时，尤其在人工大降深抽取潜水时，这种补给的量可能是很可观的。

d. 凝结水对潜水的补给：我国西北沙漠地区，日温差极大，晚上因土壤散热，温度急剧下降，其空隙中的相对湿度因之迅速提高，达饱和状态后其中的水汽凝结成液态水，水汽压力便降低，与地表大气中的水汽压力形成压差，大气中的水汽便向土壤空隙移动，从而使凝结水源源不断地补给潜水，成为该地区潜水的重要补给源。

此外在农灌区、城市和工矿区，特别是包气带透水性能良好的地区，潜水还可获得农田灌溉水、城市工矿的生活用水和工业废水等的回渗补给。

（2）潜水的排泄

自然条件下潜水主要有以下几种排泄的方式：以泉的形式出露地表，直接排入地表水，通过蒸发逸入大气。其中前两种方式潜水转化为地表水流，排泄的方向以水平方向为主，统称为径流排泄。蒸发使潜水转化成水汽进入大气，以垂直方向为主，称之为蒸发排泄。此外，在一定条件下潜水还可通过透水通道或弱透水层而向邻近的承压含水层排泄。

a.泉：泉是地下水在地表出露的天然露头。由潜水和上层滞水所补给的泉，叫下降泉。这类泉水在其出口附近地下水往往由上向下运动。由潜水所补给的泉，其流量呈明显的季节性变化，即丰水季节流量显著增大而枯水季节则逐渐减少。

b.潜水向地表水体的排泄：当地表水体与潜水含水层间无阻水屏障，且地表水面低于附近的潜水面时，潜水便向地表水体排泄。潜水向地表水体排泄与潜水接受地表水体的补给，二者情况相似，只是水流方向相反。因而，影响潜水排泄量的因素以及潜水排泄量的计算方法与前面有关地表水对潜水补给部分的讨论相同。潜水排入河中的水量还可采用水文分割法，通过对河水量过程曲线进行分割来确定。其方法可参阅有关文献资料，在此不做详述。

c.蒸发：潜水的蒸发有通过包气带进行的土面蒸发和通过植物所进行的叶面蒸发（蒸腾）两种形式。前者是潜水在毛细作用下源源不断地补给潜水面以上的毛细水带，以供应该带上部毛细弯液面处的水不断变成气态水逸入大气。后者则是植物根系吸收水分通过叶面蒸发而逸入大气。两种蒸发形式中的排泄方向都是垂直向上，排泄过程中主要是水量的耗失，而水中的盐分仍积聚在地壳中。在干旱地区，特别是地形低平处，潜水流动缓慢，当潜水面埋藏较浅，毛细带上缘接近地表时，蒸发就成为潜水排泄的主要甚至是唯一的方式。

蒸发排泄量的大小主要受气象因素（气温和相对湿度）、包气带的岩性及潜水埋藏深度等因素影响。包气带毛细性能越好（毛细上升速度快，是大毛细上升高度高），空气的气温越高，相对湿度越小，潜水埋藏越浅则蒸发越强烈。此外，植物的类型对潜水的蒸发排泄量也有一定影响。

当潜水与邻近承压水含水层之间存在导水通道或潜水含水层与下伏承压含水层间的岩层为弱透水层，且潜水的水位高出承压水的水位时，或潜水含水层位于承压水层的补给区时，潜水还可向承压含水层进行排泄。

随着工农业生产的日益发展，取水或排水工程日益增加，这些人工排泄的潜水水量在一些地区占相当比例，局部地区人工排泄甚至可以成为当地潜水的主要排泄去向。

不同排泄方式所引起的后果也不相同。水平排泄时排出水量的同时也排出含水层中的盐分，因此其总的趋势是使含水层越来越淡化。蒸发排泄的结果仅耗失水量，而地下水中的盐分则停留于地壳中，积聚在地表附近，其结果造成地下水的浓缩和土壤中盐分增加。在干旱半干旱地区，尤其当土壤层由毛细性较好的粉土或粉砂等组成时，在潜水埋藏浅的低平地区，强烈蒸发的结果常常出现土壤盐渍化现象。

（3）潜水的径流

自然界中潜水总是由水位高处向水位低处流动，这种流动过程便是潜水的径流。潜水在径流过程中不断汇聚水量、溶滤介质、积累盐分，并将水量和盐分最终输送到排泄场所排出含水层。地形起伏、水文网的分布和切割情况，含水层的补给和排泄条件（位置、数量和方式）以及含水层的导水性能等因素影响着潜水的径流（径流方向、强度和径流量）。

潜水的径流强度通常用单位时间内通过单位过水断面面积的水量即渗透速度来表征。显然，径流强度的大小与补给量、潜水的水力坡度、含水层的透水性能等因素成正比。径流强烈的地段，从岩石圈进入地下水中的盐分能及时为水流携走，地下水往往为低矿化的淡水；反之，在径流缓慢的地段，地下水的矿化度一般较高。

含水层透水性能的差异可导致径流分配的差异。在水力坡度相同的情况下，透水性越好的地方，径流越通畅，径流强度越大，径流量也相对集中。因此在大河下游堆积平原中，在河流边岸附近及古河床分布地段，常常可以找到水量丰富、水质好的地下水流。

4.潜水的动态和均衡

（1）潜水的动态

在各种自然和人为因素的影响下，地下水的水位、水量和水质随时间呈有规律的变化，这种变化叫作地下水的动态。地下水的动态反映了含水层的补给和排泄作用的综合结果。例如，当补给量大于排泄量时，含水层中储水量增多，水位上升，流量增大；相反当排泄量大于补给量时，水量便减少，水位下降。研究地下水的动态有助于了解地下水的水量和水质的变化规律，预测它们的发展趋势，以便有效地兴利除弊，同时还有助于进一步查清地下水的形成和循环交替条件。

潜水的水位、水量及水质在自然因素和人为因素的影响下呈昼夜、季节和多年的变化。通常，对潜水动态影响最大的是气象因素。潜水与大气圈联系密切，因此大气降水、蒸发、气温和湿度等均影响潜水的动态。其中降水对潜水起补充水量和冲淡盐分的作用，而蒸发所起的作用则相反。气温和湿度是通过影响降水和蒸发而影响潜水的动态。

气象因素不仅呈季节性变化，还呈多年的周期性变化，故潜水的动态亦呈现多年的周期性变化。例如，受周期性为11年左右的太阳黑子量变化影响，原苏联卡明草原丰水期和干旱期交替出现，使地下水动态显示出同一周期的变化规律。此外，气压的变化也可使观测井中的水位相应变化。气压降低则井中水面所受的表面压强减小，而附近的潜水面上仍承受包气带中原来的空气压强，形成了压差，周围的潜水便在此压差下向井中流动，使井中水位上升；反之，气压升高则可导致井水面下降。这种水位变化起因于表面压强的变化，而含水层中的水量并未改变，故通常称为伪变化。除气压变化外，气温变化也可能引起井水位出现伪变化。

水文因素对潜水尤其是地表水体附近的潜水动态也有着明显的影响，以河流为例，当河水补给潜水时，潜水位随河水位的涨落而涨落，但时间略滞后。距河越近，潜水位的变化幅度、涨落时间与河水位的变化情况越接近。随着与河距离的增大，河水位变动的影响逐渐减弱，即水位变化幅度逐渐变小，滞后时间增长，水位变化曲线逐渐平缓。潜水的水质距河越近越接近于河水的水质。当河流排泄地下水时，由于河流的排泄作用使其附近地段地下水位径流畅通，潜水的动态曲线变得平缓，变化幅度变小。距河越远，变化幅度越大。

在相同降水强度的情况下，岩土的透水性及给水性越好，潜水位的变化幅度就越小。因此，通常砾石层中的潜水，其水位变化小于砂层或粉土含水层中的变化。在起补给作用的河流附近，包气带和含水层岩土的给水性越好则河水位变化所影响的范围就越小，岩土的透水性能所起的作用正好相反。

上述地质因素的变化是极缓慢的，它们对于潜水动态的影响也是相对稳定的，主要影响变化的幅度和延续时间的长短而不改变动态的基本形态。但是在新构造活动强烈的地区，地壳活动可使潜水动态呈现某种趋势的延续变化。例如河西走廊的龙王庙、安西白旗堡等村落，受新构造运动影响，水井逐步干枯而迫使居民迁移。地震和滑坡可使潜水在较短时间内发生急剧的变化。尤其是地震的影响，不仅水位，而且水的化学成分也常常产生急剧的变化。因此，在地震区监测地下水动态的异常变化成为预报地震的重要手段之一。

人类生产活动对潜水水质和水量等方面的动态所产生的影响随着生产的发展而日益加剧。开发利用潜水以及排水工程的工作使潜水储存量减少并使水位下降。过量开采（开采量超过补给量）甚至造成区域性的水位下降。人工补给、渠道渗漏及农灌水的回渗则可抬升水位。在一些潜水埋藏浅的灌区如果不合理控制灌水定额，回渗水量过多，可能使水位持续上升，甚至导致土壤沼泽化或盐渍化。生活用水和工业废水的回渗可导致潜水受污染。兴建水库，人工抬高地表水位则可引起近河地段的潜水产生壅水现象。凡此种种人为因素影响结果，使潜水的动态更加复杂。

自然条件下，从多年的角度看，潜水的补给和排泄是保持平衡的。因此，潜水的水位和水量受自然因素影响虽然呈现昼夜变化、季节变化和多年变化的特点，但其变化总是在一定范围内环绕某一平均值而变动，不会持续地朝一个方向变化。

（2）潜水的均衡

潜水的动态是潜水的水量和盐分的收入（补给）和支出（排泄）间数量关系的外部表现。潜水的水量和盐分收支间的数量关系便是潜水的均衡。通常把水量均衡叫水均衡，盐分的均衡叫盐均衡。这里我们着重讨论水均衡的有关问题。当潜水水量的收入大于支出时称正均衡，其结果是潜水的储存量增加、水位上升；反之则称负均衡。进行均衡研究的地区称均衡区，进行均衡计算的时间段称均衡期。

　　研究潜水的动态和均衡对于正确评价潜水资源，预测潜水水位和水量的变化以解决生产实际问题都是很重要的。进行这些研究必须对潜水的水位、水量、水质等进行长期观测工作，并通过长期观测及一些专门设备，测定均衡式中的各项参数才能得出正确的结论。

三、承压水

1. 承压水的埋藏特征

　　充满在两个稳定的不透水层（或弱透水层）之间的含水层中的重力水称为承压水。该含水层称为承压含水层。其上部不透水层的底界面和下部不透水层的顶界面分别称为隔水顶板和隔水底板，构成承压含水层的顶、底界面。含水层顶界面与底界面间的垂直距离便是承压含水层的厚度。钻进时，当钻孔（井）揭穿承压含水层的隔水顶板就见到地下水，此时井（孔）中水面的高程称为初见水位，此后水面不断上升，到一定高度后便稳定下来不再上升，此时该水面的高程称为静止水位，亦即该点处承压含水层的测压水位。承压含水层内各点的测压水位所联成的面即该含水层的测压水位面。某点处由其隔水顶界面到测压水位面间的垂直距离叫作该点处承压水的承压水头。承压水头的大小表征了该点处承压水作用于其隔水顶板上的静水压强的大小。当测压水位面高于地面时承压水的承压水头称为正水头，反之则称负水头。在具有正水头的地区钻进时，当含水层被揭露，水便能喷出地表，通常称之为自流水，揭露自流水的井叫自流井。在具负水头的地区进行钻进，含水层被揭露后，承压水的静止水位高于含水层的顶界面但低于地面。

　　由于埋藏条件不同，承压水具有与潜水和上层滞水显著不同的特点。承压含水层的顶面承受静水压力是承压水的一个重要特点。承压水充满于两个不透水层之间，补给区位置较高而使该处的地下水具有较高的势能。静水压力传递的结果，使其他地区的承压含水层顶面不仅承受大气压力和上覆地层的压力，还承受静水压力。承压含水层的测压水位面是一个位于其顶界面以上的虚构面。承压水由测压水位高处向测压水位低处流动。当然水层中的水量发生变化时，其测压水位面亦因之而升降，但含水层的顶界面及含水层的厚度则不发生显著变化。

　　由于上部不透水层的阻隔，承压含水层与大气圈及地表水的联系不如潜水密切。承压水的分布区通常大于其补给区。承压水资源不如潜水资源那样容易得到补充和恢复。但承压含水层一般分布范围较大，往往具有良好的多年调节能力。承压水的水位、水量等的天然动态一般比较稳定。承压水通常不易受污染，但一旦被污染，净化极其困难。因此在利用承压水做供水水源时，对水质保护问题同样不能掉以轻心。

　　由于存在隔水顶板，上覆岩层的压力由含水层中的水和骨架共同承担，承压水的静水压力参与平衡上覆岩层压力的作用。因此，当含水层的水位发生变化时，承压含水层便呈现出弹性变化：当承压水水位上升时，静水压力加大，骨架所受的力便减小，地下水由于压力增大而压缩，骨架则由于减小压力而膨胀，主要表现为空隙空间增加，其结果则使含水层吸收水量而增大储存量；当承压水水位下降时，则起相反的作用，即水的体积增大而含水层的空隙空间减小，含水层中释放出一定数量的地下水，减少含水层中水的储存量。承压含水层的这种弹性变化特点往往是造成在一些大城市集中开采承压水地段地面发生沉降的主要原因。

2. 承压水等水压线图

承压含水层中各点的测压水位所联成的面叫该含水层的测压水位面。如前所述，该面高出含水层的顶界面，是一个虚构的面。该面的起伏及坡度的变化情况反映了承压水的径流情况。通常，承压含水层的厚度变化比较小，在含水层透水性能变化不大的情况下，承压含水层的测压水位面常接近为倾斜的平面。当含水层的厚度或其透水性能有变化时，测压水位面的坡度亦发生变化，透水性越好或含水层厚度越大的地段，测压水位面的坡度越小。

承压含水层测压水面的情况通常是用等水压线图来表示的。等水压线图也就是承压含水层测压水位面的等高线图。绘制承压含水层的等水压线图时应选取对其他含水层进行严格封堵的钻孔（井）中的水位资料，而不能采用混合进水的钻孔（井）中的资料，因为后一类井中的水位是若干含水层的混合水位。

等水压线图同样有很多实际用途。利用它可以确定承压水的流向、埋藏深度、测压水位及承压水头值的大小。根据图上等水压线分布的疏密情况还可以定性地分析含水层的导水性能（含水层的厚度或其透水性能）的变化情况。

在实践中为了便于应用，常常把承压水等水压线图与地形等高线图、含水层顶板等高线图叠置在一起。对照等水压线和地形等高线就可得知自流区和承压区的分布范围及承压水位的埋深，若再与顶板等高线对照还能知道各地段的压力水头及承压含水层的埋藏深度。如果将承压水等水压线图与上部潜水的等水位线图叠置在一起，还可以分析出承压水与潜水的相互补给关系。

3. 承压水的补给、排泄和径流

与潜水情况相似，承压水可能有各种不同的补给源。含水层露头区大气降水的补给往往是承压水的主要补给来源，其补给量的大小取决于露头区的面积、降水量的情况、露头区岩层的透水性能以及露头区的地形条件。当露头区位于地形高处时，含水层仅能接受露头区部分降水量的补给；当露头区位于地形低洼处时，该含水层不仅能获得露头区降水的入渗补给，还能获得该地段的整个汇水范围内降水的入渗补给。当承压含水层的补给区位于河床或地表水体附近，或地表水与承压含水层之间存在导水通道，且含水层的测压水位低于地表水的水位时，承压水便可获得地表水的补给。

同一地区通常存在几个含水层，某一承压含水层与潜水或其他承压含水层之间如果存在导水通道，而且其测压水位面低于其他含水层中地下水的测压水位面时，该含水层就可能获得其他含水层中的地下水的补给。地形与构造组合情况不同，补给层的位置亦不相同。

在一些地区为供水或排放工业废水的目的，向承压含水层人工回灌低矿化水或废水，构成了承压水的另一补给来源——人工补给。

承压水常常以泉（或泉群）的形式进行排泄。由承压水补给的泉叫上升泉。这类泉水在出口处由于存在一定的承压水头，地下水由下向上流动，常常出现上涌、冒泡和翻砂等现象。深部地下水所补给的泉水，常具较高的温度而形成温泉，其矿化度亦较高，并常富集某些元素和其他成分。

当承压水的排泄区与潜水含水层或地表水体相连，或其间存在导水通道，而且承压水的水位高于潜水或地表水水位时，承压水还可直接地或通过导水通道向潜水含水层和地表水体排泄。承压水还可通过导水通道排向相邻的承压含水层：正地形时排向上部含水层，负地形时排泄方向相反。此外，在开采承压水以及因矿山开采或进行其他工程设施而大量抽汲或排放承压水的地区，人工排泄可成为承压水的主要排泄方式之一。

第三节　地下水运动基本特征

一、渗流的基本概念

（一）水在岩石的孔隙和裂隙中的渗透

地下水存在于岩石的孔隙、裂隙和溶洞中，并在其中运动。把赋存地下水的孔隙岩石（如砂层、砾石层等）称为多孔介质，赋存地下水的裂隙岩石称为裂隙介质。地下水在多孔介质或裂隙介质中的运动称为渗透。下面主要探讨重力水在多孔介质和裂隙介质中的运动。

地下水在岩石的孔隙和裂隙中的运动情况非常复杂。

岩石中孔隙和裂隙的形状、大小、连通性等各不相同。它们是一些形状复杂、大小不一、弯弯曲曲的通道。因而在不同的空隙中或同一空隙的不同部位，地下水的运动状况各不相同。所以，研究个别孔隙或裂隙中的地下水运动特征不仅困难而且实用价值也很小。因此，人们不去直接研究个别液体质点的运动规律，而去研究岩石内液体的平均运动，即研究具有平均性质的渗透规律。这种方法的实质是用和真实水流属于同一流体的、充满整个含水层（包括全部的空隙空间和岩石颗粒所占据的空间）的假想水流来代替仅仅在岩石空隙空间内运动的真实水流。这种假想水流同时还应具有下列性质：它通过任一断面的流量应与真实水流通过同一断面的流量相等，它在某断面上的压力或水头应等于真实水流的压力或水头，它在任意岩石体积内所受的阻力应等于真实水流所受的阻力。满足上述条件的这种假想水流称为渗透水流或简称渗流。假想水流所占有的空间区域称为渗流区（渗流场）。这样一来，渗流就可以当作连续水流来研究了。

由于渗流是被当作连续水流来研究的，因此不仅可以避免研究个别空隙中液体质点运动规律的困难，而且有可能利用水力学、流体力学中成熟的研究方法来研究渗流问题。同时，因为渗流的流量、压力、阻力和真实水流相等，所以研究结果又不致失真。

为了描述渗流的特征，采用一些物理量如流量、速度、水头等来说明它。

（二）渗透速度和实际流速

垂直于渗流方向的含水层截面叫过水断面。该断面包括空隙和颗粒骨架所占的全部空间。

实际地下水流通过的过水断面则是指该断面中的空隙部分。

由于水流特征及边界条件不同，渗流的过水断面的形状可以是平面，也可以是曲面。

渗流在其过水断面上的平均流速称为渗透速度（或渗流速度）。

渗透速度是一个假想的速度，即当流量不变，整个过水断面全部为假想水流充满时渗流运动的平均流速。

实际流速是实际地下水流在岩石空隙空间中的实际平均流速。

（三）流线

在引进流线的概念之前，先介绍一下什么是地下水的稳定运动和非稳定运动。凡是运动的基本要素（如压强、速度等）大小和方向不随时间变化的地下水运动称为地下水的稳定运动。如果地下水运动的基本要素中的任一个或者全部要素随时间而变化，则称为地下水的非稳定运动。

在渗流场中作一根理想的空间几何线，这根线上每一个液流质点在某一瞬间的渗透速度矢量都与这根几何线相切，我们就把这根几何线称为流线。

为了弄清楚流线的概念，我们必须把流线和表示液流质点运动轨迹的迹线区分开来。迹线是表示某一液流质点在不同时间内连续运动所得到的轨迹，而流线则是表示在同一时间内不同液流质点的连线，此时各液流质点的速度矢量都和这根连线相切。流线的作法是和电场中的电力线的作法类似的。所以一般来说，流线和迹线在空间是不同的两条线。但是，当地下水稳定运动时，运动要素不随时间而改变，不同时间的流线都是相同的，在该情况下经过某一共同点的流线和迹线是互相重合的。

（四）水力坡度

地下水在岩石空隙中运动时，要消耗一部分水头。如果沿地下水流的方向任取一个垂直剖面，就可以得到一条水头降落的曲线，称它为降落曲线（对于潜水可以称为浸润曲线）。降落曲线的坡度即为水力坡度。从这里可以得到水力坡度更一般的意义：水力坡度 J 为沿渗流途径的水头降落值和渗流途径长度之比值。

（五）液体运动的两种状态

在自然界的不同条件下，液体运动的性质有很大的差别。观察到的液体运动状态有两种类型，即层流与紊流。

液体的流束（流层）互不混杂的流动称为紊流运动。液体的流束（流层）相互混杂而无规则的运动则称为素流运动。液体缓慢运动时，做层流运动。

由层流转变为紊流时管内的水流速度称为临界速度。实验表明，临界速度不仅与液体的黏滞性有关，而且和管子的直径大小有关。

由于临界速度在各种实际水流中是不同的，因此在实用上，难以用临界流速来判别液体流动的状态。通过大量试验发现可以用一个无量纲的量即雷诺数来判别。

用实验方法可求得临界条件下的雷诺数。如果实际流动时的雷诺数小于该值时，仍保持层流运动，大于该值时则会转变为紊流运动。

地下水在绝大多数情况下都呈层流运动状态。只有在卵石层的大孔隙中，当水力坡度很陡时，以及在大的裂隙和洞穴中，才会出现紊流运动状态。

二、渗流的基本定律

（一）线性渗透定律（达西定律）

1852—1856 年法国水力学家达西在实验室用砂做了大量的试验。试验是在装有砂的圆筒中进行的。水由筒的上端加入，经过砂柱，由下端流出。上游用溢水设备控制水位，使试验过程中水头始终保持不变。在圆筒的上下端各设一根测压管，分别测定上下两个过水断面的水头，并由下端出口处测定流量。

实际的地下水流中，水力坡度是各处不同的，通常用任一断面的渗透流速的表达式，也就是微分形式的达西公式。

渗透系数 K 是表示岩石透水性的指标，它是有关含水层的非常重要的水文地质参数之一。渗透系数不仅取决于岩石的性质（如粒度成分、颗粒排列、充填状况、裂隙的性质和发育程度等），而且和渗透液体的物理性质（容重、黏滞性等）有关。同一岩层，对于水是一种渗透系数，对于石油又是一种渗透系数。即便同样都是水，当水温和水的矿化度不同时，也会引起容重和黏滞性的一些变化，因而渗透系数也随着变化。但在地下水运动中，这种改变一般很小，常常可以忽略不计。因此，可以把渗透系数作为表示岩层透水性的一个水文地质参数。

但是，在研究盐水、卤水、石油等液体的运动时，就不能再像淡水那样忽略它们的影响，把渗透系数仅作为表示岩石透水性的一个常数了。为此提出了渗透率的概念，它表示介质能使液体或气体通过介质本身的性质。因此，它只和介质本身的性质有关而和渗透液体的性质无关。

达西定律有一定的适用范围，超出这个范围以后，地下水的渗透就不符合达西定律了。较早以前，认为达西定律的适用条件是层流，有时把达西定律称为层流渗透定律。把偏离达西定律归之于出现紊流。20世纪40年代以来，很多实验证明并不是所有地下水的层流运动都服从达西定律，有不服从达西定律的地下水层流运动存在。

因此，多孔介质中的地下水流可以区分为三个区域：

（1）低雷诺数时，有一个层流区域，这时黏滞力占优势，达西定律是适用的，这个区的上限是雷诺数为1~10之间的某个值。

（2）随着Re的增大，我们可以看到一个过渡带。在这个带的下端，从黏滞力占优势的层流方式过渡到另一种层流方式，这是一种非线性的层流方式。这个过渡带的上端逐渐过渡到紊流。某些人提出Re=100作为层流的上限。

（3）高雷诺数时为紊流。

达西定律仅适用于第一个区域。

很多人用惯性力的影响来解释这一现象。在多孔介质中，地下水运动的通道是弯曲的，所以液体每一质点都沿着曲线的途径运动，并且具有连续变化的速度和加速度。当地下水运动很慢时，黏滞力占优势，即由黏滞性产生的摩擦阻力对运动的影响占优势，与黏滞力比较，惯性力被忽略了，服从达西定律。而当运动加快后，惯性力逐渐增大，当惯性力接近阻力的数量级时，由于惯性力与速度的平方成正比，达西定律就不适用了。这一变化发生在由层流转变为紊流以前。

从服从达西定律的层流运动到不服从达西定律的层流运动再到紊流运动，其是逐渐变化的，往往没有一个明确的分界线。这是因为在天然含水层中，孔隙的大小、形状和方向都在很大的范围内变化，有些孔隙转变了，有些孔隙还没有转变。所以总的来看是逐渐过渡的。

即使这样，绝大多数的天然地下水运动仍然服从达西定律。最后应该指出，达西定律虽然是根据实验得出的一条定律，但通过理论分析，从动量守恒定律也可以导出达西定律。

（二）非线性渗透定律

只是在少数情况下，如地下水在大裂隙或大溶洞中的运动，才服从上述非线性渗透定律。水力坡度很大时，在孔隙介质中也可能出现紊流运动的情况。

除了上述公式外，很多人研究了雷诺数大时达西定律不适用的情况，提出了许多非线性运动方程，这些方程大致可以分为三类。第一类方程中系数是和任何具体的液体或介质性质无关的。第二类方程包含多少涉及液体或介质性质的系数，并含有未特别指出的数值参数。第三类方程中出现的系数和第二类方程中的是相似的，但数值参数是精确地给定的。第一类方程中主要有福熙海麦公式。

三、岩层按透水性的分类

自然界的岩层，由于成因不同和环境差异以及后期所遭受的破坏程度不同等，它们的透水性质是千变万化的，这就使地下水的运动复杂化。对岩层的透水性必须加以简化，否则在研究中将遇到无法克服的困难。因此，按岩层透水性能不同，进行如下的分类：

（1）按岩层渗透系数大小不同，可分为透水层和隔水层。透水层又可分为强透水层和弱透水层。强透水层是指透水性强，即渗透系数较大的岩层，如粗砂、中砂、砂卵石、砾石层等。弱透水层是指渗透系数较小的岩层，如亚砂土、粉质黏土等。隔水层是指那些不透水的岩层，如黏土、泥炭层等。

在天然条件下，岩层的结构和分布是错综复杂的。因此，上述的划分并没有严格的界限，而是相对而言。如细砂与砂卵石层、砾石层组合在一起，则可将细砂层定为弱透水层，如果细砂和粉质黏土结合在一起，细砂层则可定为强透水层。又如当地表的粉质黏土层覆盖在砂砾石层之上，研究砂砾石层中地下水的运动时，可将粉质黏土视为相对隔水层，但研究砂砾石层的补给来源时，在一定条件下，需要将粉质黏土作为弱透水层来考虑。

（2）按渗透系数随空间位置变化程度不同，含水层可分为均质含水层和非均质含水层。在均质含水层中，渗透系数不随坐标位置变化而变化，是个常数。非均质含水层的渗透系数则随坐标位置变化而变化，是个变数。

严格地讲，自然界所有含水层都是非均质的。因为组成含水层的岩石颗粒形状、大小、分选程度和岩层中发育的片理、层理以及节理和裂隙等，在空间分布很不均匀，所以说渗透系数也不可能是不变的常数。通常在渗透系数随空间变化不大时，按均质岩层处理，由此对实际工程计算所引起的误差并不大，但对理论研究却大大地简化了。

（3）按渗透系数是否随渗流方向改变，将含水层分为各向同性和各向异性。各向同性含水层是指岩层中各点的渗透系数与渗流方向无关，即在同一点不同方向上的渗透系数均相等（$K_x=K_y=K_z$）。而各向异性的含水层是指岩层中同一点的渗透系数随渗透方向不同而不同，即在同一点不同方向上的渗透系数是不等的。

均质含水层有各向同性和各向异性。如厚层的比较均匀的砂层就是均质各向同性的，因为它的渗透系数在不同位置上和在同一位置的不同方向上都接近同一常数；而黄土层是均质各向异性的，因为黄土层发育有柱状节理，垂向的渗透系数大于其他方向的渗透系数。

　　非均质含水层也有各向同性和各向异性的区别。如洪积砂砾石层或多级阶地组成的含水层，其渗透系数往往沿水流方向显著变小，但在某一位置上与方向无关，这种岩层就是非均质各向同性。

第四章　地下水污染源及其途径

　　在天然地质环境和人类活动的影响下，地下水中的某些组分可能产生相对富集。特别是在人类活动影响下能很快地使地下水水质恶化。只要查清其原因及途径，并采取相应措施可以防止。

　　因此，地下水污染的定义应该是：凡是在人类活动的影响下，地下水水质变化朝着水质恶化方向发展的现象，统称为地下水污染。不管此种现象是否使水质达到影响其使用的程度，只要这种现象一发生，就应称为污染。至于在天然地质环境中所产生的地下水某些组分相对富集，并使水质不合格的现象，不应视为污染，而应称为地质成因异常。所以，判别地下水是否受到污染必须具备两个条件：第一，水质朝着恶化的方向发展；第二，这种变化是人类活动引起的。

　　当然，在实际工作中要判别地下水是否被污染及其污染程度，往往是比较复杂的。首先要有一个判别标准，这个标准最好是地区背景值（或称本底值），但这个值通常很难获得。所以，有时也用历史水质数据，或用无明显污染来源的水质对照值来判别地下水是否受到污染。

第一节　地下水污染源

　　引起地下水污染的各种物质来源称为地下水污染源。污染源的种类繁多，分类方法各异。

　　按污染源的形成原因可以分为自然污染源和人为污染源。

　　自然污染源：海水、咸水、含盐量高及水质差的其他含水层中地下水进入开采层。

　　人为污染源：（1）城市液体废物：生活污水、工业废水、地表径流；（2）城市固体废物：生活垃圾、工业固体废物、污水处理厂、排水管道及地表水体的污泥；（3）农业活动：污水灌溉，施用农药、化肥及农家肥；（4）矿业活动：矿坑排水、尾矿淋溶液、矿石洗选。

　　按产生污染物的行业（部门）或活动可划分为工业污染源、农业污染源、生活污染源。这种分类方法便于掌握地下水污染的特征。

按污染源的空间分布特征可分为点状污染源、带状污染源和面状污染源。这种分类方法便于评价、预测地下水污染的范围，以便采取相应的防治措施。

按污染源发生污染作用的时间动态特征可分为连续性污染源、间断性污染源和瞬时性（偶然性）污染源。这种分类方法对评价和预测污染物在地下水中的运移是必要的。

下面仅讨论按产生污染物的行业（部门）或活动划分的各种污染源的特征。

一、工业污染源

工业污染源是地下水的主要污染来源，特别是其中未经处理的污水和固体废物的淋滤液，直接渗入地下水中，会对地下水造成严重污染。

工业污染源可以再细分为三类：首先的是在生产产品和矿业开发过程中所产生的废水、废气和废渣，俗称"三废"，其数量大，危害严重；其次是储存装置和输运管道的渗漏，这往往是一种连续性污染源，经常不易被发现；最后是由于事故而产生的偶然性污染源。

1. 工业"三废"

当前，造成我国地下水污染的工业"三废"，主要来源于各工业部门所属的工厂、采矿及交通运输等活动。工业"三废"包含的各种污染物与工业生产活动的特点密切相关，不同的工业性质、工艺流程、管理水平、处理程度，其排放的污染物种类和浓度亦有较大的差别，对地下水产生的影响亦各不相同。

1）工业废水

工业废水是天然水体最主要的污染源之一。它们种类繁多，排放量大，所含污染物组成复杂。它们的毒性和危害较严重，且难于处理，不容易净化。

为了我国工业的可持续发展，国家各级主管部门已加大了管理的力度，采取了许多行之有效的对策和措施。但从整体来看，地下水污染仍呈恶化趋势，工业废水正是最重要的污染源。

2）工业废气

一个大型工厂每天排放的废气量可达 105m³ 以上，各类车辆亦排出各种废气，废气中所含各种污染物随着降雨、降雪落在地表，进而渗入地下，污染土壤和地下水。

3）工业废渣

工业废渣及污水处理厂的污泥中都含有多种有毒有害污染物。若露天堆放或填埋，都会受到雨水淋滤而渗入地下水中。工业废渣成分相对简单，主要与生产性质有关。如采矿业的尾矿及冶炼废渣中主要的污染物为重金属；污水处理厂的污泥属于危险废物，污水中含有的重金属与有机污染物都会在污泥中聚积，使污泥中污染物成分也比较复杂，且其含量一般高于污水。

2. 储存装置和输运管道的渗漏

储存罐或池常用来储存化学品、石油、污水，特别是油罐、地下油库等的渗漏与流失常常是污染地下水的重要污染源。渗漏可能是长期的、不被人发现的、连续的污染源。例如，山西某农药厂管道的渗漏，使大量的三氯乙醛进入饮用的含水层中，迫使水源地报废。目前，虽修复了这些管道，并切断了污染源，但已进入含水层的三氯乙醛在对流-弥散作用下污染范围不断扩大。尽管污染物浓度有所下降，但仍达 4mg/L。

3. 事故类污染源

由于事故而产生的偶然性污染源，往往没有防备，造成的污染就比较严重。例如，储罐爆炸造成的危险品突发性大量泄漏，输送石油的管道破裂以及江河湖海上的油船事故等造成的漏油。泄漏的污染物首先污染土壤及地表水，进而污染地下水。

二、农业污染源

农业污染源有牲畜和禽类的粪便、农药、化肥以及农业灌溉引来的污水等，这些都会随下渗水流污染土壤和地下水。

1. 农药

农药是用来控制、扑灭或减轻病虫害的物质，包括杀虫剂、杀菌剂和除草剂等。与地下水污染有关的三大重要杀虫剂是有机氯（滴滴涕和六六六）、有机磷（1605、1059、苯硫磷和马拉硫磷）以及氨基甲酸酯。有机氯的特点是化学性质稳定，短期内不易分解，易溶于脂肪，在脂肪内蓄积，它是目前造成地下水污染的主要农药。有机磷的特点是较活跃、能水解、残留性小，在动植物中不易蓄积。氨基甲酸酯是一种较新的物质，一般属于低残留的农药。上述农药对人体都有毒性。

从地下水污染角度看，大多数除草剂都是中、低浓度时对植物有毒性，在高浓度时则对人类和牲畜产生毒性。农药以细粒、喷剂和团粒形式施用于农田，经土壤向地下水渗透。

2. 化肥

化肥有氮肥、磷肥和钾肥。当化肥淋滤到地下水时，就成了严重的污染物，其中氮肥是引起地下水污染的主要物质。

3. 动物废物

动物废物是指与畜牧业有关的各种废物，包括动物粪便、垫草、洗涤剂、倒掉的饲料和丢弃的动物尸体。动物废物中含有大量的各种细菌和病毒，同时含有大量的氮，所以可以引起地下水污染。

4. 植物残余物

植物残余物包括大田或场地上的农作物残余物、草场中的残余物以及森林中的伐木碎片等，这些残余物的需氧特性对地下水水质是一种危害。

5. 污水灌溉

目前，我国城市污水回用于农田灌溉的比例很高，其中50%~60%为工业废水，其余为生活污水。因废水中含有多种有毒有害物质，尤其是重金属与持久性有机污染物（POPs），它们会在土壤中累积，并向下迁移，从而对土壤及地下水造成较严重的污染。

三、生活污染源

随着人口的增长和生活水平的提高，居民排放的生活污水量逐渐增多，其中污染物来自人体的排泄物和肥皂、洗涤剂、腐烂的食物等。除此之外，科研、文教单位排出的废水成分复杂，常含有多种有毒物质。医疗卫生部门的污水中则含有大量细菌和病毒，是流行病和传染病的重要来源之一。

生活垃圾也对地下水的污染有重要影响，也是地下水的污染源之一。垃圾渗透液中除含有低相对分子质量（相对分子质量不高于500）的挥发性脂肪酸、中等相对分子质量的富里酸类物质（主要组分相对分子质量为500~10000）与高相对分子质量的胡敏酸类（主要组分相对分子质量为10000~100000）等主要有机物外，还含有很多微量有机物，如烃类化合物、卤代烃、邻苯二甲酸酯类、酚类、苯胺类化合物等。垃圾填埋场是生活垃圾集中的地方，如防渗结构不合要求或垃圾渗滤液未经妥善处理排放，均可造成垃圾中污染物进入地下水。

第二节　地下水中污染物

凡是人类活动导致进入地下水环境，会引起水质恶化的溶解物或悬浮物，无论其浓度是否达到使水质明显恶化的程度，均称为地下水污染物。

地下水污染物种类繁多，按其性质可以分为三类，即化学污染物、生物污染物和放射性污染物。

一、化学污染物

化学污染物是地下水污染物的主要组成部分，种类多、分布广。为研究方便，按它们的性质亦可分为两类：无机污染物和有机污染物。

1. 无机污染物

地下水中最常见的无机污染物有总溶解性固体及重金属汞、镉、铬、铅和类金属砷等。其中，总溶解性固体、氯化物、硫酸盐、硝酸盐等为无直接毒害作用的无机污染物，当这些组分达到一定的浓度之后，有可利用价值，也会对环境（甚至对人类健康）造成不同程度的影响或危害。

硝酸盐在人胃中可能还原为亚硝酸盐，亚硝酸盐与仲胺作用会形成亚硝胺，而亚硝胺则是致癌、致突变和致畸的所谓"三致物质"。此外，饮用水中硝酸盐过高还会在婴儿体内产生变性血色蛋白症。

亚硝酸盐、氟化物、氰化物及重金属汞、镉、铬、铅和类金属砷是有直接毒害作用的一类污染物。根据毒性发作的情况，此类污染物可分两种：一种毒性作用快，易为人们所注意；另一种则是通过在人体内逐渐富集，达到一定浓度后才显示出症状，不易为人们及时发现，但危害一旦形成，后果可能十分严重，例如在日本所发现的水俣病和骨痛病。

对于有直接毒害作用的非金属的氧化物、类金属砷和重金属中的汞、镉、铬、铅等，国际上公认为六大毒性物质，现就其来源、污染特征及对人类的危害分别简述如下。

（1）非金属无机毒性物质—氰化物

氰化物是剧毒物质，急性中毒抑制细胞呼吸，造成人体组织严重缺氧。

排放含氰废水的工业主要有电镀，焦炉和高炉的煤气洗涤，金、银选矿和某些化学工业等，含氰废水也是比较广泛存在的一种污染物。电镀废水的氰含量一般在20~70mg/L，通常为30~35mg/L；在焦炉或高炉的生产过程中，煤中的炭与氨或甲烷与氰化合成氰化物，焦化厂粗苯分离水和纯苯分离水中含银一般可达80mg/L；矿石中提取金和银也需要氟化钾或氰化钠，因此金、银的选矿废水中也含有氰化物。

有机氰化物称为腈，是化工产品的原料，如丙烯是制造合成纤维、聚烯腈的基本原料。有少数氰类化合物在水中能够解离为氰离子和氢银酸，所以其毒性与无机氰化物同样强烈。

世界卫生组织要求饮用水中氰化物含量不得超过0.07mg/L，美国环保局（EPA）规定饮用水中氰化物含量不得超过0.02mg/L，而我国饮用水标准规定氰化物含量不得超过0.05mg/L，农业灌溉水质标准规定氰化物含量不得超过0.5mg/L。

（2）类金属无机毒性物质——砷

砷（AS）是常见污染物之一，也是对人体毒性作用比较严重的无机有毒物质之一。三价砷的毒性大大高于五价砷。对人体来说，亚砷酸盐的毒性作用比砷酸盐大60倍，因为亚砷酸盐能够与蛋白质中的硫基反应，而三价砷的毒性比亚砷酸盐更大。砷也是累积性中毒的物质，当饮用水中砷含量大于0.05mg/L时，就会导致砷的累积。近年来研究发现，砷还是致癌（主要是皮肤癌）元素。

工业排放含砷废水的有化工、有色冶金、炼焦、火电、造纸、皮革等企业，其中以冶金、化工排放砷量较高。

WHO在《饮用水水质准则》中要求，饮用水中砷含量不得超过0.01mg/L；美国EPA《国家饮用水水质标准》中规定，饮用水中砷含量不得超过0.01mg/L；我国饮用水标准规定，砷含量不应超过0.05mg/L，农田灌溉砷含量不应超过0.05mg/L，渔业用水砷含量不应超过0.1mg/L。

（3）重金属无机毒性物质

从毒性和对生物体的危害方面来看，重金属污染物有以下特点：①在天然水中只要有微量浓度即可产生毒性效应，一般重金属产生毒性的浓度范围大致在1~10mg/L，毒性较强的重金属有汞、镉等，产生毒性的浓度范围在0.001~0.01mg/L以下；②微生物不仅不能降解重金属，相反的某些重金属还可能在微生物作用下转化为金属有机化合物，产生更大的毒性，汞在厌氧微生物作用下的甲基化就是这方面的典型例子；③生物体从环境中摄取重金属，经过食物链的生物放大作用，逐级地在较高级的生物体内成千上万倍地富集起来，使重金属能够通过多种途径（食物、饮水、呼吸）进入人体，甚至通过遗传和母乳的途径侵入人体；④重金属进入人体后能够与生理高分子物质（如蛋白质和酶等）发生强烈的相互作用而使它们失去活性，也可能累积在人体的某些器官中，造成慢性累积性中毒，最终造成危害，这种累积性危害有时需要10~20年才显示出来。

1）汞。

汞是重要的污染物，也是对人体毒害作用比较严重的物质。汞是累积性毒物，无机汞进入人体后随血液分布于全身组织，在血液中遇氯化钠生成二价汞盐累积在肝、肾和脑中，达到一定浓度后毒性发作。其毒理主要是汞离子与酶蛋白的硫基结合，抑制多种酶的活性，使细胞的正常代谢发生障碍。在体内的甲基汞约有15%累积在脑内，侵入中枢神经系统，破坏神经系统功能。

甲基汞是无机汞在厌氧微生物的作用下转化而成的。

含汞废水排放量较大的是氯碱工业，在工艺上以金属汞做流动阴电极，以制成氯气和苛性钠，有大量的汞残留在废水中。聚氯乙烯、乙醛、醋酸乙烯的合成工业均以汞做催化剂，因此上述工业废水中含有一定数量的汞。此外，在仪表和电气工业中也常使用金属汞，因此也排放含汞废水。

WHO要求饮用水中总汞（包括无机汞和有机汞）含量不得超过0.001mg/L，美国EPA规定饮用水中无机汞含量不得超过0.002mg/L，而我国饮用水、农田灌溉水都要求总汞的含量不得超过0.001mg/L。渔业用水要求更为严格，总汞含量不得超过0.0005mg/L。

2）镉。

镉也是一种比较常见的污染物。镉是一种典型的累积富集型毒物，主要累积在肾脏和骨骼中，引起肾功能失调，骨质中钙被镉所取代，使骨骼软化，引起自然骨折。这种病的潜伏期长，短则 10 年，长则 30 年，发病后很难治疗。

WHO 在《饮用水水质准则》中要求，饮用水中镉含量不得超过 0.003mg/L；美国 EPA《国家饮用水水质标准》中规定，饮用水中镉含量不得超过 0.005mg/L；我国饮用水标准规定，镉的含量不得大于 0.01mg/L。农业用水与渔业用水标准则规定镉的含量要小于 0.005mg/L。

镉主要来自采矿、冶金、电镀、玻璃、陶瓷、塑料等生产部门排出的废水。

3）铬。

铬也是一种较普遍的污染物。铬在水中以六价和三价两种形态存在，三价铬的毒性低，作为污染物所指的是六价铬。人体大量摄入六价铬能够引起急性中毒，长期少量摄入也能引起慢性中毒。

六价铬是卫生标准中的重要指标，WHO《饮用水水质准则》中要求，饮用水中总铬含量不得超过 0.05mg/L；美国 EPA《国家饮用水水质标准》中规定，饮用水中总铬含量不得超过 0.1mg/L；我国要求饮用水中铬的含量不得超过 0.05mg/L。农业灌溉用水与渔业用水中铬的含量应小于 0.1mg/L。

排放含铬废水的工业主要有电镀、制革、铬酸盐生产以及铝矿石开采等。电镀车间是产生六价铬的主要来源，电镀废水中铬的含量一般在 50~100mg/L；生产铬酸盐的工厂，其废水中六价铬的含量一般在 100~200mg/L；皮革鞣制工业排放的废水中六价铬的含量约为 40mg/L。

4）铅。

铅对人体也是累积性毒物。据美国资料报道，成年人摄取铅 0.32mg/d 时，人体可排出而不产生累积作用；摄取 0.5~0.6mg/d 时，可能有少量的累积，但尚不至于危及健康；摄取量超过 10mg/d 时，将在体内产生明显的累积作用，长期摄入会引起慢性铅中毒。其毒理是铅离子与人体内多种酶配合，从而扰乱了机体多方面的生理功能，可危及神经系统、造血系统、循环系统和消化系统。

WHO《饮用水水质准则》中要求，饮用水中铅含量不得超过 0.01mg/L；美国 EPA《国家饮用水水质标准》中规定，饮用水中铅必须处理至 0.015mg/L 以下；我国饮用水要求铅的含量小于 0.05mg/L。渔业用水及农田灌溉水都要求铅的含量小于 0.1mg/L。

铅主要来自采矿、冶炼、化学、蓄电池、颜料工业等排放的废水。

2. 有机污染物

目前，地下水中已发现有机污染物 180 多种，主要包括芳香烃类、卤代烃类、有机农药类、多环芳烃类与邻苯二甲酸酯类等，且数量和种类仍在迅速增加，甚至还发现了一些没有注册使用的农药。这些有机污染物虽然含量甚微，一般在 ng/t 级，但其对人类身体健康却造成了严重的威胁。因而，地下水有机污染问题越来越受到关注。WHO《饮用水水质准则》中对来源于工业与居民生活的 19 种有机污染物、来源于农业活动的 30 种有机农药、来源于水处理中应用或与饮用水直接接触材料的 18 种有机消毒剂及其副产物给出了限值。美国 EPA 现行《国家饮用水水质标准》88 项控制指标中，有机污染物控制指标占有 54 项。

人们常常根据有机污染物是否易于被微生物分解而将其进一步分为生物易降解有机污染物和生物难降解有机污染物两类。

（1）生物易降解有机污染物——耗氧有机污染物

这一类污染物多属于碳水化合物、蛋白质、脂肪和油类等自然生成的有机物。这类物质是不稳定的，它们在微生物的作用下，借助于微生物的新陈代谢功能，大都能转化为稳定的无机物。如在有氧条件下，通过好氧微生物作用转化，能产生 CO_2 和 H_2O 等稳定物质。这一分解过程都要消耗氧气，因而称之为耗氧有机污染物。在无氧条件下，则通过厌氧微生物作用，最终转化形成 H_2O、CH_4、CO_2 等稳定物质，同时放出硫化氢、硫醇等具有恶臭味的气体。

耗氧有机污染物主要来源于生活污水以及屠宰、肉类加工、乳品、制革、制糖和食品等以动植物残体为原料加工生产的工业废水。

这类污染物一般都无直接毒害作用，它们的主要危害是其降解过程中会消耗溶解氧（DO），从而使水体 DO 值下降，水质变差。在地下水中此类污染物浓度一般都比较小，危害性不大。

（2）生物难降解有机污染物

这一类污染物性质比较稳定，不易被微生物所分解，能够在各种环境介质（大气、水、生物体、土壤和沉积物等）中长期存在。一部分生物难降解有机污染物能在生物体内累积富集，通过食物链对高营养等级生物造成危害性影响，蒸气压大，可经过长距离迁移至遥远的偏僻地区和极地地区，在该环境浓度下可能对接触该化学物质的生物造成有害或有毒效应。这类有机污染物又称为持久性有机污染物（POPs），是目前国际研究的热点。

POPS 一般具有较强的毒性，包括致癌、致畸、致突变、神经毒性、生殖毒性、内分泌干扰特性、致免疫功能减退特性等，严重危害生物体的健康与安全。

2001 年 5 月，127 个国家的环境部长或高级官员代表各自政府在瑞典首都斯德哥尔摩共同签署了《关于持久性有机污染物的斯德哥尔摩公约》（简称《POPs 公约》），至今已有 151 个国家签署了该公约。《POPs 公约》中首批控制的 POPs 共有三大类 12 种化学物质。

1）杀虫剂和杀菌剂。

杀虫剂包括艾氏剂、狄氏剂、异狄氏剂、鼠丹、七氯、灭蚊灵、毒杀酚、滴滴涕，其中曾应用最为普遍的是滴滴涕。杀菌剂指六氯苯，主要用于防治真菌对谷类种子外膜的危害。

2）多氯联苯。

多氯联苯于 1929 年首先在美国合成。由于其良好的化学性质、热稳定性、惰性及介电特性，常被用作增塑剂、润滑剂和电解液，工业上广泛用于绝缘油、液压油、热载体等。

3）化学品的副产物。

化学品的副产物主要是多氯代二苯并对二噁英（PCDDS）和多氯代二苯并呋喃（PCDFS），两者统称二噁英。它们主要来源于城市和医院废弃物的燃烧过程、热处理过程、工业化学品加工过程等。

除以上POPs外，其他几种环境内分泌干扰物（也称环境激素）也不容忽视，如烷基酚、双酚A、邻苯二甲酸酯等，其自身或降解中间产物具有难降解和内分泌干扰特性。虽然是微量污染物，但长期接触对人类的健康有严重的负面影响。

3. 石油污染物

石油中含有多种有毒物质，其毒性按烷烃、环烷烃和芳香烃的顺序逐渐增加。现已确认，在具有致癌、致畸和致突变潜在性的化学物质中，有许多就是石油或石油制品中所含的物质（如 3，4- 苯并芘、苯并蒽等）。石油进入水环境后，会对动物、水生生物和人类等产生严重的危害。石油可以使水体中植物体内的叶绿素及脂溶性色素在植物体外或细胞外溶解析出，使之无法进行正常的光合作用而大量死亡，破坏水体生态系统的平衡。当水中石油浓度为 0.01mg/L 时，鱼类在一天之内会出现油臭而降低食用价值；浓度为 20mg/L 时，鱼类不能生存。石油进入人体后，能溶解细胞膜，干扰酶系统，引起肾和肝等内脏发生病变。

（1）烷烃。

烷烃分为正构烷烃和异构烷烃，它们以气态、液态和固态存在于石油中。

①正构烷烃。正构烷烃在原油中的含量一般占 15%~20%，有时也可能很低。在大多数原油中，高碳数的正构烷烃含量随碳原子数增加有规律地减少。

②异构烷烃。原油中已鉴别出许多种异构烷烃，最常见的是一个叔碳原子（2- 甲基或 3- 甲基）的构型，其次是两个叔碳原子的构型，其他类型少见。

（2）环烷烃。

环烷烃分为单环、双环、三环和多环几种类型。在低分子烷烃中，环己烷、环戊烷及其衍生物是石油的主要组分，特别是甲基环己烷和甲基环戊烷常常是最丰富的。大部分碳原子数少于 10 个的烷基环烷烃是环戊烷或环己烷的衍生物，仅有少量是双环的。中等到重馏分的环烷烃一般有 1~5 个五元环和六元环，其中单环和双环烷点占环烷烃总量的 50%~55%，在这些高相对分子质量的化合物中常有一个长链和几个短甲基或乙基链。石油中各种单、双环烷烃的丰度随相对分子质量（碳原子数）的增加有规律地减少。

（3）芳香烃。

纯芳香是只包含芳环和侧链的分子，它们通常包含 1~5 个缩合环和少数短链。几种基本类型的芳香烃化合物有：苯（1 环）、萘（2 环）、菲和蒽（3 环）、苯并芘（4 环）。苯、萘和菲三种类型的化合物是最丰富的，每一类型中多数组分常常不是母体化合物，而是带 1~3 个碳原子的烷基衍生物。如烷基苯中主要组分是甲苯（可占原油的 1.8%），有时是二甲苯，而苯通常是不多的（可达原油的 1%），同样情况对萘型化合物也是适合的。

环烷芳香烃可以有各种结构形式，双环（1 个芳环和 1 个饱和环）的茚满、萘满（四氢化萘）和它们的甲基衍生物一般很丰富，三环的四氢化菲及其衍生物也比较常见。

多环芳香族化合物（PAHS）包括萘、蒽、菲、苯并蒽和苯并芘（Bap）等，以含有多个易断的苯环而著称。在所有的石油制品中都含有多环芳烃，尤其在煤焦油和渣油中富集。

综上所述，尽管各种石油的烃类组成有相似之处，但各烃类本身是很复杂的，短的数量很多，含量相差很大，但一般只有少数烃占有重要地位。

除此之外，石油中还含有非烃化合物。非烃化合物是指分子结构中除含碳、氢原子外，还含有氧、硫、氮等杂原子的化合物，主要有含氧化合物、含硫化合物、含氮化合物及胶质和沥青质。氧、硫、氮三种元素一般仅占石油的 2% 左右，但其化合物却占 10%~20%。这些非烃组分主要集中在石油高沸点馏分中，且各种石油中非烃组分与烃类组分之间的比例相差很大。石油中非烃化合物在数量上不占主要地位，但它的组成和分布特点对石油的性质却有很大影响。例如，石油中含硫化合物的多少直接影响着原油的质量好坏。

二、生物污染物

地下水中生物污染物可分为三类：细菌、病毒和寄生虫。在人和动物的粪便中有 400 多种细菌，已鉴定出的病毒有 100 多种。在未经消毒的污水中含有大量的细菌和病毒，它们有可能进入含水层污染地下水。而污染的可能性与细菌和病毒的存活时间、地下水流速、地层结构、pH 值等多种因素有关。

用作饮用水指标的大肠菌类在人体及热血动物的肠胃中经常发现，它们是非致病菌。

在地下水中曾发现，并引起水媒病传染的致病菌有霍乱弧菌（霍乱病）、伤寒沙门氏菌（伤寒病）、志贺氏菌、沙门氏菌、肠道产毒大肠杆菌、胎儿弧菌、小结肠炎耶氏菌等，后五种病菌都会引起不同特征的肠胃病。

病毒比细菌小得多，存活时间长，比细菌更易进入含水层。在地下水中曾发现的病毒主要是肠道病毒，如脊髓灰质炎病毒、人肠道弧病毒、甲型柯萨奇病毒、新肠道病毒、甲型肝炎病毒、胃肠病毒、呼吸道肠道病毒、腺病毒等，而且每种病毒又有多种类型，对人体健康危害较大。

寄生虫包括原生动物、蠕虫等。在寄生虫中值得注意的有：梨形鞭毛虫、痢疾阿米巴和人蛔虫。

三、放射性污染物

目前的饮用水标准中，还没有 U 和 Rn 的标准，但在某些矿泉水中 222Rn 的浓度很高，其放射性活度最高可达 500 万 pCi/L。

第三节　地下水污染途径

地下水污染途径是指污染物从污染源进入到地下水中所经过的路径。研究地下水的污染途径有助于制定正确的防治地下水污染的措施。按照水力学特点可将地下水污染途径大致分为四类：间歇入渗型、连续入渗型、越流型和径流型。

一、间歇入渗型

间歇入渗型的特点是污染物通过大气降水或灌溉水的淋滤，使固体废物、表层土壤或地层中的有毒或有害物质周期性（灌溉或降雨时）地从污染源通过包气带土层渗入含水层。这种渗入一般是呈非饱和入渗形式，或者呈短时间的饱水状态连续渗流形式。此种途径引起的地下水污染，其污染物往往来源于固体废物或表层土壤。当然，也包括用污水灌溉大田作物，其污染物则是来自城市污水。因此，在进行污染途径的研究时，首先要分析固体废物、土壤及污水的化学成分，最好是能取得通过包气带的淋滤液，这样才能查明地下水污染的来源。此类污染，无论在其范围或浓度上，均可能有明显的季节性变化，受污染的对象主要是潜水。

二、连续入渗型

连续入渗型的特点是污染物随各种液体废物经包气带不断地渗入含水层,这种类型的污染物一般呈溶解态。最常见的是污水蓄积地段(污水池、污水渗坑、污水快速渗滤场、污水管道等)的渗漏,以及被污染的地表水体和污水渠的渗漏,当然污水灌溉的水田(水稻等)更会造成大面积的连续入渗。这种类型的污染对象也主要是潜水。

上述两种污染途径的共同特征是污染物都是自上而下经过包气带进入含水层的。因此,对地下水污染程度的大小,主要取决于包气带的地质结构、物质成分、厚度以及渗透性能等因素。

三、越流型

越流型的特点是污染物通过层间越流的形式进入其他含水层。这种转移或者通过天然途径(天窗),或者通过人为途径(结构不合理的井管、破损的老井管等),或者因为人为开采引起的地下水动力条件的变化而改变了越流方向,使污染物通过大面积的弱隔水层进入其他含水层。其污染来源可能是地下水环境本身的,也可能是外来的,它可能污染承压水或潜水。研究这一类型污染的困难之处是,难以查清越流具体的地点及层位。

四、径流型

径流型的特点是污染物通过地下水径流的形式进入含水层,或者通过废水处理井,或者通过岩溶发育的巨大岩溶通道,或者通过废液地下储存层的隔离层的破裂部位进入其他含水层。海水入侵是海岸地区地下淡水超量开采而造成海水向陆地流动的地下径流。径流型的污染物可能是人为来源,也可能是天然来源,或污染潜水或承压水。其污染范围可能不很大,但由于缺乏自然净化作用,其污染程度往往显得十分严重。

地下水污染途径的特殊性,使得地下水污染与地表水污染有明显的不同,主要有以下两个特点。

(1)隐蔽性。

即使地下水已受某些组分严重污染,但它往往还是无色、无味的,不易从颜色、气味、鱼类死亡等鉴别出来。即使人类饮用了受有毒或有害组分污染的地下水,对人体的影响也只是慢性的长期效应,不易觉察。

（2）难以逆转性。

地下水一旦受到污染，就很难治理和恢复，主要是因为其流速极其缓慢，即使切断污染源后，仅靠含水层本身的自然净化，所需时间也长达十年、几十年，甚至上百年。难以逆转的另一个原因是，某些污染物被介质和有机质吸附之后，会在水环境中通过解吸不断地释放出来。

第五章　土壤与地下水监测概述

第一节　环境监测的作用

一、环境监测的基本概念

环境监测是环境科学的一个重要分支学科。在从事环境化学、环境物理学、环境工程学、环境医学、环境规划与管理、环境经济学、环境法学以及环境影响与评价等环境科学分支学科的研究时，环境监测是评价环境质量及其变化趋势的基础和支撑力量，是进行环境管理和宏观决策的重要依据。"监测"一词的含义可理解为监视、测定和监控等，因此环境监测就是为保护环境和保障人群健康，运用化学、生物学、物理学和公共卫生学等方法间断或连续地测定环境中污染物的浓度，观察、分析其变化和对环境影响的过程。

（一）"环境监测"的由来

20世纪初，由于放射性物质对人体及其周围环境的威胁，迫使人们对核物质和设施进行监测，测量其强度并随时报警。英文"监测"一词"Monitor"，就是监视、检测、监控的意思。随着工业的发展，环境污染事件频频出现，环境监测的含义逐渐扩大到对环境质量、环境污染等的监测。

影响环境质量的因素主要来自自然界和人类活动两个方面。自从"环境质量"这一概念被人们认识，为了寻求环境质量变化的原因，人们着手研究人为因素对环境质量造成影响的污染物的来源、性质、含量水平及时空分布规律。起初，主要是通过环境分析的手段，着眼于化学污染物质的定性定量分析。但是，判断环境质量的优劣仅对单个污染物短时间的取样分析是不够的，必须取得反映环境质量的各种数据，才能对环境质量做出客观的评价。

随着人们对环境质量的理解和要求不断提高，人们认识到不仅要掌握化学物质的污染，还要掌握各种物理因素的污染；不仅要弄清楚直接污染，更要探索其间接污染；不仅要搞清自然因素对环境质量的作用，还要明白社会因素对环境质量的影响。也就是说，环境问题不仅仅是污染物排放引发的危害人体健康的问题,而且关系到自然资源的保护,生态环境平衡以及维持人类生存繁衍的可持续发展问题。至此,"环境监测"的内涵渐渐扩大。

从环境监测的内容、对象上来说,凡是反映环境质量变化的各种数据,对人与环境有影响的自然因素和人为因素,对环境造成污染危害的各种成分均为监测的对象和内容。从宏观上的"五态"(气态、液态、固态、波态、生态)到具体的五大环境因素(水、气、渣、生、噪)都是监测的内容。环境监测的内容不仅要有对环境组分污染物质分析测试的化学监测;还有对环境中的热、声、光、电、磁、放射性、振动的物理监测;还有利用生物对环境污染的敏感而发生的各种信息,如生物群落、种群变化、畸形变种、受害症候等作为判断环境污染和生态破坏的生物、生态监测;还有综合现代科学技术的其他监测,如遥感遥测、卫星监测等。

从环境监测的过程又包括:现场调查—设计布点—样品收集—样品处理与保存—分析测试—数据处理—综合评价。首先根据监测目的要求进行现场调查。调查内容包括污染来源、性能、浓度及排放规律,污染受体(居民、机关、学校、农田、水体、森林及其他)的性能、所处位置、水文、地理、气象条件及有关历史状况。

然后设计采样点的数目和位置,确定采样时间和频次,并实施样品采集和保存,将样品及时送到实验室分析测试。最后,将测试的数据进行整理、分析、统计、检验,根据相应的有关标准进行综合评价,写出报告。

总之,"环境监测"是用化学、物理、生物或综合性方法,间断或连续地监视检测环境质量和污染物变化趋势、规律及其对环境影响的全部工作过程。这是一个复杂的科学技术活动和系统工作。一切环境问题的研究和解决都要依赖于这个过程。随着人们对环境质量要求的提高及环境科学的不断发展,"环境监测"将会快速发展。

(二)环境监测技术的发展历史

"环境监测"是一个新兴的科学技术活动,是一个独立的学科。从世界总体来看,有 50 多年的历史,各国发展不平衡,其发展过程大致经过 3 个阶段。

1. 被动监测或称污染监测阶段

20 世纪 50 年代,发达的工业国家污染事件不断发生,由于当时对环境污染的认识不足,又受到技术条件的局限,基本上是哪里发现污染危害就到哪里去调查、布点监测;主要是针对化学毒物,基本上是手工监测方法。

2. 主动监测或环境质量监测阶段

20 世纪 70 年代,发达的工业国家饱尝了污染的危害,政府和企业面对民众对环境排污,造成环境质量恶化现象的愤怒和抗议,采取了一系列限制排污的法规和措施,与此相适应,有目的、间断性、定时定点地开展环境质量监测。监测手段包括化学的、物理的监测仪器和监测方法。监测的范围也由点扩大到监测网、城市区域、流域、水域等的质量监测。但是，由于采样手段的限制，仍不能及时监测因排污量或污染物浓度的增减或环境因素的急剧变化而引起的环境质量的急剧变化。也就是说，环境质量的变化和污染物的排放情况不能建立对应关系。因此，环境监测仍是以说明环境质量为主。不能做到及时地监视环境质量的变化，更做不到及时地用监测结果发布指令，采取防治措施。

3. 自动监测或预警监测阶段

20世纪80年代以后，随着计算机的普及和IT产业的发展，环境监测技术水平迅速提高，发达国家先后建立了自动连续监测系统，并实现了远程传输。预警、预测系统也逐渐实施，可以预知可能发生的污染事件并及时采取防治措施。

（三）环境监测的内容

随着工业和科学技术的发展，环境监测的内容也由工业污染源的监测，逐步发展到对大环境的监测，即监测对象不仅是影响环境质量的污染因子，还包括对生物、生态变化的监测以及趋势评价。环境监测按学科性质可分为：对目标污染物的分析化学监测；对各种物理因子如热能、噪声、振动、电磁辐射和放射性等的强度、能量和状态测试的物理监测；对生物因环境质量变化所引发的各种反应和信息，如生物群落、种类的迁移变化等测试的生物监测。环境监测按监测的目的又可分为：

1. 环境质量监测

监测环境中污染物的分布和浓度，以确定环境质量状况，定时、定点的环境质量监测历史数据可以为环境质量评价和环境影响评价提供依据，为对污染物迁移转化规律的科学研究提供基础数据。

环境质量监测主要包括水环境、气环境、土壤环境和声环境的质量监测。

2. 污染源监督性监测

污染源监督性监测指对指定污染因素或污染源的现状和变化趋势进行定期的常规性监测，以确定环境质量状况，评价污染控制措施执行的效果，判断环境标准的实施情况和改善环境取得的进展。监督性监测包括对污染源的监督监测（污染物浓度、排放总量、污染趋势等）和对环境质量的监督监测。

3. 应急性监测

应急性监测指发生污染事故时进行的应急监测，以确定引起事故的污染物种类、污染程度、扩散方向及危及范围，为控制污染提供依据；协助判断与仲裁造成事故的原因及采取有效措施以降低和消除事故危害和影响。

4. 研究性监测

为研究污染物在环境中的扩散模式、迁移规律和对环境、人体和生物的影响，研究污染治理工艺和技术以及建立和改进分析方法等而进行的监测。

5.法律性监测

为判断环境法律纠纷而实施的特殊环境监测，常由经授权的第三方环境监测机构负责完成，为法律仲裁提供公平、公正的法律依据。

特别值得指出的是，环境监测具有法律效力，环境监测过程及环境监测设施受法律保护。依法取得的环境监测数据，是环境统计、排污申报核定、排污费征收、环境执法、目标责任考核的依据。

二、为环保工作开展提供判断依据

不同的环保工作方针政策决定着环保工作开展的质量，在开展环保工作中，工作人员首先要对调查区域的环境污染程度有一个整体的认知，只有做到这一点，心中才能明确该区域是否满足环境标准的要求。工作人员通过实地调查获取有关数据，为日后工作的开展提供科学依据。环境监测在环保工作中能够使数据采集工作变得更加高效，对相关数据进行及时全面的反馈，将环保标准更好地运用在日常的生产生活中，使各项指标能够达到环境标准。

（一）环境监测数据信息系统

我国的环境监测包括空气监测、地表水监测、环境噪声监测、固定污染源监测、生态监测、固体废物监测、土壤监测、生物监测、核（磁）辐射监测九大类，其监测技术路线见表5-1。

表5-1　环境监测的技术路线

项目	技术路线
空气监测	以连续自动监测技术为主导，以自动采样和被动式吸收采样实验室分析技术为基础，以可移动自动监测技术为辅助
地表水监测	以流域为单元，优化断面为基础，连续自动监测分析技术为先导；以手工采样、实验室分析技术为主体；以移动式现场快速应急监测技术为辅助手段，自动监测、常规监测与应急监测相结合
环境噪声监测	运用具有自动采样功能的环境噪声自动监测仪器、积分声级计、噪声数据采集器等设备，按网络布点法进行区域环境噪声监测，按路段布点法进行道路交通噪声监测，按分期定点连续监测法进行功能区噪声监测
固定污染源监测	重点污染源采用以自动在线监测技术为主导，其他污染源采用以自动采样和流量监测同步—实验室分析为基础，并以手工混合采样—实验室分析为辅助手段的浓度监测与总量监测相结合的技术路线
生态监测	以空中遥感监测为主要技术手段，地面对应监测为辅助措施，结合GIS和GPS技术，完善生态监测网络，建立完整的生态监测指标体系和评价方法，到科学评价生态环境状况及预测其变化趋势的目的
项目	技术路线

固体废物监测	采用现代毒性鉴别试验与分析测试技术，以危险废物和城市生活垃圾填埋场、焚烧厂等重点处理处置设施的在线自动监测为主导，以重点污染源排放的固体废物的人工采样实验室常规监测分析为基础，逐步建立并形成我国完整的固体废物毒性试验与监测分析的技术体系
土壤监测	以农田土壤监测为主，以污水灌溉农田和有机食品基地为监测重点，开展农田土壤例行监测工作。对全国大型的有害固体废物堆放场周围土壤、水土地处理区域和对环境产生潜在污染的工厂遗弃的开展污染调查，并对典型区域开展跟踪监视性监测，逐步完善我国土壤环境监测技术和网络体系
生物监测	以生物群落监测技术为主，以生物毒理学监测技术为辅，优先开展水环境生物监测，逐步拓展大气污染植物监测；巩固现有水生生物监测网，逐步健全全国流域生物监测网络，以达到通过生物监测手段说清环境质量变化规律的目的
核（磁）辐射监测	以手动定期采样分析和测量为基本手段，在重点区域采取自动连续监测环境 γ 辐射空气吸收剂量率的现代化方式，说清全国辐射环境质量状况，说清重点辐射污染源的排泄情况，说清核事故对场外环境的污染情况

（二）环境监测的特点

环境监测涉及的知识面、专业面宽，它不仅需要有坚实的分析化学基础，还需要有足够的物理学、生物学、生态学和工程学等多方面的知识。在做环境质量调查或鉴定时，环境监测也不能回避社会性问题，必须考虑一定的社会评价因素。因此，环境监测具有多学科性、边缘性、综合性和社会性等特征。

1. 环境监测的综合性

环境监测主体包括对水体、土壤、固体废物、生物体中污染指标的监测，其中污染物种类繁多、成分复杂；监测分析则涉及化学、物理、生物、水文气象和地学等多种手段。而实施环境监测得到的数据，不只是一个个简单的孤立数据，其中还包含着大量可探究、可追踪的丰富信息。通过数据的科学处理和综合分析，可以掌握污染物的变化规律以及多种污染物之间的相互影响。因此，环境监测的综合性就体现在监测方法、监测对象以及监测数据等综合性方面。判断环境质量仅对目标污染物进行某一地点、某一时间的分析测试是不够的，必须对相关污染因素、环境要素在一定范围、时间和空间内进行多元素、全方位的测定，综合分析数据信息的"源"与"汇"，这样才能对环境质量做出确切、可靠的评价。

2. 环境监测的持续性

环境监测数据具有空间和时间的可比性和历史积累价值，只有在具有代表性的监测点位上持续监测才有可能揭示环境污染的发展趋势和发展轨迹。因此，在环境监测方案的制订、实施和管理过程中应尽可能实施持续监测，并逐步布设监测网格，形成空间合理分布，提高标准化、自动化水平，积累监测数据，构建数据信息库。

3. 环境监测的追踪性

环境监测数据是实施环境监管的依据，必须严格规范地制订监测方案，准确无误地实施，并全面科学地进行数据综合分析，即对环境监测全过程实施质量控制和质量保证，构建完整的环境监测质量保证体系。

（三）环境监测的程序

生态环境监测领域方法验证是环境监测质量管理的重要一环，是监测数据准确性与完整性的前提。

1. 方法验证的定义及特性

指标方法验证是对检验检测能力的证明，机构通过核查，提供客观有效证据证明满足检测方法规定的要求。通过方法验证，可以证明机构有能力依据选择的检测方法开展检验检测活动。

一般来说，检验检测机构依据检测方法控制程序开展方法验证，在标准方法首次投入使用之前需要开展方法验证，但部分机构对于方法验证的特性参数未在程序文件中予以明确。根据《环境监测分析方法标准制订技术导则》（HJ168—2020）的要求，方法验证的特性指标包括检出限、测定下限、测定上限、精密度、正确度、不确定度等，通常情况下，测定上限、正确度、不确定度在具备条件时予以验证。

2. 方法验证工作程序

环境检测方法验证主要从实验室人员、场所环境、设备设施、试剂材料、方法受控等方面展开，鉴于生态环境检测的难复现性，方法验证需涵盖采样、样品前处理、样品制备、分析过程、技术记录、报告编制、样品处置全过程。

（1）人员

从事方法验证的人员能力直接关系方法验证效果，目前国内出台的相关评审准则或认可准则均未对方法验证人员能力做出规定。一般来讲机构应对于方法验证的人员能力予以确认。一般要求从事方法验证的人员能够理解监测方法，并掌握一定的环境保护和环境监测基础知识、专业术语、质量保证和质量控制要求，可按照实验室制定的方法验证方案或技术路线开展方法验证工作。

（2）场所

环境检验检测机构无论在抽样、现场检测，还是在实验室检测活动中均需关注环境条件及安全保障条件，检测或采样的位置、安全条件是否能够满足人员安全及标准规范。实验室检测区域需进行合理分区，不同的功能区需采用相应的隔离设施。例如，采用《土壤和沉积物半挥发性有机物的测定气相色谱－质谱法》（HJ835—2017）开展土壤及沉积物半挥发性有机物检测，其溶剂为二氯甲烷和丙酮，而二氯甲烷和丙酮恰恰是《土壤和沉积物挥发性有机物的测定吹扫捕集／气相色谱－质谱法》（HJ605—2011）的目标化合物；采用《环境空气苯系物的测定活性炭吸附／二硫化碳解吸－气相色谱法》（HJ585-2010）测定环境空气中的苯系物，解析剂为二硫化碳，而二硫化碳也是《土壤和沉积物挥发性有机物的测定吹扫捕集／气相色谱－质谱法》（HJ605—2011）的目标化合物。如果实验室对于不同功能区的隔离设施做得不够完善，极易导致交叉污染的现象发生。

（3）设备设施

检验检测机构在开发方法验证前需确认仪器设备、计量器具是否按照相关检定 / 校准规程进行检定或校准，校准结果中的正数据能否在实验中准确应用，检定 / 校准的结果是否符合相关监测规范的要求。随着科技的进步，部分监测规范未及时更新，检验检测机构应及时关注最新科技进展，保证应用的仪器设备具有先进性。

（4）试剂材料

试剂或实验室用水的纯度直接影响方法验证的结果。对于有机实验，有机溶剂纯度是实验能否成功的关键，部分有机试剂中的杂质常会影响方法检出限。部分检验检测机构对于纯水的控制条件不够，实验室制水因部分重金属离子含量超出限值不能够满足 ICP、ICP-MS 的要求。对方法验证而言，检验检测机构需要对试剂及纯水纯度做验收，保证试剂材料纯度满足监测方法的要求。

（5）采样过程

环境监测现场采样对采样器具及采样人员素质均提出了较高要求，环境监测领域方法验证过程中，需充分考虑监测方法的适用范围。以土壤和沉积物的监测方法为例，仅土壤，我国目前就有铁铝土、钙层土、干旱土、漠土、盐碱土等多种不同的土纲，即使同一种土壤类型下，因污染状况不同土壤性质也发生很大变化。采样人员不仅要保证采样过程符合规范相关要求，避免给后续实验室分析带来干扰，还要识别不同类型环境样品，尽可能采集全面的样品类型，保证监测方法的适用性。

（6）分析过程

标准样品选择。标准样品作为方法验证过程中的重要支撑在量值溯源、质量控制方面发挥着重要作用。方法验证过程中，优先选择有证标物对待测未知浓度样品赋值，选择的有证标物尽量与待测样品基本形态相同，但考虑到分析方法、仪器设备，标准样品的形态可能与待测样品存在差异。例如土壤挥发性有机物的检测，标准样品价格昂贵，且浓度水平较少，一般选择用甲醇中的标准样品来代替。

方法特性参数。

检出限。

《环境监测分析方法标准制订技术导则》（HJ168—2020）中给出的定义为："用特定分析方法在给定的置信度内可从样品中定性检出待测物质的最低浓度或最小量。"仪器检出限和方法检出限常被混淆，仪器检出限是仪器性能的体现，仪器能够可靠地将目标分析物信号从背景（噪声）中识别出来时分析物的最低浓度或量，该值表示为仪器检出限（IDL）。

方法检出限（MDL）是用该方法测定出相关不确定度的最低值，需要考虑所有样品制备、前处理过程带来的干扰。

标准曲线。

检验检测机构进行标准曲线验证时，应明确标准曲线的线性范围，应考虑与相关生态环境质量标准、生态环境风险控制标准、污染物排放标准中限制浓度的衔接。一般来讲，线性曲线一般不少于 6 个浓度点（包括零浓度），标准曲线范围应均匀分布在关注的浓度范围，线性回归方程的相关系数不低于标准要求，一般来说相关系数不得低于 0.99；若采用平均相对响应进行计算，相对响应因子的相对标准偏差也应满足标准相关要求，一般来说相对标准偏差不超过 20%。

精密度。

精密度反应规定条件下，多次独立测试结果的一致程度。测试结果的精密度与样品浓度水平有关。一般来讲，在可获得有证标准物质的前提下，可选择三种不同浓度的标准物质进行不少于 6 次的重复测定，验证相对标准偏差是否满足标准要求；若不可获得有证标准物质，可对实际样品进行三种不同浓度加标，进行不少于 6 次的重复测定。

正确度。

正确度反映多次重复测定与参考结果之间的接近程度，接近程度越高意味着系统误差越小。最理想的正确度验证方法是参加能力验证计划，也可选择有证标准样品核查来验证方法正确度。为保证整个测试范围之间的偏移程度均能得到有效评估，需要选择三个不同浓度有证标准样品进行测定。多次重复测定的平均值与接受参考值的偏差一般不超过 10%。对于无法获得有证标准样品的方法，也可采用加标回收率的方式验证其正确度。冯秀梅等给出了加标回收率验证方法正确度的注意事项并给出了回收率的参考范围。

（7）方法验证报告

方法验证报告是现场评审的重点，一般来说方法验证报告包括以下内容：方法原理、适用范围、仪器配置、环境条件验证情况、人员能力确认情况、实验部分、样品、分析过程、验证结论。

（8）审核与批准

方法验证由具备验证能力的人员完成后，交由检验检测机构技术负责人审批审定，最终批准投入使用。

三、为环保工作提供治理方法

环境监测技术可以及时地监测到问题区域的污染程度，为环保工作开展重心的确定提供参考。相关环保部门通过环境监测技术能够对问题区域提前做好判断，同时对该区域的治理采取更科学准确的管理举措，做到高效解决，促进环保工作的深入开展。

（一）做好环境监测的重要性

地球是人类生存的环境，人与自然的和谐相处是地球生命和资源得以延续的重要前提。随着人类社会的不断发展，自然界的生态环境不断受到破坏，如果人类不再进行合理有效的环境保护与环境监测，那么最终受到伤害的将是人类自己。在人类历史的演变过程中，只有充分地认识到人与自然共生关系才能实现人类社会的可持续发展，自然环境的逐步恶化对于人类有百害而无一利，环境的恶化会带来生物多样性的减少和新型复合超级病毒的出现，对地球上的生物造成严重的打击。从频频出现的自然灾害就可以看出目前环境遭到破坏的严重程度，酸雨频发，雾霾笼罩着城市的上空，各种呼吸系统疾病激增，等等，这些都是环境遭到破坏之后反噬到人类的身上的结果。

对环境进行合理的检测，关心环境的变化和未来走势，已经成为迫在眉睫的重点问题。不仅如此，考虑到子孙后代的生存问题，保护环境和进行环境监测也是为子孙后代造福，我们在享受工业化带来的福利和生活的便捷的同时，也要对后代的生存环境负责，而不是只考虑自己，不顾未来的人类发展和命运。因此，在全世界范围内各个国家提倡进行环境监测，实行切实可行的环境措施改善环境，治理环境是全人类的必然选择。

环保工作者可以通过环境监测将污染物识别为工业排放问题，并分析其具体形式。根据工业排放源是否准确、工业区集中等信息确定工业排放污染程度。在确定了具体的形式后，这些问题可以通过相关的协调、沟通和解决方案加以改进。潜在污染物（如烟雾）的代表性迹象是环境监测操作可以有效地预测和分析，并利用当前的性能来确定是否存在爆发危险，何时以及在什么条件下发生。之后，根据分析结果采取适当的措施，这些因素可以得到有效控制和消除，可以进一步促进环保运营的能源效率；可以保证提高治理项目的可行性，降低环境治理项目的成本。

环境监测应用程序使我们能够了解环境中的特定污染物，其中包括可能产生更大影响的因素，例如工业排放和家庭垃圾处理。在城市空气质量监测中，通过监测环境中有害物质的含量来进行针对性的防控。例如，考虑汽车尾气排放，积极推广和实施清洁能源，对燃烧车辆实施数量限制，在合理规划中确保环境保护。由于环境质量状态的多维性，仅靠简单的设备无法保证检测信息的完整性。采用高端设备作为环境检测的主要工具，先进的设备可以让员工获得完整的环境质量信息，进而对从设备获得的信息进行综合分析。

（二）环境监测在环保工作中的作用

1.环境监测在城市规划中的作用

随着生产力的发展和城市规划速度的迅猛加快，在不断发展进步的社会生产进程中，经济发展与环境质量之间不是简单的此消彼长的关系，往往是对立统一的关系，二者之间相互矛盾又相互联系。只有正确地认识到这种相互共生的关系才能顺利地解决好目前城市发展与环境发展之间的平衡问题。首先，居民和国家的首要发展目标是实现生活富足，因此城市工业建设和第三产业得到大力发展，但是随着工业的越来越发达，人们的生活水平已经达到了十分富足的程度，可城市发展工业化带来的环境问题却成为阻碍城市继续向前发展的主要矛盾。我们目前就是处在这样的一个发展时期，因此目前进行城市的环境监测实则是城市规划中十分重要的一环，要将城市的发展规划与环境监测进行紧密的融合，以经济发展带动环境监测的顺利发展，并通过环境监测带来的环境改善进一步服务于城市的建设，增强城市的吸引力，同时带动旅游业的发展，进一步发展城市的经济。

为了实现这一目标，我国相关政府部门希望进一步通过深化改革来推进城市的环境监测顺利发展，扩大环境监测范围，保证监测结果的准确性，加大环境监测的资金投入，引进监测技术和设备，实现监测目标。推进、学习国外先进监测方法，提高我国环境监测水平。环境监测的可以更好地为环境保护服务，改善环境质量。将环境监测与城市规划进行良好的融合，从而起到为城市的发展注入新鲜的动力的作用。

2. 环境监测在环境执法中的作用

有关部门对环境进行监督和保护的主要手段在于环境保护的依法执行，而环境监测是环境执法中必不可缺的数据支撑。在面对环境污染的因素时，没有准确的数据就很难进行执法和进一步的调查，因此要通过环境监测得到的显示数据为支撑进行执法调查，尤其是对于排放废水、工业污染物等有关企业的调查。针对这类企业的违规行为进行处罚和审查，需要严谨的数据和调查作为支撑，因此这时候环境监测就起到重要的作用，即通过环境监测所得到的相关企业对空气指标和相关环境指标造成的影响及变化的数据为有关部门提供理论支撑，为进一步的调查提供方向。随着我国目前对环境治理问题的执行能力提升，各地方政府对于企业污染的整治工作也进行得越来越频繁，企业不仅仅是实现社会效益的中坚力量，也是应当自觉履行社会义务保护环境的有关对象。

3. 环境监测在环境污染纠纷仲裁中的作用

仲裁是在企业之前出现利用纠纷或者责任纠纷时常用的处理问题的法律手段。如果企业在面对环境污染纠纷时，可以选择仲裁的方式来维护自身的合法权益，同时进一步明确事故的责任，由仲裁机构来对整个事件进行公开透明的调查并做出仲裁结果执行，并要求责任企业进行停业整改和改善处理流程对环境的影响。这些流程都需要由具有实际权力的国家相关部门进行监督和操作，最大度限保证仲裁和仲裁结果执行的公正性以及落实性。因此仲裁结果是具有法律效益的执行结果，这对于证据以及数据的要求是十分重要的，而环境监测在提供仲裁证据方面具有重要地位，只有通过完整具体的环境监测才能得到准确的仲裁证据支撑，进而对相关污染企业进行有效的处理。尤其是在当事双方对于仲裁过程出现矛盾和分歧时，通过环境监测的数据能够为这类矛盾提供具有参考性和规范性的规范，并通过与这些标准进行严格的比对之后列出需要受到有关部门惩处的企业黑名单，并依法限制企业的污染物排放量，以及要求企业依据现行标准对污染物的处理工艺进行改进。

4. 环境监测在环境科学研究方面的作用

环境科学是未来十分具有发展前景和研究意义的学科，通过对环境科学的研究使得人们对于未来的发展方向有了更加深刻的了解和认识。近年来，环境科学更是用其严谨而又极具说服力的特点推动了大规模的技术创新和城市的经济发展，在环境科学的相关理论中指出，环境的发展关系到人类未来的发展是否能够持续，而环境监测是环境科学的理论数据的重要组成部分，通过环境监测得出充分的数据对环境科学的相关理论进行支撑和解释，进一步地丰富了环境科学研究的严谨性和可信性。从某种程度上来说，像环境科学这些与自然相关的科学研究一般都离不开数据资料作为理论支撑。

第二节　环境监测技术的发展

一、常规性监测技术

又称例行监测或监视性监测，是对指定的项目进行长期、连续的监测，以确定环境质量和污染源状况。评价环境标准的实施情况和环境保护工作的进展等，是环境监测部门的日常工作。

（一）环境监测的工作内容

监测全过程主要包括布点及其优化、采样（或现场测试）及样品的运输和保管、实验室分析、数据处理、综合分析评价等环节，这也就是测取、解释和运用数据的过程。要保证监测质量，就要搞好这五个环节的质量控制，同时还要搞好各个环节质量管理，形成一个综合性的环境监测的工作体系。

各级监测站的质量管理部门可以分为站领导（含总工程师）、室主任（含主任工程师）和从事具体业务人员的管理。其中每一级都有各自的质量管理内容，站领导应根据上级的要求侧重于质量决策，制定质量目标、质量计划与方案，并统一组织，协调安排工作，保证实现总目标；室主任则要实施站里的质量决策，进行质量方针展开，目标分解和质量计划、方案的执行，按照各自的职能进行具体的业务技术管理；基层人员则根据自己的具体任务要求实干，严格按照技术规范、质量保证、标准或统一分析方法、量值传递等规定，依照各环节质控要求和措施在各自的岗位上进行具体工作，完成各项任务。这就是说，监测站要按质按量完成环境监测任务，其工作职能是分散在各部门之中，要保证监测质量，就必须将分散在各部门的质量职能充分发挥出来，要求各部门都参加。因此，环境监测是全站的管理。

环境监测所管的范围是监测全过程，要求的是全站的管理，当然要求全体职工参加。只有通过各级领导、管理干部、工程技术人员、技术工人、后勤人员和其他各方面人员的共同努力才能实现，才能真正把监测质量搞好。只有做好本职工作，不断提高技术素质、管理素质和政治素质，树立质量第一的思想，有强烈的质量意识和事业心，才能保证环境监测质量。

（二）环境监测工作的质量要求

环境监测数据的质量则是通过测取、解释和运用数据比较真实客观地反映当地环境质量信息，及时、准确、科学、有针对性地为环境监督服务，从而提高环境质量水平。数据质量是环境监测的灵魂。

1. 数据质量

数据质量的指标是用数据的基本特性来表示的，而工作质量的指标，则是以质控数据的合格率，仪器设备的利用率、完好率等表示的，若数据的合格率不断提高，仪器设备的利用率、完好率均较高，站内各项规章制度不但比较健全，而且能严格执行并在实践中不断修改完善，职工的向心力、凝聚力都很高，这就意味着工作质量的提高。

2. 工作质量

工作质量是指与监测数据质量有关的各项工作对数据质量的保证程度。它涉及监测站的所有部门和人员，也就是说，监测站内的各级领导、各业务职能科室和每个职工的工作质量都直接或间接地影响着监测结果的质量。工作质量体现在监测全过程各个环节的质量控制和质量管理的活动之中。

工作质量是数据质量的保证，数据质量是工作质量的结果。环境监测的质量管理，不仅是抓数据的质量，更要抓工作质量，提高科学管理的水平，才能保证和提高监测数据的质量。

（三）影响环境监测质量的因素

1. 分析方法的影响

环境监测方法是需要与时俱进，不断在实践中进行完善的，并非一成不变。同时，不同的环境污染物浓度，在分析时采用的方法也随之不同。因此，一旦在操作过程中，由于采取了不完善的方法或者搭配不当，就会直接影响监测数据的准确性。

2. 仪器设备样品

在分析过程中，会受到仪器设备的影响而直接使分析结果带有误差。这是因为仪器设备自身往往会有一定的精确度和灵敏度误差。

3. 现场样品的采集

监测布点。点监测工作的第一步，也是非常重要的一步就是监测布点。但是，实际在操作过程中，往往会受到地理位置、天气状况以及周边环境等影响，难以实现理论上的监测布点，而只能选取其他可代替的点位来因地制宜地进行监测。一旦监测布点与要求中的相差较远，或不按规范布设点位，就会使采集的样品和监测数据出现错误，从而无法反映出真实情况。

样品的采集。在日常的环境监测工作中，采样往往被认为工作简单而被忽视，其实恰恰相反，在环境监测中，如果采样方法不正确或不规范，即使操作者再细心、实验室分析再精确、实验室的质量保证和质量控制再严格，也不会得出准确的测定结果。

4. 人员素质的影响

在环境监测过程中，会涉及很多采样、监测以及分析等人员，这些人员操作技能的高低、工作态度的好坏和责任心的强弱将会直接影响到监测结果的准确性。

（四）环境监测的基础工作

1. 建立健全各项规章制度

制度包括岗位责任制与管理制度，建立健全各级各类人员岗位责任制与各项管理制度并认真执行，使监测全过程处于受控状态。

2. 质量信息工作

质量信息是质量管理的耳目。一般有来自监测站外部的，也有来自监测内部的，它是质量管理不可缺少的重要依据，也是改进和提高工作质量、监测质量的依据。

3. 标准化工作

标准是以特定的程序和形式颁发的统一规定，技术标准是对技术活动中需要统一制定的技术准则的法规；管理标准是为合理地组织力量，正确指导行政、经济管理机构行使其计划、监督、指挥、组织、控制等管理职能而制定的准则，是组织和管理工作的依据和手段。标准是质量管理的基础，质量管理是执行标准的保证。

4. 技术教育与人员培训

环境监测各项管理制度的制定和贯彻执行都需要人来进行。因此，各级环保部门应分门别类举办各种类型与不同层次的技术业务培训班，不断提高质量管理、操作技术、统计分析等业务技术水平，保证监测质量。

5. 计量工作

环境监测向社会提供监测数据，有许多采样、测试等分析仪器是属于国家强制检定的计量器具，为此，环境监测必须按计量法要求进行计量认证和对标准与工作计量器具进行定期检定或校验，同时应使用法定计量单位，以保证量值的统一和准确可靠，使数据具有公正性。

（五）事后控制

事后控制是质控过程的重点，把好最后这一关，可以及时地发现和修正错误，改善质量保证体系。实验室的事后控制主要是通过数据与记录的控制、内审、管理评审来实现的。

数据与记录的控制数据要真实、完整、准确、可靠，在技术上要经得起推敲。记录指的是实验室操作的成文依据和测量过程所有成文记录，包括计划、方法、校准、样品、环境、仪器和数据处理等。应准确地做好成文记录和数据报告。记录的真实性和完整性是对实验室诚实的考验。对测量负有责任的人都应在记录和报告上签字，以表明技术内容的准确性。

内审是对质量管理体系进行自我检查、自我评价、自我完善的管理手段，通过定期开展内部审核，纠正和预防不合格工作，确保质量体系持续有效地运行，并对质量体系的改进提供依据。

管理评审是指为了确保质量体系的适宜性、充分性、有效性，由最高管理层就质量方针和质量目标，对质量体系的现状和适应性进行正式的评价。通过管理评审对质量体系进行全面的、系统的检查和评价，确定体系改进内容，推动质量体系持续改进和向更高层次发展。管理评审由机构负责人实施，每年至少评审一次，确保质量管理体系的适宜性、充分性、有效性和效率，以达到规定的质量目标。

二、应急性监测技术

随着社会的不断进步、经济的不断发展，我国的各种生产活动也日益增加，同时也出现了不少的环境污染事故。这些环境污染事故不仅发生得比较突然，而且发生的形式也是多种多样，处理起来也比较困难。不恰当的处理不仅会破坏和污染环境，而且会影响人类的正常生活和生产，所以做好环境应急监测工作是十分重要的。应急监测包括污染事故应急监测、纠纷仲裁监测等。

（一）污染事故监测

污染源监测是一种环境监测内容，主要用环境监测手段确定污染物的排放来源、排放浓度、污染物种类等，为控制污染源排放和环境影响评价提供依据，同时也是解决污染纠纷的主要依据。

1. 执行原则

污染源监测是指对污染物排放出口的排污监测，固体废物的产生、储存、处置、利用排放点监测，防治污染设施运行效果监测，"三同时"项目竣工验收监测，现有污染源治理项目（含限期治理项目）竣工验收监测，排污许可证执行情况监测，污染事故应急监测等。凡从事污染源监测的单位，必须通过国家环境保护总局或省级环境保护局组织的资质认证，认证合格后方可开展污染源监测工作，资质认证办法另行制定。污染源监测必须统一执行国家环境保护总局颁布的《污染源监测技术规范》。

2. 任务分工

第一条 省级以下各级环境保护局负责组织对污染源排污状况进行监督性监测，其主要职责是：

（1）组织编制污染源年度监测计划，并监督实施。

（2）组织开展排污单位的排污申报登记，组织对污染源进行不定期监督监测。

（3）组织编制本辖区污染源排污状况报告并发布。

（4）组织对本地区污染源监测机构的日常质量保证考核和管理。

第二条 各级环境保护局所属环境监测站具体负责对污染源排污状况进行监督性监测，其主要职责是：

（1）具体实施对本地区污染源排污状况的监督性监测，建立污染源排污监测档案。

（2）组建污染源监测网络，承担污染源监测网的技术中心、数据中心和网络中心，并负责对监测网的日常管理和技术交流。

（3）对排污单位的申报监测结果进行审核，对有异议的数据进行抽测，对排污单位安装的连续自动监测仪器进行质量控制。

（4）开展污染事故应急监测与污染纠纷仲裁监测，参加本地区重大污染事故调查。

（5）向主管环境保护局报告污染源监督监测结果，提交排污单位经审核合格后的监测数据，供环境保护局作为执法管理的依据。

（6）承担主管环境保护局和上级环境保护局下达的污染源监督监测任务，为环境管理提供技术支持。

第三条 行业主管部门设置的污染源监测机构负责对本部门所属污染源实施监测，行使本部门所赋予的监督权力。其主要职责是：

（1）对本部门所辖排污单位排放污染物状况和防治污染设施运行情况进行监测，建立污染源档案。

（2）参加本部门重大污染事故调查。

（3）对本部门所属企业单位的监测站（化验室）进行技术指导、专业培训和业务考核。

第四条 排污单位的环境监测机构负责对本单位排放污染物状况和防治污染设施运行情况进行定期监测，建立污染源档案，对污染源监测结果负责，并按规定向当地环境保护局报告排污情况。

（二）仲裁监测

技术仲裁环境监测的实质是一个取证的过程，是环境监测为环境管理服务的重要体现。适用于污染纠纷双方无法协商解决，而通过双方认可的第三方进行仲裁情况下的监测取证。在实际工作中，由环境监测部门的职责决定，在处理仲裁纠纷过程中受雇于仲裁者（服务于仲裁者）进行污染现场的调查与取证监测工作，为仲裁者在裁决时提供充足的具有代表性、准确性经得起科学检验的证据，以做出正确的裁决。

1. 技术仲裁环境监测的种类

技术仲裁环境监测按照污染损害的相关因子可分为四类：噪声技术仲裁监测、有害气体技术仲裁监测、废水技术仲裁监测、复合型技术仲裁监测（指废气、废水中多种污染物造成的污染纠纷案件）和其他污染因子引起的污染技术仲裁监测。

（1）噪声技术仲裁监测

这一类纠纷案件多发于城市居民区，由于第三产业和服务业发展迅速，如饭店、练歌房、铝合金加工点等多数建在居民区附近或居民楼的底层，造成噪声污染，影响居民正常生活。居民环境意识增强，信访纠纷案件增多，需要监测数据作为裁决依据。

（2）有害气体污染纠纷技术

仲裁监测有害气体造成的污染纠纷案件，主要有一次性急性污染损害纠纷和长时间慢性污染损害。一次性急性污染案件。由于这类污染事故出现较为急促，瞬间浓度较大，造成的污染损害症状较明显，所以大多数案件都在污染事故的处理过程中一次结案。长时间慢性污染案件的技术仲裁较为复杂，而且这一类纠纷案件较多，大多数发生在农村。由于受害体长时间处于低浓度、低强度污染物的侵害中，其损害症状要在一定时间以后才能出现。所以这一类污染纠纷的取证工作难度较大，调查与监测分析工作比较复杂，需要严谨科学地进行调查取证。

（3）废水污染纠纷技术仲裁监测

这一类纠纷案件多发于养殖业（主要是水产养殖业）、种植业及农村的地表水和地下水污染。这类污染纠纷案件往往涉及赔偿数额较大、污染损害成因复杂，检验中牵涉相关学科较多，尤其是有关动植物和人体污染病理学等专门知识不是环境监测部门所长，所以在制订这一类污染纠纷技术仲裁监测方案时，首先要考虑本监测部门的业务承担能力，对承担检验分析有困难的专门项目，可在仲裁者同意的情况下委托给有资质的专业单位进行检验。

（4）复合型污染纠纷技术仲裁监测

这一类污染纠纷案件的污染损害成因更加复杂，有的是废水中的两种以上污染物造成的，有的是废气中多种污染物造成的，还有废水、废气两方面污染造成的污染损害。在制订这一类污染纠纷技术仲裁监测方案时必须以排查主要污染物和次要污染物为重点，只有抓住了这一主要矛盾，才能更好地服务于污染纠纷仲裁工作。

（5）其他类型污染纠纷技术仲裁监测

其他类型污染纠纷技术仲裁监测主要指振动、电磁波、放射性等污染纠纷案件，这一类污染纠纷案件也呈上升趋势。

2. 技术仲裁环境监测过程中应注意的问题

技术仲裁环境监测不同于监视性监测和研究性监测，它除了必须执行环境监测技术规范的污染源监测技术规范外，还必须严格地遵守适合司法裁决过程的严谨程序。没有一套严谨的技术仲裁环境监测程序，就无法满足于目前日益增多的环境污染纠纷仲裁工作的需要。具体的技术仲裁环境监测工作需要注意的以下几个方面：

（1）科学地制订监测方案

在接受监测的委托后，必须对纠纷案件的现场进行详细周密的调查。主要调查的内容有：造成污染纠纷的污染物类型；污染物排放的工艺过程；污染物损害争议的焦点；现场的自然环境条件等。在现场调查研究的基础上，确立可疑污染物及污染损害可疑过程，并针对这些可疑问题制订出科学合理的监测方案。监测方案应经过仲裁者、原告方、被告方的同意后，方可实施。

（2）确保样品的代表性

在监测采样过程中，要严格执行采集样品的技术规定，同时采样时有仲裁者（或委托的公证人）、原告方、被告方在现场进行监督，采样点位应按监测方案执行。如果临时需要变更监测点位或增减监测点位，必须得到上述三方的认证，并在监测点位示意图上签字存证。

（3）加强质量控制措施

要采取一切预防措施，保证从样品采集到测定过程中，样品待测组分不产生任何变异或者使发生的变化控制在最低程度。加强仪器设备的检定和使用前的校准工作，确保监测数据的准确。加强样品分析过程质量控制，以达到数据准确可靠的目的。采集平行样用于监测分析的样品，必须采集双份。一份用于分析监测，另一份封存备查。采样原始记录应由双方签字。

（4）分析方法标准化

在分析检验过程中，优先使用国家、行业、国际、区域标准发布的方法和其他被证明为可靠的分析方法。在实际工作中要排除干扰，不受任何的行政、商务和其他因素的影响，保持判断的独立性和诚实性。近年来，各类环境污染纠纷案件逐渐增多，由于没有统一的技术仲裁监测规范，已经影响了各类环境监测部门技术仲裁监测工作的顺利开展。面对逐渐增多的环境污染纠纷案件，面对如此复杂的技术仲裁监测，没有统一的技术规范的指导很难完成这项重要的监测工作。必须尽快地建立健全技术仲裁监测规范，促进技术仲裁监测工作的健康发展。

三、生态环境遥感监测技术

随着遥感技术从可见光向全谱段、从被动向主被动协同、从低分辨率向高精度的快速发展，在生态环境领域的应用越来越广泛，显著提升了生态环境监测能力。在美欧发达国家，大气环境方面实现了云、水汽、气溶胶、二氧化硫、二氧化氮、臭氧、二氧化碳、甲烷等的动态遥感监测，水环境方面实现了叶绿素、悬浮物、透明度、可溶性有机物、海表温度、海冰等的动态遥感监测，陆地生态方面实现了植被指数、叶面积指数、植被覆盖度、光合有效辐射、土壤水分、林火、冰川等的动态遥感监测。由此可以看出，生态环境遥感主要就是利用遥感技术定量获取大气环境、水环境、土壤环境和生态状况等专题信息，对生态环境现状及其变化特征进行分析判断，有效支撑生态环境管理和科学决策的一门交叉学科。近 40 年来，中国生态环境遥感技术发展迅速。本节通过树立典型应用案例，回顾了中国生态环境遥感监测能力、对地观测能力、支撑生态文明建设等方面的发展历程，讨论了未来发展所面临的关键科学问题。

（一）生态环境遥感监测能力

中国生态环境遥感监测能力显著提升，应用领域逐步扩大，空间分辨率和定量反演精度明显提高，获取数据的时效性大幅增强。

1. 监测领域逐步扩大

20 世纪 80 年代，历时 4 年的天津—渤海湾地区环境遥感试验对城市环境状况和污染源进行了监测，开启了生态环境遥感监测应用的序幕。1983—1985 年，城乡建设环境保护部等部门联合开展北京航空遥感综合调查，获取了烟囱高度及分布、废弃物分布等重要的生态环境信息。"七五"期间，我国开展了"三北"防护林遥感综合调查，采用遥感和地面调查相结合的方式查清了黄土高原水土流失和农林牧资源现状等。1986—1990 年中国科学院遥感应用研究所依托唐山遥感试验场，开展唐山环境区划及工业布局适宜度、生活居住适宜度的评价研究。20 世纪 90 年代，生态环境遥感应用集中在水土流失、土地退化等生态问题调查以及环境综合评价等方面。1992—1995 年，中国科学院和农业部完成国家资源环境的组合分类调查和典型地区的资源环境动态研究，分析了中国基本资源环境的现状。

进入 21 世纪以来，快速发展的卫星遥感技术在生态领域得到了迅速应用。2000—2002 年，国家环境保护总局先后组织开展中国西部和中东部地区生态环境现状遥感调查。朱会义等利用 1985 年和 1995 年共 2 期 TM 影像分析了环渤海地区的土地利用情况。刘军会和高吉喜利用遥感、GIS 技术和景观生态学方法界定了北方农、牧交错带及界线变迁区的地理位置，分析了 1986—2000 年界线变迁区的土地利用和景观格局时空变化特征。

刘军会等基于 MODIS 遥感数据和 GIS 技术建立敏感性评价指标体系及评价模型,开展了生态环境敏感性综合评价。侯鹏等利用遥感技术开展了重点生态功能区、生态保护红线等区域监测评估,分析了自然保护地及其生态安全格局关系。目前,生态环境部卫星环境应用中心利用遥感技术对自然保护区、生物多样性保护优先区域、重点生态功能区、国家公园、生态保护红线等监管。

在大气环境监测方面,郑新江等利用 FY-1C 气象卫星监测塔里木盆地及北京沙尘暴过程。何立明等基于 MODIS 数据开展秸秆焚烧监测。高一博等基于 OMI 数据研究中国 2005—2012 年 SO_2 时空变化特征。周春艳等利用 OMI 数据分析了中国几个省市区域 2005—2015 年的 NO_2 时空变化及影响因素。孟倩文和尹球利用 AIRS 数据分析中国 CO2 在 2003—2012 年的时空变化。张兴赢等利用美国 Aqua-AIRS 遥感资料分析中国地区 2003—2008 年对流层中高层大气 CH_4 的时空分布特征,发现受近地层自然排放与人为活动影响,CH_4 在垂直分布上随高度增加而下降的典型变化趋势。

在水环境监测方面,我国许多学者利用 MO-DIS、CHRIS、HJ-1 卫星等数据对太湖、巢湖、滇池等内陆湖泊开展了水华、水质、富营养化等遥感应用。吴传庆开展了太湖富营养化高光谱遥感监测机理研究和试验应用。马荣华等从卫星传感器、大气校正、光学特性测量、生物光学模型及水体辐射传输、水质参数反演方法等方面总结了湖泊水色遥感研究进展。郭宇龙等、杜成功等同时利用 GOCI 卫星数据开展了太湖叶绿素、总磷浓度反演研究。在城镇黑臭水体、饮用水源地水质及环境风险遥感方面也开展了大量应用研究。Pan 等采用基于 STARFM 的时空融合方法,利用 Land-sat-8/OLI 和 GOCI 数据,研究了长江口高分辨率悬浮颗粒物的逐时变化情况。

在土壤环境监测方面,一些学者从元素类型、监测对象、污染场地等方面,开展了多光谱及高光谱遥感的土壤污染监测研究。熊文成等综述了土壤污染遥感监测进展,并针对土壤污染管理需求,提出了土壤污染源遥感监管、遥感技术服务风险、遥感技术服务土壤调查布点优化、开展土壤污染遥感反演与试点研究等发展方向。蔡东全等利用 HJ-1A 高光谱遥感数据研究发现铜、锰、镍、铅、砷在 480~950nm 波段内具有较好的遥感建模和反演效果。土壤光谱表现出来的重金属光谱特性非常微弱,植被受污染胁迫表现出的光谱变化特征比土壤更敏感,受重金属污染后的土壤,其上生长的植被的光谱特征将发生改变。宋婷婷等基于 ASTER 遥感影像研究土壤锌污染发现在 481nm、1000nm、1220nm 处是锌的敏感波段,相关性最好的波段在 515nm 处。

从应用领域看,不再局限于城市环境遥感,从土地利用、覆盖变化和大气、水、土壤污染定性的环境监测,逐步扩展到大气、水、土壤、生态参数的定量化监测,广泛应用于区域生态监测评估、环境影响评价、核安全和环境应急等领域。遥感技术也从以航空遥感为主转变为卫星遥感为主。

2. 监测精度明显提升

中国生态环境遥感早期的应用主要以定性为主。随着卫星遥感技术的发展，卫星的数量和载荷的空间分辨率、光谱分辨率等大幅提高，对地物细节的分辨能力、生态环境要素及其变化的监测精度也大大增强，生态环境定量化遥感监测水平明显提高。张冲冲等利用环境卫星 CCD 数据采用非监督分类方法提取长白山地区植被覆盖信息，总体精度为 84.67%。张方利等利用 QuickBird 高分影像建立一种融合多分辨率对象的城市固废提取方法，对露天城市固废堆的识别精度达到了 75%。郭舟等利用 QuickBird 影像采用面向对象分析手段，城市建设区识别率为 89.7%。张洁等基于高分一号卫星影像，采用面向对象结合分形网络演化多尺度分割方法，对青海省天峻县江仓第五露天矿区进行信息提取和分类，有效减少混合像元干扰，总分类精度为 88.45%。杨俊芳等基于国产高分一号和二号卫星数据发展了一种结合空间位置与决策树分类的互花米草信息提取方法，对互花米草信息的分类识别精度为 97.05%。

伴随着卫星对地观测数据空间分辨率的提升，从 1972 年开始的 78m，到 1982 年开始的 30m，到 1986 年开始的 10m，到 1999 年开始的亚米级高分辨率数据，陆表信息识别和分类监测精度得到显著提升。

王中挺等利用 HJ-1 卫星多光谱数据反演了 2009 年北京地区的霾，卫星监测的结果与地面观测具有较好的相关性。陈辉等基于 MODIS 数据开展了京津冀及周边地区 PM2.5 时空变化特征遥感监测分析。马鹏飞等基于 MODIS、OMI 等卫星遥感数据，利用灰霾像元识别及统计、光谱差分吸收等方法，开展灰霾面积、PM2.5、NO_2 和 SO_2 等大气污染物浓度反演，结合高分影像划定污染企业疑似聚集区，有效提高环境执法的精准性和执法效率。生态环境部卫星环境应用中心利用多源卫星遥感手段，监测发现我国 PM2.5、NO_2、SO_2 等污染物的排放在逐年降低，表明《大气污染防治行动计划》的实施明显改善了大气环境质量。伴随着卫星对地观测数据光谱分辨率提升和大气成分卫星载荷增多，特别是 1999 年 MODIS 和 2004 年 OMI 卫星载荷的投入运行，使得遥感技术可以实现对大气颗粒物、氮氧化物、二氧化硫、臭氧等大气污染成分和痕量气体的监测，显著提升了大气环境遥感监测精度。

朱利等基于 2009 年 6 月 HJ-1 卫星多光谱数据在巢湖开展遥感监测，并同步现场试验表明，叶绿素 a 浓度和悬浮物浓度的反演精度符合水环境监测业务需求。阎福礼等利用 Hyperion 高光谱载荷与同步采样的 25 个水面数据，通过建立叶绿素和悬浮物的经验模型反演其浓度，发现悬浮物浓度最大误差为 23.1mg/L，叶绿素 a 浓度最大误差为 21.4mg/m³。赵少华等采用 ERS2-SAR 影像和支持向量机的方法提取 2010 年 8 月 13 日的太湖水华，通过同期的光学影像比对发现，其对溢油、水华的提取精度优于 90%。卫星数据光谱波段的增加，显著改善地表水环境的遥感监测精度。特别是 2000 年 Hyperion 卫星载荷可以获得 400~2500nm 范围内的 242 个波段、光谱分辨率为 10nm 的高光谱分辨率卫星数据。

土壤污染遥感监测大多局限于实验室分析、地面和机载航空遥感的应用，星载高光谱技术监测土壤污染的研究还较少。目前在生态环境管理应用方面，主要是识别疑似污染场地。黄长平等分析了南京城郊土壤重金属铜遥感反演的 10 个敏感波段。张雅琼等基于 GF-1 卫星影像快速提取了深圳市部九窝余泥渣土场的信息，验证表明归一化绿红差异指数提取精度在 97.5% 以上。

3. 监测时效大幅增强

卫星遥感对陆表生态环境的监测时效性取决于卫星遥感数据源的时间分辨率，也就是卫星的重访周期。重访周期越短、时间分辨率越高、监测时效性就越强。根据现有的主要卫星遥感数据源可以分为 3 种：小时级的时间分辨率卫星数据；日/周级的时间分辨率卫星数据；旬/月级的时间分辨率卫星数据。

（1）小时级的时间分辨率

卫星数据时间分辨率以几小时为主，以极轨类和静止类的气象观测卫星为代表，主要是低空间分辨率的卫星遥感数据，除气象观测之外还可以用于监测大气环境和全球、区域、国家尺度的宏观生态。代表性的卫星遥感数据源有美国的 AVHRR 系列和 MODIS 系列，以及中国的 FY 系列等，通过两颗星上下午组网可以实现一天 2 次的全球覆盖，除气象观测之外还可用于对植被覆盖、生物量、热岛效应、水体分布等进行监测。尽管 AVHRR 系列卫星的时间分辨率相同，但是自 20 世纪 80 年代以来，其观测性能得到明显提升，由实验星成为业务星、8km 分辨率提升为 1km 分辨率、4 个光谱波增加为 5 个光谱波段。1999 年 MODIS 卫星的投入使用，更是将光谱波段增加至 36 个。美国的 AURA-OMI 等，可用于大气污染气体、温室气体、气溶胶等进行监测。对于高轨道地球静止卫星，时间分辨率更高，可以达到分钟级和秒级，如日本的 Himawari、韩国的 COMS、中国的 GF-4 号卫星和 FY-4A 等。

（2）日/周级的时间分辨率

卫星数据时间分辨率以几天或者一周左右为主，以陆地观测类小卫星星座和海洋类观测卫星为代表，主要是高空间分辨率的卫星遥感数据，可以用于生态、水、大气环境的精细化监测。这类卫星多数采用组网运行的方式，时间分辨率和空间分辨率同时得到显著提升。代表性的卫星遥感数据源有美国的 IKONOS、QuickBird、WorldView 系列及中国 GF 系列、ZY 系列和 HJ 系列卫星等，卫星的重访周期都是几天，可对小区域的植被覆盖、土地利用、生态系统分类、人类活动、城市固废、水质、水污染、风险源、地表/水表温度、热异常等进行监测。1999 年美国 IKONOS 卫星的发出和运行，开启了亚米级高时间分辨率、高空间分辨率对地观测的序幕，将对地观测重访周期提升至 1~3d。在我国，2013 年发射得高分 1 号卫星空间分辨率达到 2m，2014 年发射得高分 2 号卫星空间分辨率达到 0.8m，重访周期约为 4d，显著提升了中国生态环境的精细化监测能力。

（3）旬 / 月级的时间分辨率

卫星数据时间分辨率以半个月或一个月为主，以极轨类的陆地资源卫星为代表，主要是中分辨率的卫星遥感数据，可用于生态、水、大气环境的精细化监测。代表性的卫星遥感数据源有美国的 Landsat 系列和法国的 SPOT 系列，可用于监测城市或省域尺度的植被覆盖、生态系统分类、地表 / 水表温度、热异常、水质、气溶胶等。自 1972 年发射首颗 Landsat 卫星以来，其系列卫星的对地观测性能不断得到提升和改进，最初是 78m 分辨率、4 个光谱波段、18d 的重访周期，2013 年发射的 Landsat-8 卫星空间分辨率提升至 15m、光谱波段增加至 11 个、重访周期提升至 16d。SPOT 系列卫星的时间分辨率为 26d。自 1986 年发射首颗卫星以来，SPOT 系列卫星的空间分辨率由 10m 提升至 1.5m，2014 年发射的 SPOT-7 卫星与 SPOT-6、Pleiades1A/B 组成四星星座，具备每日两次的重访能力。

（二）生态环境遥感对地观测能力

随着中国科学技术综合实力的日益增强，生态环境遥感对地观测能力发生了显著变化。生态环境遥感监测，发展到了现在以国内卫星遥感数据为主的快速发展阶段。同时，我国自主的生态环境遥感对地观测能力在时空分辨率方面得到了显著增强。

1. 环境卫星发展期（2008—2013）

2008 年 9 月发射的 HJ-1A/B 卫星使我国环境遥感监测迈入新纪元，拉开了国产自主环境卫星生态环境遥感应用的序幕，其多光谱相机空间分辨率为 30m，幅宽达 720km，是国际上类似分辨率载荷地面幅宽最宽的卫星，大幅提升了对全国甚至全球的数据获取能力。环境保护部联合中国科学院组织于 2011 年启动了全国生态环境十年变化（2000—2010 年）调查与评估专项工作，综合利用 20355 景国产环境卫星和国外卫星遥感数据，从国家、典型区域和省域 3 个空间尺度，对全国生态环境开展调查评估。

生态环境遥感研究应用方面，万华伟等利用 HJ-1 卫星高光谱数据对江苏宜兴的入侵物种——加拿大一枝黄花的空间分布进行监测，结果显示利用高光谱数据可实现物种定位。刘晓曼等设计了一套基于 HJ-1 卫星 CCD 数据的自然保护区生态系统健康评价方法、指标体系和技术流程，并选择向海湿地自然保护区作为应用示范评价其生态系统健康现状。张冲冲等以长白山为例，开展基于多时相 HJ-1 卫星 CCD 数据的植被覆盖信息快速提取研究。高明亮等利用环境卫星数据开展黄河湿地植被生物量反演研究。赵少华等采用单通道算法把 HJ-1B-IRS 卫星数据应用于宁夏地区地表温度反演。上述应用都取得较好效果。

大气环境遥感应用方面，王桥和郑丙辉基于 HJ-1B-IRS 遥感数据，通过比较其第 3 波段中红外通道和第 4 波段热红外通道在同一像元亮度温度的差异，提取潜在热异常点，并根据背景环境温度及土地分类信息，识别耕地范围内秸秆焚烧点。贺宝华等提出基于观测几何的环境卫星红外相机遥感火点监测算法，并用高分辨率卫星影像和 MO-DIS 火点产品对环境卫星数据进行验证和比对，结果表明其在火点定位及小面积火点识别方面具有优势。王中挺等利用 HJ-1 卫星 CCD 数据开展了 PM10 和霾的遥感监测，结果表明卫星的时空分辨率满足 PM10 周监测需要，但其辐射分辨率尚不能完全满足霾监测需求。方莉等利用 HJ-1 卫星在北京地区进行气溶胶反演研究，监测效果较好。

水环境遥感应用方面，王彦飞等从信噪比和数据真实性、倾斜条纹去除方法、大气校正方法等方面评价了 HJ-1 卫星高光谱数据对巢湖水质监测的适应性，发现其530~900nm 的数据质量较好。杨煜等利用 HJ-1 卫星高光谱数据，通过建立三波段模型开展巢湖叶绿素浓度的反演。朱利等利用 HJ-1 卫星多光谱数据，针对我国内陆水体提出叶绿素、悬浮物、透明度和富营养化的遥感监测模型，并在巢湖地区开展试验验证。潘邦龙等基于 HJ-1 卫星超光谱数据，采用多元回归克里格模型反演湖泊总氮、总磷浓度。余晓磊和巫兆聪利用 HJ-1 热红外影像反演了渤海海表温度，发现与美国的 MODIS 海表温度产品相关性较好。孙俊等利用太湖流域 2010 年 3 月的 HJ-1 卫星热红外数据，采用多种算法反演太湖流域地表温度，并与同期的 MOD11 温度产品比对，探寻适合于环境卫星热红外通道反演地表温度的方法。

中国生态环境遥感监测起步较晚但发展迅速，环境一号卫星发射以来，卫星环境遥感技术得到了长足发展，出现一批以环境一号卫星生态环境遥感应用为目标的各种新技术、模型方法，呈现出环境一号卫星和国外卫星应用并举，国产卫星应用比例逐步加大的新局面，并基本建立了环境遥感技术体系等。我国环保部门利用卫星、航空等遥感数据，全面开展了环境污染、生态系统、核安全监管等方面的遥感监测业务，同时在环境应急监测方面取得突出成果，如大连溢油、松花江化学污染、舟曲泥石流、玉树地震、北方沙尘暴、官厅水库水色异常等环境事故应急监测和评估。为环境应急管理提供了高效的技术和信息支撑，环境遥感监测已成为常态化业务工作。

2. 高分卫星应用期（2013—2020）

李德仁等在 2012 年指出航空航天遥感正向高空间分辨率、高光谱分辨率、高时间分辨率、多极化、多角度的方向迅猛发展。2013 年 4 月，高分一号卫星的成功发射拉开了国产高分卫星应用的序幕，该星搭载 2m 全色 /8m 多光谱相机（幅宽 60km）和大幅宽（800km）16m 多光谱相机。截至 2019 年 11 月，高分二号卫星到高分七号卫星也已全部顺利成功发射。生态环境部等国内许多单位利用高分系列卫星开展了大量生态环境遥感监测、应用和研究工作，为我国环境管理、研究等提供了强力支撑。

高磊和卢刚利用 GF-1 卫星数据估算了南京江北新区植被覆盖度，快速有效地反映地表植被的空间分布状况。张洁等基于面向对象分类法和 GF-1 卫星影像，开展青海省天峻县江仓第五露天矿区分类技术研究，实现高海拔脆弱生态环境下露天矿区的地物信息提取。由佳等以 GF-4 卫星数据为数据源开展了东洞庭湖湿地植被类型监测，发现 GF-4 影像可识别主要湿地植被类型。杨俊芳等基于 GF-1 和 GF-2 卫星数据监测了黄河三角洲入侵植物互花米草。雷志斌等基于 GF-3 雷达卫星和 Landsat8 遥感数据，发展一种主动微波和光学数据协同反演浓密植被覆盖地表土壤水分模型，在山东省禹城实现了较好应用。

赵少华等介绍了 GF-1 卫星在气溶胶光学厚度、水华、水质、自然保护区人类活动等生态环境遥感监测和评价中的应用示范情况。侯爱华等利用 2015 年 6—9 月 GF-1 卫星数据反演的 PM2.5 浓度，发现与地面监测结果较为接近、相关性较高，加入地理加权回归能明显提高模型精度，较好地反映 PM2.5 的空间分布，但在 PM2.5 浓度较高时模型会出现低估现象。薛兴盛等利用 GF-1 卫星反演徐州市气溶胶光学厚度并分析其空间特征。王中挺等、王艳莉等基于 GF-4 卫星数据开展了气溶胶反演，利用地面观测结果验证发现二者之间具有较高的相关性，表明该方法能较好地反映气溶胶的空间分布。屈冉等利用 GF-1 卫星在山东寿光开展农膜遥感信息提取技术研究，结果表明其可较好地提取农膜信息。张雅琼等利用 GF-1 卫星影像研究提出了生态空间周边淤泥渣土场快速提取方法。

彭保发等基于 GF-1 卫星影像对 2014—2016 年洞庭湖水体的叶绿素 a 浓度、悬浮物浓度和透明度开展遥感监测，结果表明 GF-1 号卫星可精确反映水质的空间变化规律。温爽等以南京市为例开展基于 GF-2 卫星影像的城市黑臭水体遥感识别，发现黑臭河段分布具有范围广且不连续的特征。龚文峰等基于 GF-2 卫星遥感影像开展了界河水体信息提取，发现支持向量机法和改进阴影水体指数法可应用于 GF-2 地表水体提取。范剑超等利用 GF-3 号雷达卫星，以大连金州湾为例研究围填海监测方法，调查验证表明其可以有效获取围填海信息。杨超宇等利用 GF-4 卫星数据监测了广西临近海域赤潮、叶绿素浓度等。

这个时期生态环境遥感技术发展再次飞跃，中国发射国产高分系列卫星和相关环境应用卫星，形成以国产高分卫星为主的生态环境遥感应用良好局面，未来中国还将发射并立项一批环境后续卫星，国产卫星对国外卫星数据的替代率将进一步提高，生态环境部机构组建完成并开始发挥更强有力的作用，国家组织完成全国生态系统状况十年变化调查评估、全国生态系统状况五年变化调查评估，生态环境遥感应用进入发展的黄金时期。

（三）生态环境遥感支撑生态文明建设

生态环境遥感监测已经成为生态环境监测不可或缺的重要组成部分，在全国生态状况调查评估、污染防治攻坚战、应急与监督执法等方面发挥着重要作用，有力支撑着我国生态文明建设。

1. 全国生态状况定期调查评估

2000 年以来，生态环境部（原环境保护部、国家环境保护总局）联合相关部门已经完成了三次调查评估，对生态状况总体变化做出判断。2000 年以来，中国的生态状况总体在好转，特别是党的"十八大"以来，党中央国务院高度重视生态环境保护，采取了一系列措施，取得了积极成效，改善趋势更加明显。其中，第一次是与国家测绘局合作，分别于 2000 年和 2002 年开展的中西部、东部生态环境现状遥感调查。第二次和第三次是与中国科学院合作，分别完成了 2000—2010 年全国生态变化调查评估、2010—2015 年全国状况变化调查评估，构建形成了"天地一体化"生态状况调查技术体系，建立形成"格局—质量—功能—问题—胁迫"的国家生态评估框架，成果在长江经济带和京津冀等区域生态环境规划、全国生态环境保护规划、全国生态功能区划及修编、生态保护红线划定等多项重要工作中发挥了基础性支撑作用，尤其是在推动形成和落实主体功能区战略方面发挥了重要作用。近期，生态环境部和中国科学院启动了 2015—2020 年全国生态状况变化调查评估工作。

随着生态文明理念的提出，国家多个部门也陆续利用多源遥感技术开展了多个方面的生态监测评估。2013 年水利部门完成的水土保持情况普查，首次利用了地面调查与遥感技术相结合的方法，查清了西北黄土高原区和东北黑土区的侵蚀沟道的数量、分布与面积。2017 年农业部门启动的全国第二次草地资源清查工作，要求将已有数据资料和中高分辨率卫星遥感数据相结合，形成 1:5 万比例尺的预判地图。2017 年开始，气象部门以遥感监测的植被净初级生产力和覆盖度为主开展植被生态监测，每年发布《全国生态气象公报》。2014 年开始，科技部组织有关科研单位每年选择一些专题开展全球生态环境遥感监测，2019 年选择了全球森林覆盖状况及变化、全球土地退化态势、全球重大自然灾害及影响、全球大宗粮油作物生产与粮食安全形势 4 个专题。

2. 污染防治攻坚战的遥感支撑

为了切实改善环境质量，"十九大"报告中首次提出要坚决打好污染防治攻坚战，生态环境部是牵头负责部门。围绕着国家重大需求，生态环境部卫星环境应用中心在生态、大气、水和土壤方面开展了一系列生态环境遥感监测的业务化应用。

（1）在自然生态方面

2012 年开始的国家重点生态功能区县域考核监测，累计对 60 多个考核县域进行无人机飞行抽查，发现大量生态破坏情况，有力支持县域生态环境质量考核及转移支付资金分配状况调查。2016 年开始，每年 2 次对国家级自然保护区、每年一次对省级自然保护区人类活动变化开展遥感动态监测，以及对生物多样性保护优先区域开展定期遥感监测。2017 年前后，对秦岭北麓生态破坏、祁连山生态破坏、腾格里沙漠工业排污、青海木里矿区资源开发生态影响等重大事件的遥感监测，有力支撑了国家生态保护管理。2018 年全面启动了国家生态保护红线监管平台项目建设。

（2）在蓝天保卫战方面

2012年细颗粒物PM2.5纳入空气质量监测范围和2013年国务院印发《大气污染防治行动计划》之后，开展全国重点区域秸秆焚烧遥感监测、灰霾和PM2.5遥感监测。2017年提出污染防治攻坚战之后，开展蓝天保卫战重点区域的"散乱污"企业监管，同时对全国、京津冀及周边主要城市、长江三角洲地区、汾渭平原等区域的大气细颗粒物浓度、灰霾天数、污染气体浓度开展遥感监测。

（3）在碧水保卫战方面

实现了每周对太湖、巢湖、滇池蓝藻水化和富营养化的遥感动态监测，开展了全国300多个饮用水源地、80多个良好湖库、36个重点城市黑臭水体、近岸海域赤潮和溢油等遥感监测。2015年国务院印发《水污染防治行动计划》之后，饮用水源地监管、黑臭水体监测和面源污染监测业务得到快速发展，先后完成2017年和2018年全国1km网络农业和城镇面源污染遥感监测与评估，2019年开展了渤海、长江入海（河）排污口无人机排查。

（4）在净土保卫战方面

在2016年国务院印发《土壤污染防治行动计划》之后，土壤遥感监测业务得到快速发展。根据土壤污染详查工作需要开展了土壤污染重点行业企业筛选、重点行业企业空间位置遥感核实等工作，研发了土壤重点污染源遥感核查平台，制定土壤重点污染源清单及空间位置确定技术规定，开展全国重点行业企业土壤污染风险遥感评价等。由于蓝天保卫战是污染防治攻坚战中的重中之重，除了生态环境部门之外，气象部门围绕着大气成分也开展了大量的遥感监测研究，张艳等监测了大气臭氧总量分布及其变化，张晔萍等监测全球和中国区域大气CO变化，李晓静等监测了全球大气气溶胶光学厚度变化。京津冀地区作为重点关注区域，李令军等基于卫星遥感与地面监测分析了北京大气NO_2污染特征分析。作为科学研究，孙冉开展了中国中东部大气颗粒物光学特性卫星和地面遥感的联合监测，胡蝶开展了中国地区大气气溶胶光学厚度的卫星遥感监测分析。

3. 应急与监督执法等遥感技术支持

针对生态环境应急事件和监督执法，生态环境部卫星环境应用中心利用卫星和无人机等遥感手段，开展了大量业务化应用。在中央生态环境保护督察和监督执法方面，2017年开始针对自然保护区有关问题和督察发现的有关问题整改情况开展了"回头看"遥感监测，2014—2015年对河北、河南、山东、山西等地工业集聚区大气污染源进行60多个架次无人机核查。在环境影响评价方面，2017—2019年开展长江经济带沿江区域工业聚集区土地利用变化分析及重点问题区域识别，2017—2018年完成兰渝铁路、京新高速乌海西段建设项目施工期地表扰动遥感监测，2016年开展了京津冀地区规划环评遥感分析，2014—2019年开展成兰铁路建设施工期环境监理遥感监测。

国土资源部门自 2010 年起，就开始利用遥感技术开展监管执法，重点对土地利用是否合法合规、矿产资源开采是否合法合规等进行监测监管，服务于监督执法，初步形成了"天上看、地上查、网上核"的立体监管体系。水利部门在 2012 年编制发布了《水土保持遥感监测技术规范》，利用遥感技术开展生态建设项目水土保持遥感监管，及时发现破坏水土保持功能的违法违规行为。

第三节　环境监测对污染源的控制

水质监测是监视和测定水体中污染物的种类、各类污染物的浓度及变化趋势，评价水质状况的过程。按一定技术要求定期或连续测定和分析水体的水质。根据地球化学、水污染源的地理和区域差异，在一定范围内设置水质监测站，形成监测网络，长期监测，累积资料，为水质管理、水质评价和水质规划等提供科学依据。因此，水质监测是合理开发利用、管理和保护水资源的一项重要基础工作，是实施水资源统一管理、依法行政的必要条件。

（一）水质监测主要技术

1. 水质监测项目及技术概述

水质监测的范围十分广泛，包括未被污染和已受污染的天然水（江、河、湖、海和地下水）及各种各样的工业排水等。主要监测项目可分为两大类：一类是反映水质状况的综合指标，如温度、色度、浊度、pH 值、电导率、悬浮物、溶解氧、化学需氧量和生物需氧量等；另一类是一些有毒物质，如酚、氰、砷、铅、铬、镉、汞和有机农药等。有时，为了为客观地评价江河和海洋水质的状况，除上述监测项目外，还需要进行流速和流量的测定。

水质分析的主要手段有化学方法、物理学方法和生物学方法三种。化学方法有化学分析方法和仪器分析法两种，前者以物质的化学特性为基础，适用于常量分析，设备简单，准确度高，但操作比较费时；后者以物质的物理或物理化学特性为基础，使用特定仪器进行分析，适用于快速分析和微量分析，但设备较复杂。

物理学方法（如遥感技术）一般只能做定性描述，必须与化学方法相配合，方能揭示水体污染的性质。生物学方法是根据生物与环境相适应的原理，通过测定水生生物和有机污染物的变化，来间接判断水质。以下按照无机污染物的检测技术分别简单介绍各种水质监测技术。

2. 无机污染物监测技术

（1）原子吸收和原子荧光法

火焰原子吸收和氢化物发生原子吸收、石墨炉原子吸收相继发展，可用来测定水中多数痕量、超痕量金属元素。我国开发的原子荧光仪器可同时测定水中砷（As）、硒（Se）、锑（Sb）、铋（Bi）、铅（Pb）、锡（Sn）、碲（Te）、锗（Ge）8 种元素的化合物。用于这些易生成氢化物元素的分析具有较高的灵敏度和准确度，且基体干扰较少。

（2）等离子体发射光谱法（ICP-AES）

等离子体发射光谱法近年发展很快，已用于清洁水基体成分、废水重金属及底质、生物样品中多元素的同时测定。其灵敏度、准确度与火焰原子吸收法大体相当而且一次进样，可同时测定 10~30 个元素。

（3）等离子发射光谱 – 质谱法（ICP-MS）

ICP-MS 法是以 ICP（电感耦合等离子体）为离子化源的质谱分析方法，其灵敏度比等离子体发射光谱法高 2~3 个数量级，特别是当测定质量数在 100 以上的元素时，其灵敏度更高，检出限更低。

3. 有机污染物的监测技术

（1）耗氧有机物的监测

反映水体受到耗氧有机物污染的综合指标很多，如高锰酸盐指数、CODCr、BOD5、总有机碳（TOC），总耗氧量（TOD）等。对于废水处理效果的控制及对地表水水质的评价多用这些指标。这些指标的监测技术（例如重铬酸钾法测 COD、五天培养法测 BOD 等）已经成熟，但人们还在探讨更加快速、简便的分析技术。例如快速 COD 测定仪，微生物传感器快速 BOD 测定仪已在应用。

（2）有机污染物类别监测技术

有机污染物监测多是从有机污染源类别监测开始的。因为设备简单，一般实验室容易做到；另一方面，如果类别监测发现有大的问题，可进一步做某类有机物的鉴别分析。有机污染类别监测项目有挥发性酚、硝基苯类、苯胺类、矿物油类、可吸附卤代烃等。这些项目均有标准分析方法可用。

（二）水质监测技术的自动化

由于水质信息具有时效性强的特点，特别是水质预警预报要求快速、准确、实时地采集和传递监测信息。常规的水质监测手段不能满足水资源保护的多方位、高水平管理的要求，不能满足快速、准确和实时预报水质的需要。因此，水质监测的自动化势在必行。

水质污染自动监测系统（WPMS）既是在此前提下应运而生的一种在线水质自动检测体系。它是一套以在线自动分析仪器为核心，运用现在传感器技术、自动测量技术，自动控制技术、计算机应用技术以及相关的专用分析软件和通信网络所组成的一个综合性的在线自动监测体系。

目前，环境水质自动监测系统多是监测水常规项目，例如水温、色度、浊度、溶解氧、

pH、电导率、高锰酸盐指数、总磷、总氮等。我国正在一些重要的国家控制水质断面加入水质自动化监测系统，这对推动我国的水质保护工作有着十分重要的意义。

现有水质污染自动监测系统中，水质污染监测项目尚有限，尤其是单项污染物浓度监测项目还是比较少，例如重金属，有毒有机物项目的自动监测仪器较缺乏。

（三）环境监测中水质监测的质量控制和保证

1. 加强水样采集和保存的质量控制

提升水样采集和保存的质量是保证水质监测工作正常开展的首要环节。所以水质监测部门应强化水样采集和保存的质量管理，提升水样采集和保存的质量，为水质监测工作打下良好的基础。

首先，水质监测人员深入监测区域的现场，通过实际勘察和相关的计算机数据分析选择合适的水样采集区，以此选择具有代表性的水样，体现出监测地区典型的水质整体情况。

其次，设置恰当的水样采集点，结合该地区的水域的情况和相关的信息数据，根据水源区距离的远近和抽样选择的原则，科学合理地布置水样选取点。

最后，水样采集人员要严格地按照水样采集的规定，规范地利用水样采集容器和样品瓶，并使用合理的采集方法，将水样采集成功。另外，水样采集人员还应该详细地记录水样采集区域内的气象数据，为后续水质监测，开展水质的综合评估提供有价值的数据。针对水样的保存，工作人员可以从两个方面入手：水样的保存环境和水样的运输。在水样环境的控制中，工作人员应该严格地控制水样保存的温湿度以及周围细菌滋生的影响，要将水样及时地保存并送往质检，控制水样保存环境的酸碱程度，保证水样不受环境的侵扰。在运输水样的过程中，工作人员要恰当地选择运输的保存方法，譬如冷冻、避光、冷藏及利用化学试剂来固定水样样品，可以有效地保证水样到实验室分析的过程中不变质，阻止水样出现挥发、水解或者氧化还原反应。将水样送至实验室后，工作人员完成水样的登记信息。

2. 强化水质监测的实验质量控制

在水质监测的实验环节，水质监测单位应该从加强对仪器设备的管理和控制实验室环境两个方面入手，将实验环节的质量严格地控制到位，提高水质监测实验的科学性和准确性。监测仪器设备。水质检测部门要恰当地使用内部的资金，购置精密度较高的仪器设备，来为实验环节水质监测工作的开展打下基础。同时，水质监测单位要加强对实验人员的管理，严格地要求实验人员将水质监测实验仪器的使用步骤执行到位，全面地规范仪器设备的操作。此外，水质监测单位应该成立专门的仪器设备维护小组，进行仪器设备的日常维护和信息记录工作，可以大大提升仪器设备的精准度，降低实验中由于仪器设备而出现的实验误差。针对实验环境的控制，实验人员要充分利用实验室内的专业仪器设备，严格地按照实验所需的环境要求，调整实验室内的温度和湿度，控制实验过程中各种试剂的使用量和水样的容量，保证实验环境处于一个恰当、合理的状态。另外，实验人员在实验过程中要充分考虑到整体的水质实验，科学合理地使用试剂来进行实验，保障实验的科学合理性。

3. 提高水质监测人员的素质能力

监测人员在环境水质监测工作中至关重要，他们拥有的专业技能和素质高低直接影响着整体水质监测工作。为此，水质监测部门要加大资金的投入力度，专门组织水质监测人员进行专业化和系统性的培训，使他们能够熟练掌握水质监测技术和使用相关监测仪器，让水质监测人员自身的专业技能得到有效的提升。同时，加强对水质监测人员的技能考核，严格地按照规定，非持证上岗的监测人员不得进入监测部门工作；定期对监测人员的水质监测专业知识和操作技能进行检验和考核，制定出严格的奖惩制度，不仅可以保证监测人员基本的专业技能可以全部地掌握通透，而且可以激发监测人员的工作积极性，提高监测工作的严谨度。另外，水质监测是一个操作性较强的工作。水质监测部门可以定期地组织专门的监测操作交流会，开展内部小组的经验交流活动，监测经验丰富的人员可以给新成员分享经验和专业知识，互相学习，带动整体水质监测单位素质水平的提升。

除此之外，现在是信息化、数据化的时代，水质监测工作中数据的分析处理能力是监测人员需要提高的重要部分。水质监测单位应该强化水质数据分析和处理人员的能力，培养计算机软件的操作技术和数据分析的能力，提升对实验数据的敏感程度。如此一来，可以大大地提升监测水质结果的精确度和科学性。

第四节　环境监测对环境问题的改善

当公安机关和司法部门在严厉打击重要环境违法犯罪行为时，监测机构就有必要为他们提供数据证据，保证案件顺利完结。国家近年来重新修订了"两高"司法解释，在一定程度上完善了有关环境犯罪的惩罚法律依据，而且这时候反过来也对环境监测提出了更加严格的要求。从一定程度上来说，监测机构出具的所有数据说明是法院判刑的主要依据，所以基于此，所有的环境监测部门都必须严格按照相关规定，同时配合有关部门做出最准确却又是最客观的数据资料。

（一）环境监测数据与环境执法

环境监测数据是通过使用物理方法、化学方法、生物方法检测一定范围内环境中的各种物质的含量所得出来的数据。使用物理方法对光、声音、温度等进行检测；使用化学方法检测空气、水域中的有害物质；使用生物方法检测周围生物群落的变化、病原体的种类和数量等。利用这些方法得到的环境监测数据十分科学，为我国环境执法机构提供了有力的依据。

随着我国科技的进步，我国环境监测的方法越来越智能化，环境监测体系也逐渐完善。环境监测的数据是由自然因素、人为因素、污染成分三方面构成的。环境监测数据能够为环境管理、污染源控制、环境规划提供科学的依据。环境研究者可以根据环境监测数据得出污染源的分布情况，考察研究产生污染的原因并制订减少污染的可行方案。以改善人们的生存环境保证人们的健康为目标，提高我国的环境质量。环境监测数据具有瞬时性、科学性、综合性、连续性、追踪性等特点，为人类与自然和谐相处、保护环境做出了巨大的贡献。

环境执法又称为"环境行政执法"，环境执法是指我国有关环境保护部门依据环境保护法监督我国公民或企业的环境行政行为。环境执法为我国环境的保护做出了贡献，很大程度上避免了污染环境的行为的发生。人们的生活环境直接关系着人们的身体健康，我国的工业发展迅速，环境问题却不太乐观。随着环境污染越来越严重，我国的环境保护法也逐渐完善。近几年，我国发出"绿水青山就是金山银山"的口号，加强了对企业和个人的监督，对违法的企业或个体追究其法律责任，严肃处理。

目前我国环境有了较大的改善，但是在环境执法方面依然存在着问题：

存在着地区执法力度不均匀的现象。我国城市之间发展不平衡，有些城市（北京、上海等）经济发达，环境执法效果好，很多一线城市实行环境保护措施后污染物减少，空气质量、水质量有了很大的提高。而一些不发达的小城市和乡村地区仍然存在着污染环境的现象，乡村地区的人民普遍缺少环境保护的意识，对环境保护法不够了解。

很多企业过分追求利益，生产过程中所用的设备、原材料不符合国家标准，没有及时处理生产过程中产生的有害物质，直接把有害物质排放到空气或水域中，对附近环境造成巨大污染。我国执法部门没有做到全方位的检查，我国国土面积大，存在着许多没有监督到的地区，不法企业在这些地区违法生产。即使我国对不法企业进行惩罚，其对环境造成的污染也需要投入大量人力、物力去治理。

公民自身对环保的意识不够高，没有规范自身行为。在我国，乱扔垃圾、燃放烟花爆竹、开排放量较大的私家车的公民数量依然很多，公民如果在公共场所做出破坏环境的行为，事后相关部门也很难找出具体的人，违规的个人往往因此而逃避法律责任。针对上述在环境执法中产生的问题，可以采取以下措施：

扩大监督范围，加大惩罚力度。

我国应将环境监督的范围由一线城市扩展到二线城市，再由二线城市扩展到三线城市，由三线城市扩展到乡镇农村，争取不错过任何一个角落，每隔一定的距离安装环境检测装置，定期将环境监测数据反馈给相关部门。将监督的任务下发到各个部门，对违法破坏环境的行为要依法处理。我国有关环境保护的法律法规要具体到细节上，避免出现不法分子钻法律空子的情况，做到有法可依。对不法分子严肃惩治处理后，可以通过网络新闻、电视报道等方式宣传给公民，让公民充分了解到破坏环境要付出的代价。

提高公民环保意识，形成良好的社会氛围。

目前我国许多乡镇居民的环保意识有所欠缺，针对这种情况，我国应该加大绿色环保的宣传力度，定期在乡镇地区开设环境保护大讲堂，开展环境保护有奖问答的活动，在电视、手机短视频软件播放平台上定期播出环境保护和相关法律宣传视频，营造一个提倡绿色低碳的社会氛围。公民的环保意识提高了，我国在环境保护方面就会越做越好，成为一个环境友好型的大国。

赋予环境保护部门强制执法的权力。

赋予环境保护部门强制执法的权力有利于对企业进行监督和管理，可以避免环境保护部门管理违法企业时浪费不必要的时间。如果在环境保护部门的管理范围内存在危害环境的企业，环境保护部门可依法强制该企业停工，并对该企业实行相应处罚，如扣押、没收、罚款等。

（二）环境监测数据在环境执法中的应用方法

1. 环境监测数据为环境执法提供了科学依据

环境监测数据是依靠各种先进的检测设备在一个时间段内多次检测出来的环境信息，因此在排除检测设备故障的情况下，环境监测数据是十分科学可靠的。相关部门在监测环境的情况时，环境监测数据是最可靠的依据。使用各种手段和检测设备监测环境数据时，要保证监测不违背法律法规。环境监测设备每次监测后都要将数据发送给数据收集人员。在进行土壤或水域检测时，可以采取抽样检测的方法，检测人员抽取部分的土壤或水质，在每份样本上都标记有地点、时间等信息，保证样本数据的真实性。环境监测具有时间性和规律性，每隔一段时间就要对周围环境进行监测，不断更新监测数据，保证数据的实效性，避免因为环境监测数据过于久远而影响环境执法。环境监测数据包括多方面的信息，如土壤质量、空气中有害物、水的质量等，一个地区的环境监测数据不是单方面的，要综合各种环境因素。将各种环境监测数据分别记录在表格中，环境执法也要多方面进行考虑，依据环境监测数据找到污染源，解决污染环境的源头问题。

2. 环境监测数据是环境执法的证据

环境监测是环境的监督和测量的简称。环境监测的第一步是制订相应的计划，然后在一定的区域范围内现场调查和收集资料，对要监测的地区进行少量多次的样本采集，保证样品能够代表该地区的环境，采集样本后使用化学仪器分析样本中各种成分的含量，最终得出来的数据就是环境监测数据。环境监测数据的检测过程中使用到了许多代表着现代科技的智能化检测仪器，这些检测仪器具有高效性、准确性的特点。环境监测数据代表着一定范围内的环境情况，能够为环境执法提供有力的证据。如果该区域内存在污染环境的违法企业，环境执法部可以依据这些环境监测数据追究违法企业的法律责任，依法对违法企业进行处理。环境监测数据提高了环境执法的效率，方便了环境执法人员的工作。

第六章　土壤污染修复技术

第一节　土壤修复技术体系

　　土壤污染的治理与修复技术体系主要有三大类，分别是污染物的破坏或改变技术、环境介质中污染物提取或分离技术、污染物的固定化技术。这三类技术可独立使用，也可联合使用，以便提高土壤修复效率。

　　第一类技术通过热力学、生物和化学处理的方法改变污染物的化学结构，可应用于污染土壤的原位或异位处理。

　　第二类技术将污染物从环境介质中提取和分离出来，包括热解吸、土壤淋洗、溶剂萃取、土壤气相抽提（SVE）等多种土壤处理技术，和相分离、碳吸附、吹脱、离子交换以及联用等多种地下水处理技术。此类修复技术的选择与集成需基于最有效的污染物迁移机理达成的最高效处理方案。例如，空气比水更容易在土壤中流动，因此，对于土壤中相对不溶于水的挥发性污染物，SVE 的分离效率远高于土壤淋洗。

　　第三类技术包括稳定化、固定化、安全填埋或地下连续墙等污染物固化技术。没有任何一种固化技术是永久性有效的，因此需进行一定的后续维护。该类技术常用于重金属或无机污染物场地的修复。

　　一般而言，没有任何一种技术可以独立修复整个污染场地，通常需多种技术联用并形成一条处理装置线。例如，SVE 技术可与地下水抽提和吹脱技术相结合而同时去除土壤和地下水中的污染物。SVE 系统和空气吹脱的排放气体可由单独的气体处理单元进行处理。此外，土壤中的气流可以增进自然生物活性和一些污染物的生物降解过程。在某些情况下，注入土壤饱和带或非饱和带的空气还能促进污染物的迁移和生物转化。

第二节 国内场地土壤修复技术现状及趋势

一、国内场地土壤修复技术现状

我国场地土壤修复经数年发展，修复市场上的修复工程由少变多、项目规模由小变大、业务结构由单一变综合。如今产业整体特点是，竞争态势开始显现，专业从事土壤修复的企业逐渐增多。从具体修复技术种类来看，固化/稳定化占23%、水泥窑协同处置5%、氧化还原占5%、植物修复占4%、抽提处理占3%、土壤淋洗占1%、化学改良占1%、热解析占1%、气相抽提占0.5%、高温焚烧占0.5%。

整体来看，目前我国土壤修复技术中，固化/稳定化、水泥窑协同处置、氧化还原、热脱附、抽提处理以及植物修复是应用最广泛的技术。值得一提的是在污染场地中，原位修复技术逐渐得到认可和应用，已有不少试点示范项目，并得以推广。

二、国内场地土壤修复技术发展趋势

2016年5月《土壤污染防治行动计划》（简称"土十条"）发布后，我国的土壤修复技术发展方向已悄然发生变化。由于修复资金紧缺，"土十条"强调土地利用方式，同时提出"预防为主、保护优先、风险管控、分类管控"的思路，更加强调了风险防控技术。结合"土十条"，土壤修复技术的未来发展方向及需求将主要呈现以下特点：

（1）"风险消除"下，阻断污染扩散和/或暴露途径的安全阻控技术，工程控制措施和制度控制将越来越广泛地应用到土壤修复中。

当前，污染场地的修复和管理对策已由早期的"消除污染物"转向了更加经济、合理、有效的"风险消除"。污染场地风险管理强调"源—暴露途径—受体"链的综合管理，采取安全措施阻止污染扩散和阻断暴露途径是风险管理框架中可行且经济有效的手段，如果当污染暴露途径以室内蒸气入侵为主时，可以考虑在污染区域建筑物底部混凝土下方铺设蒸气密封土工膜，以阻断蒸气吸入暴露途径；当以接触表层污染土壤为主要暴露途径时，可以考虑在污染土层上方浇注水泥地面或铺设一定厚度的干净土壤来阻隔土壤直接接触途径。

（2）原位修复技术将替代异位修复技术，成为土壤修复的主力军。"土十条"中提出"治理与修复工程原则上在原址进行，并采取必要措施防止污染土壤挖掘、堆存等造成二次污染"。借鉴发达国家土壤修复的治理经验，我国土壤修复必然将从异位修复向原位修复过渡，并成为土壤修复的主力军。

（3）基于设备化的快速场地污染土壤修复技术得以发展。

土壤修复技术的应用在很大程度上依赖修复设备和监测设备的支撑，设备化的修复技术是土壤修复走向市场化和产业化的基础。植物修复后的植物资源化利用、微生物修复的菌剂制备、有机污染土壤热脱附或蒸气浸提、重金属污染土壤的淋洗或固化/稳定化、修复过程及修复后环境监测等都需要设备。尤其是对城市工业遗留的污染场地，因其特殊位置和土地再开发利用的要求，需要快速、高效的物化修复技术与设备。开发与应用基于设备化的场地污染土壤的快速修复技术是一种发展趋势。

第三节　常见土壤污染修复技术详述

一、土壤气相抽提

（一）概述

土壤气相抽提（SVE）技术通过抽真空设备产生负压驱动空气流过土壤孔隙，驱动土壤空隙中 VOCs 和 SVOCs 等挥发性污染物流向抽气系统。

根据被修复土壤的深度，可通过竖井或水平井抽出含气态污染物的空气。土壤气提法利用污染物的挥发性，使吸附相、溶解相和自由相的污染物转化为气态，然后将其抽出并进行地表处理。

典型的原位土壤气提系统利用镶嵌到排气井的吹风机或真空泵来吸收空气渗透带中的污染气体。

可用于处理抽出空气中污染物的方法有很多，选择时主要依据污染物的类型、浓度及流量。影响土壤气提技术性能的基本因素包括非饱和区的气流特征、污染物组成及特性、影响和限制污染物进入气相的分配系数等。

该技术的显著优势是成本低、可操作性强，处理污染物的范围宽，由标准设备操作，扰动性小、不破坏土壤结构、处理污染物规模大、安装迅速、易与其他处理技术集成等。

该技术主要用于挥发性有机物（通常亨利系数大于 0.01 或者蒸汽压大于 66.66Pa 的有机物）的处理，但要求土壤质地均一、渗透性好、孔隙度大、湿度小且地下水位较低。

评估土壤气提系统性能的最简单方法是监测气流、真空响应和浓度及抽出空气中污染物组分。

（二）适用范围

SVE 技术能够有效去除非饱和区的 VOC，下面将重点介绍该技术的适用范围。

1. 土壤的渗透率

由于 SVE 需要引起地下的气体流动，而土壤的渗透率决定着气体在土壤中流动的难易，因此土壤的渗透率对于能否适用 SVE 技术具有决定作用。土壤渗透率越高，越有利于气体流动，也就越适用于 SVE 技术。

2. 土壤含水率

土壤水分能够影响 SVE 过程的地下气体流动。一般而言，土壤含水量越高，土壤的通透性越低，越不利于有机物的挥发。同时，土壤中的水分还能够影响污染物在土壤中存在的相态。受有机污染的土壤，污染物的相态主要有土壤孔隙当中的非水相、土壤气相中的气态、土壤水相中的溶解态、吸附在土壤表面的吸附态。当土壤含水量较高时，土壤水相中溶解的有机物含量也会相应增加，这不利于 VOC 向气相传递。此外，研究表明，土壤含水率并不是越低越有利于 VOC 的去除，当土壤含水率小于一定值之后，土壤表面的吸附作用使得污染物不容易解吸，从而降低了污染物向气相的传递速率。

3. 污染物性质

污染物物理化学性质对其在土壤中的传递具有重要影响。SVE 适用于挥发性有机污染的土壤，通常情况下挥发性较差的有机物不适合使用 SVE 修复。污染物进入土壤气相的难易程度一般采用蒸汽压、亨利常数以及沸点衡量，SVE 适用于 20℃时蒸汽压大于 0.5mmHg（67Pa）的物质，即亨利常数大于 100atm（107Pa）的物质，或者沸点低于 300℃的物质。蒸汽压受温度影响很大，当温度升高时，蒸汽压也会相应增大，因此出现了通入热空气或水蒸气修复蒸汽压较低的污染物污染土壤的强化技术。对于一般的成品油污染，SVE 适用于汽油的污染，对于柴油效果不是很好，不适用于润滑油、燃料油等重油组分的修复。

二、土壤热脱附技术

热脱附是一种破坏污染物结构的物理分离技术，通过加热将水分和有机污染物从土壤中分离，并由载体气体或真空系统输送到尾气处理系统。热脱附反应器内的设计温度和停留时间需确保污染物能挥发分离但不发生氧化。

基于运行温度的不同，热脱附系统分为高温热脱附（HTTD）和低温热脱附（LTTD）两种。高温热脱附系统的运行温度为 320℃ ~560℃，常与焚烧、固定 / 稳定化、脱卤等技术联用，能够将目标污染物的最终排放浓度降低到 5mg/kg。低温热脱附系统的运行温度为 90℃ ~320℃，能够成功修复石油污染的土壤。在后燃室，污染物的处理效率大于 95%，如略作改进，处理效率可以满足更严格的要求。除非低温热脱附系统的运行温度接近其温度区间的上限，所分离的污染物仍保留其物理特性，处理后土壤的生物活性也能够满足后续生物修复的要求。由 CESC（Canonice Environmental Services Corporation）

开发的 LTTD 低温热脱附系统是目前应用最广泛的技术之一。

与化学氧化、生物修复、电动力学修复、土壤洗涤等技术相比，土壤热脱附技术具有高去除率、速度快等优势，成为常见的有机污染物修复技术。热脱附技术可应用在广泛意义上挥发性有机物和挥发性金属、半挥发性有机物农药，甚至高沸点氯代化合物、二噁英和呋喃类污染土壤的治理与修复上。

近年来的工程实践表明，除可通过升高加热温度或延长停留时间等方式提高脱附效果以外，同样可以通过提高真空度来提高热脱附效率，从而降低所需能耗和相应的修复成本。固定温度下，土壤中多环芳烃的热脱附过程符合一级动力学模型，与常压相比，在负压 0.08MPa 条件下，土壤中 2~3 环多环芳烃、4 环多环芳烃和 5~6 多环芳烃的热脱附常数分别提高了 1.6 倍、3.1 倍和 4.6 倍，表明真空度的增加能够显著促进高分子量多环芳烃的脱附效率。因此，在设定的残留量限制下，提高真空度可以有效减少脱附时间，从而降低能耗。

美国"超级基金"污染场地在 1982—2008 年共采用热脱附技术 93 次，约占所有技术的 8%，其中约 3/4 采用异位热脱附技术。如何进一步降低能耗和修复成本是影响该技术工程化应用的关键因素之一。

（一）原位热脱附

1. 概述

土壤的原位热脱附是通过一定的方式加热土壤介质，促使污染物蒸发或分解，从而达到污染物与土壤分离的目的。地下温度的升高有利于提高污染物的蒸汽压和溶解度，同时促进生物转化和解吸。增加的温度也可降低非水相液体的黏度和表面张力。

土壤原位热脱附技术主要包括土壤加热系统、气体收集系统、尾气处理系统、控制系统等。这种方法可视为 SVE 技术的强化，能够处理传统 SVE 技术所不能处理的土壤（含水量较高的土壤），当污染物变为气态时，通过抽提并收集挥发的气体，送至尾气处理部分。

使用原位热脱附技术时需注意，由于加热会造成局部压力增大，可能会造成热蒸气向低温地带迁移，并有可能污染地下水。还需注意下潜的易燃易爆物质的危害。

2. 加热方式

主要的加热方式有蒸气注入、射频加热（RF）、电阻加热、电磁波加热、热导加热等，也可以根据场址情况考虑其他潜在的原位加热技术。

（1）蒸气注入

蒸气注入是通过注入井将热蒸气注入污染区域，导致温度升高，产生热梯度，利用蒸气的热量降低污染物的黏度，使其蒸发或挥发，蒸气注入还能增加污染物的溶解和非水相液体 NAPL 的回收。

有大量报告证明了蒸气注入的优点，整治不饱和区的注入蒸气实验在利弗莫尔国家实验室取得了成功。

在深处注入蒸气能够产生向上的热对流，有助于 SVE 法除去污染物。蒸气注入法进行修复最成功的实例是在加利福尼亚州的南加利福尼亚州木材处理厂，注入蒸气后增加了木蒸油和相关化合物的质量回收率，约为抽出处理法的 1000 倍。注入的蒸气大大增加了非水相液体 NAPL 的回收率，大多是水乳液中的 NAPL。通过挥发和 NAPL 去除了大部分的污染物，另外，由于原位加热导致一些污染物受到水热解氧化也被认为是污染物去除的机制之一。

实践工作已表明，由嗜热菌生物降解众多烃类物质也是蒸气注入过程中的一个重要贡献，尤其是作为土壤冷却剂的空气被作为微生物氧源时。地下土层脉冲注入蒸气并紧接着迅速降压，土层不太厚的情况下可以停止注入蒸气，依靠孔隙中液体的自发蒸发及通过对相邻高渗透区土层施加高真空度所带来的突然压降，增加低渗透层的污染物的去除。单独注射热空气或蒸气同时注入，都可加速土壤／地下水污染物的去除。使用热空气时较少的水被注入地下，可减少污染物的溶解和迁移，须被泵输送和处理的水也较少。但因为空气的热含量比蒸气的总热含量低得多（主要是由于从蒸气到水的相变过程中释放热量），注入相同体积蒸气比注入相同体积热空气的热效应更加明显。

（2）射频加热

射频电能也可以用来加热土壤，通过蒸发和蒸气辅助联合作用造成地下温度升高，促进土壤中污染物挥发，然后可以用 SVE 系统除去挥发的污染物。电极被安装在一系列钻孔中，和地面的点源相连。原理上使用这种方法可以使土壤的温度大于 300℃，小试实验中射频加热过程远高于 100℃ 的情况容易实现，但对于实际修复规模，不能在热传导器附近超过 100℃，特别是潮湿的土壤。由于表面效应，射频电能在热传导器转换成熟，并且依靠热传导进行热传递，而非热辐射。射频加热过程影响成本的其他因素还有土壤体积、土壤水分含量和最终处理温度。根据必须处理土壤量的不同，美国 EPA 在 CLUTN 数据库中估算的成本为每立方米 100~250 美元。当这一技术提高土壤温度接近水的沸点时，如蒸气注入技术一样，也会发生原位热裂解、热氧化和增强生物降解等现象。

（3）电阻加热

电阻加热是依靠地下电流电阻耗散加热的一种方法。当土壤和地下水被加热到水的沸点后，发生汽化并产生气提作用，从孔隙中气提出挥发性和一些半挥发性污染物，一般用于渗透性较差的土壤，如黏土和细颗粒的沉积物等。这一技术应用最为广泛的是六相电土壤加热。采用电压控制变压器将传统的三相电转换成六相电，然后通过标准钻井技术安装垂直、倾斜或水平的电极传递到地下。电极被以一个或多个圆形阵列插入地下，每个阵列有六个电极。土壤毛孔中的水可以传导每对不同相电极之间的电能，电阻导致土壤加热到 100℃ 以上。在此高温下并使污染物蒸发。水分蒸发后，土壤会产生一些裂缝，这增大了土壤的透气性，通过抽提并可将污染物去除。土壤水分是电流的主要载体，在电阻加热过程中需要不断地补充水分，以保证土壤的水分含量。位于阵列中心的第七中性电极同时也是 SVE 的通气孔。使用常规变压设施的六相电土壤加热技术，其成本只是射频加热（RF）或微波加热成本的 1/10~1/5。土壤被加热到 100℃，超过 99% 的污染物被除去，同时还以蒸气的形式除去了土壤中大量存在的水分。该技术也显示出了提高 BV 的希望。由于干燥后，土壤的导电性急剧下降，这种技术最高能把土壤温度提高到接近沸点，发生了原位热裂解（HPO）、热氧化和增强生物降解现象。

（4）电传导加热或原位热脱附

原位加热中，电传导加热或原位热脱附（ISTD）通过地面或地下外加热和施加真空度使污染物蒸发，然后将污染物气相抽提到地上进行处理。地面加热可覆盖电加热毯，热毯温度可达到 1000℃，并且通过直接接触热传导，将地下 1m 左右的污染物变成气态。地毯表面设有气体收集系统，避免污染蒸气进入大气中。

ISTD 最早是为石油工业生产重油所开发的技术。ISTD 的操作温度比其他原位加热技术高很多，温度接近 700℃。靠近加热器真空井附近的污染物较长时间暴露于升高的温度下，大部分污染物被转化为二氧化碳和水。由于 ISTD 在如此高温下操作，它可以用于处理大多数有机污染物。已处理的污染物包括多氯联苯、氯代溶剂、燃料油、煤焦油化合物（PAHs），农药和二噁英等。ISTD 的去除效率通常非常高，该技术依赖于土壤的热传导，所以它可以有效地应用于非均质和低渗透性的土壤中。

（5）其他技术

除了上述加热技术外，也可考虑其他技术。

热氧化装置的余热可以通过注射井用于土壤的原位加热。当然，经热处理后的尾气回注，会抑制微生物的降解。与水和土壤相比，空气的热容量较低，这就限制了传递到地下的热量，达不到期望的温升。也可以向地下埋设发热电缆或渗透热水而引入热量。电磁波加热是原位使用电磁能加热土壤，促进污染物蒸发的一种技术。

（二）异位热脱附

1. 概述

异位热脱附通过异位加热土壤、沉积物或污泥，使其中的污染物蒸发，再通过一定的方式将蒸发的气体收集并处理，从而达到修复目的。主要由原料预处理系统、加热系统、解吸系统、尾气处理系统和控制系统组成。主要的加热方式有辐射加热、烟气直接加热、导热油加热等。热脱附也可分为土壤连续进料型和间接进料型。热脱附可用于处理含有石油烃、VOCs、SVOCs、PCBs、呋喃、杀虫剂等物质的土壤。

2. 影响因素

（1）粒径分布

划分细颗粒和粗颗粒的界限是 0.075mm，黏土和粉土中细颗粒较多。在旋转干燥系统中，细颗粒可能会被气体带出，从而加大对尾气处理系统设备的负荷，有可能超过除尘设备的处理能力。

（2）土壤组成

从传热和机械操作角度考虑，粒径较大的物质，如砂粒和砾石，不易形成团聚体，有更多的表面积可暴露于热介质，比较容易进行热脱附。对于团聚的颗粒，热量不易传递到团聚颗粒内部，污染物不易蒸发，因而质量传递也较困难。一般在旋转干燥系统中，进料最大的直径为 5cm。

（3）含水量

由于加热过程中水分蒸发会带走大量的热，因而含水量增加则能耗加大。同时，水分的蒸发也会使尾气湿度增加，会加大尾气处理的负荷和难度。在旋转热脱附系统中，原料含水量 20% 以内都不会对后续操作和费用造成显著影响。当含水量超过 20% 时，则需要进行含水量与操作费用的影响评价。原料含水量也不能过低，一方面少量的水分能够减少粉尘；另一方面，由于水蒸气的存在，会降低污染物气相中的分压，会促进污染物挥发。一般进料含水量 10%~20% 为宜。

（4）卤化物含量

土壤中卤化物有可能造成尾气酸化，当尾气中相应的卤代酸含量超过排放标准时，需要增加相应的除酸过程。

三、原位化学氧化

原位化学氧化技术通过向土壤中添加氧化剂，促使土壤中污染物分解成无毒或低毒的物质，从而达到修复目的。该技术既适用于不饱和区土壤修复，也适用于地下水的修复。化学氧化方法在氧化剂化学组成和使用方面的选择取决于污染物种类、数量，以及在地下的特征和中试实验结果。在加入氧化剂的同时，还需要使用稳定剂，以防止某些有机污染物挥发。常用的氧化剂有过氧化氢、Fenton 试剂、臭氧及高锰酸盐等。

该技术一般包括氧化剂加入井、监测井、控制系统、管路等部分。其中氧化剂的注入最重要。使用不同氧化剂修复时，将氧化剂释放污染边界的方法很多。例如，氧化剂可以与催化剂混合再用注射井或喷射头直接注入地下，或者结合一个抽提回收系统（抽提井）将注入的催化剂进行回收并循环利用。

1. 影响因素

化学氧化对于渗透性较好的砂土和砂砾层效果较好，在土壤黏土含量较高或者渗透性较低的地层中，氧化剂不易与污染物接触。自然界中的土壤并不是完全均质的，渗透性差异较大。土壤在大尺度和小尺度上的非均质性对修复效果也有影响。氧化剂优先进入渗透性较好的部分，如砂土土层。对于渗透性较差的部分，氧化剂不易进入，但一般这部分容易富集污染物。此外，渗透性较好的部分会成为将来土壤气体的优先通道。因此在土壤不是均质的情况下，有必要弄清楚地下污染物的具体分布。这是确立修复目标的重要参考，如果50%的污染物分布在低渗透区，则不可能使用单一的修复技术达到95%的污染物去除率。

土壤本身的理化性质对化学氧化法有重要影响。理想状态下，加入的氧化剂全部与污染物发生反应。实际上，由于氧化剂加入后，孔隙水的稀释作用及消耗，都会造成氧化效率下降。这些非污染物降解引起的消耗称为自然氧化需求。土壤中天然有机质、二价铁、二价锰、二价硫等，都能消耗氧化剂。因此需要进行批次实验，确定 NOD 值，从而达到修复目的。当污染物紧紧吸附于土壤有机质时，氧化降解难度大。

污染物的种类也是决定化学氧化法是否可行的重要因素，同时也是选择氧化剂种类的决定因素。石油烃类污染物在水中溶解度较小，其分配于土壤有机质的量通常远大于水中溶解的量。

2. 氧化剂

（1）Fenton 试剂

过氧化氢的氧化性很强，能与有机污染物反应生成水、二氧化碳、氧气。当过氧化氢遇到亚铁离子形成 Fenton 试剂时，更加有效。土壤和地下水中都可能存在 $Fe2^+$，也可以加入 $Fee2^+$ 催化相关反应。

如果 $Fe2^+$ 浓度过高，试剂本身将消耗氧化剂。因此需要优化使用 Fenton 的条件。

Fenton 反应为放热反应，会加快土壤和地下汞气体的蒸发，造成气体的迁移。另外 Fenton 反应可能产生易爆气体，使用时需要注意安全。

（2）臭氧和过氧化物

臭氧和过氧化物像典型的 Fenton 试剂一样，由于形成自由基，臭氧反应在酸性环境中最有效。臭氧的氧化性要强于过氧化氢，可与 BTEX（苯、甲苯、乙基苯、二甲基苯的合称）、PAH、MTBE 等有机污染物直接反应。与其他化学修复方式不同，臭氧修复技术需要引入气体。当臭氧用于非饱和区域内时，需注意湿度水平，在非饱和区域内，臭氧在低湿度水平下的分布比高湿度水平下的分布状况好。当用于饱和区域时，由于气体向上运动，并且土壤通常水平成层，地下非均质活动造成的优先流动路径更快形成。对于臭氧和臭氧/过氧化物，土壤消耗的氧化剂量不太重要，通常不需要进行实验来确定氧化剂消耗量，一般而言，每立方米土壤消耗的臭氧量大约是 15g。理想的 pH 为 5~8，pH 为 9 被视为上限。通常臭氧通过膜分离系统在线生成，通过喷射井注入地下，注入井通常要在污染区域附近。当污染物浓度较高时，使用臭氧进行修复也会产生热量和 VOC，因此需要类似 SVE 系统收集气体，避免其向周围迁移。

（3）高锰酸盐

高锰酸盐也是一种强氧化剂，常用的有 $NaMnO_4$ 和 $KMnO_4$，二者具有相似的氧化性，只是使用上有些差别。$KMnO_4$ 是晶体，因此使用的最大浓度为 4%，成本较低，便于运输和使用。而 $NaMnO_4$ 是溶液态，可以达到 40% 的浓度，成本较高，若成本不是很重要的情况下，更倾向于使用 $NaMnO_4$。

高锰酸盐在较宽的 pH 范围内可以使用，在地下反应时间较长，因而能够有效地渗入土壤并接触到吸附的污染物，通常不产生热、蒸气或者其他与健康、安全因素相关的现象。然而，高锰酸盐容易受到土壤结构的影响，因为高锰酸盐的氧化会产生二氧化锰，这在污染负荷高时，会降低渗透性。当使用高锰酸盐时，有必要在修复前进行实验室实验，以便确定土壤消耗的氧化剂量。这一实验就是天然土需氧量（SOD 或 NOD）实验。天然土需氧量取决于实验条件下高锰酸盐的浓度，这意味着必须在多个高锰酸盐浓度下进行实验，包括进行修复的浓度。

使用高锰酸盐进行原位氧化修复会降低局部 pH 至 3 左右，以及造成较高的氧化还原电位，这可能使部分土壤环境中的金属发生迁移。这些金属离子可能被生成的 MnO_2 吸附。MnO_4 中可能含有砂粒，使用时注意防止其堵塞井屏。$NaMnO_4$ 浓度较高时，$NaMnO_4$ 可能会造成注入井口附近黏土膨胀并堵塞含水层。

3. 化学氧化技术的主要优缺点

化学氧化技术能够有效处理土壤及地下水中的三氯乙烯（TCE）、四氯乙烯（PCE）等含氯溶剂，以及苯系物、PAH 等有机污染物，主要优缺点如下：

主要优点是：能够原位分解污染物；可以实现快速分解、快速降解污染物的效果，一般在数周或数月可显著降低污染物浓度；除 Fenton 试剂外，副产物较低；一些氧化剂能够彻底氧化 MTBE；较低的操作和监测成本；与后处理固有衰减的监测相容性较好，并可促进剩余污染物的需氧降解；一些氧化技术对场地操作的影响较小。

主要缺点是：与其他技术相比，初期和总投资可能较高；氧化剂不易达到渗透率低的地方，致使污染物不易被氧化剂氧化；Fenton 试剂会产生大量易爆炸气体，因此使用 Fenton 试剂时需要应用其他预防措施，如联合 SVE 技术；溶解的污染物在氧化数周之后可能产生"反弹"现象；化学氧化可能改变污染物羽流分布区域；使用氧化剂时需考虑安全和健康因素；将土壤修复至背景值或者污染物浓度极低的情况在技术和经济上代价较大；由于与土壤或岩石发生反应，可能造成氧化剂大量损失；可能造成含水层化学性质的改变以及由于孔隙中矿物沉淀而造成含水层堵塞。

　　4. 原位化学氧化修复对土壤的影响及注意事项

　　在运用化学氧化技术时，注入的氧化剂可能对生物过程起抑制作用。常用的氧化剂，在较低的浓度下，就能抑制或者杀死微生物，而且氧化剂引起的电位和 pH 改变也会抑制某些微生物菌落活性。根据经验注入 H_2O_2 在增加生物活性方面饱受争议，因为 H_2O_2 具有较高的分解速率和微生物毒性，有限的氧气溶解度导致非饱和区 O_2 的损失，以及引起渗透率减少和过热等问题。

　　有学者采用短期氧化试验——混合土壤浆批处理反应堆和流通柱方法，来研究氧化剂对微生物活动的潜在影响。这种实验方法可进行完全的液压控制并使氧化剂、地下蓄水材料和微生物群之间保持良好接触，从而了解氧化过程对微生物活性的抑制。实际情况往往比较复杂，这种实验不能完全表征在非理想条件和时间较长情况下 ISCO 对微生物的影响。例如，在野外条件下，氧化环境比较苛刻，这会强烈地影响微生物的存活率和活性。

　　另外，氧化剂的存在对微生物的影响是长期的。研究表明，与单纯生物降解方法相比，长期连续使用 H_2O_2 做氧化剂使得多环芳烃和五氯酚降解得更快。在刚使用 H_2O_2 后，微生物群数量出现短期下降，烃 1%~2%；但在一周后，数量又明显增长，并超过了使用前的数量。在大田实验中，将大量高浓度的 H_2O_2 注入其中，微生物的数量和活性都会降低，然而 6 个月后都会升高。由以上研究可见，ISCO 修复是否会影响土壤和地下水中微生物的活性目前还没有定论。一方面，污染物被氧化可能导致土壤的含氧量增加，如在荷兰，尤其是在地下水位之下数米，土壤缺氧或氧含量很低。当使用 Femon 试剂、过氧化物和臭氧时，地下水中的氧含量上升，将对生物降解过程产生积极作用。另一方面，有机物质构成的细菌也被氧化了，这是不利的。但是，经过 ISCO 修复之后，土壤中的生物并没有全部死亡，可能是由于氧化剂无法进入土壤中极小的孔隙，细菌仍能在此生存。

　　除了使土壤变得更加含氧之外，使用任何氧化剂都会形成酸，降低土壤和地下水的pH。对于涉及氯代烃类的污染，会形成盐酸，降低 pH 的效应会更强烈。在低 pH 时，金属的活动性增加，对金属的作用产生不利影响。以上这些作用均需要考虑，尤其对于有机污染和重金属污染土壤。

　　对于氧化剂可能引起土壤渗透率方面的变化，实验室研究发现，氧化锰（也称为黑锰）的形成降低了土壤的渗透性。然而在实地应用高锰酸盐溶液（浓度高达 4%）时，却没有发现这一现象。在实地应用 Fenton 试剂时土壤渗透性增加，土壤渗透性的增加使氧化剂更好地分布在土壤中，但是在有机质含量高的土壤中，可能发生剧烈反应，使得土壤温度升高，导致安全风险超出可接受范围。例如，当有泥炭层时，也会有泥炭层下沉的风险；城市中心区的电缆和管道等其他地下基础设施也会受到影响。

综上所述，化学氧化修复前需要做以下工作：充分掌握待修复区污染浓度最高的区域；摸清并评价优先流的通道；清理气体可能迁移或积累区域公用设施和地下室等；确保在修复区域内无石油管线或储罐。进行化学氧化修复时，应当考虑以下因素：使用离子荧光检测器或离子火焰检测器（PID/FID）监测爆炸物的情况；当使用 Fenton 试剂时，安装并使用土壤气体收集系统，直到没有危险时为止；使用 Fenton 试剂时，安装并使用土壤气体收集系统，需在地下安装温度传感器。密切监视修复区注入的过氧化氢和催化剂，根据土壤气体和地下水的分析结果调整其注入量。注意观察地下水的水压，尽量减少化学反应造成的污染羽扩张。

5. 原位化学氧化修复设计

进行原位化学氧化（ISCO）修复设计时，需要关注下面所列的土壤参数及注入系统的设计参数。

（1）土壤参数

①土壤结构

ISCO 修复最重要的方面是使氧化剂和污染物相互接触。土壤结构异质性越强，ISCO 就越容易应用。

②土壤渗透性

ISCO 修复过程中，土壤的渗透性越高越好。与低渗透性土壤相比，高渗透性土壤中的氧化剂分布更好更均匀。

③地下水位

ISCO 修复期间需要注入液体和气体，由于土壤和地下水压力的存在，需要一定的反压能注入。如果地下水位低于 L5m，反压就不足，就不可能进行注入。当地下水位低时，地下水也可能因为注入的原因而上升，增加了发生事故的风险。如果地面水平有封盖，如块石面路，即使地下水位低，也可能进行正常工作。

④土壤消耗的氧化剂

土壤修复使用的氧化剂氧化哪些物质通常很不具体。重要的是知道土壤将消耗多少氧化剂，以便注入足够数量。对于任何一种氧化剂，建议在 ISCO 修复之前进行实验室实验，据此来确定土壤消耗氧化剂的量。预先确定 ISCO 修复的重要土壤参数为有机物质的含量、化学需氧量和天然土需氧量，在所有 ISCO 修复应用过程中，这些参数的重要性各有不同。

⑤缓冲容量

使用典型 Fenton 试剂时，重要的是知道注入多少酸来营造氧化反应的最优环境。可以通过碳酸盐含量和地下水 pH 来确定这一缓冲容量。

⑥地下基础设施

在城市里，地下基础设施也是土壤参数之一。优先流动路径的风险越大，氧化剂沿着地下基础设施到达污染物的机会就减少。

（2）注入系统设计参数

注入点之间的水平距离：根据修复工程的有效半径确定。有效半径主要取决于土壤结构和注入深度。根据经验，一般有效半径取 4.6m，也就是说，注入点之间的水平距离最大约为 5m。使用臭氧和臭氧 / 过氧化物时，有效半径更大，为 10~20m。

注入氧化剂的量：包括污染物负荷消耗的氧化剂量和土壤消耗的氧化剂量之和。当污染负荷程度已知时，可以根据氧化剂与污染物之间的化学反应来确定污染物负荷消耗的氧化剂量。至于土壤消耗的氧化剂量，则由土壤样品的实验室实验来确定。有机物质的含量和化学需氧量（COD）也可用于确定土壤消耗的氧化剂量。使用 Fenton 试剂时，必须考虑过量，一般注入的过氧化物只有 10%~20% 参与反应。

日注入量：决定修复期限，并在很大程度上决定修复的费用。对于高渗透性土壤，Fenton 试剂与高锰酸盐的注入量为 1~1.5m³ 未稀释溶液。

以上设计参数可以通过下述方式获得：将初步研究的化学分析、水文地质资料与土质调查结果综合考虑，在此基础上，可以确定 ISCO 的一般适用性。通过专门的实验室实验，包括土柱实验和批量实验，检查 ISCO 的适用性和证实应用该技术时的一些假设。用高锰酸钾盐进行 ISCO 修复之前，可以先确定天然土需氧量。通过在注入位置进行一次实验性修复，以确定 ISCO 在具体的注入位置是否适用，并作为全面修复设计的重要参数。

四、土壤固化 / 稳定化技术

土壤固化 / 稳定化技术也称为土壤钝化技术，其原理是将受污染的土壤与反应性物质混合使其发生反应，并确保反应产物的机械稳定性和包裹污染物的固定。

常见的土壤固化 / 稳定化过程包括吸附、乳化、沥青化、玻璃化及改进的硫黄水泥化等。它们一般涉及开挖和处理或原位混合。值得注意的是，上述常见的固化 / 稳定化过程，以玻璃化为代表。

固化 / 稳定化技术既可用于异位修复，也可用于原位修复。异位条件下，先挖出污染土壤，筛选去除大颗粒物，使其成为均匀体，最后加入混合器。在混合器中，土壤与稳定剂、添加剂以及其他化学试剂一起混合。充分混匀、处理后，土壤从混合器中排出。它是一种具有很大压缩强度、高稳定性、类似混凝土刚性结构的固结体。原位固化 / 稳定化系统则是利用机械混合器来进行混合和固化操作的。

近年来，污染土壤的原位固化／稳定化系统已经成为许多污染土壤的应急处理关键技术，根据工程经验，对于土壤或重金属污染深度超过 30m 的场地，原位固化／稳定化处理比异位处理更为节约和经济。

（一）概述

固化／稳定化技术通过物理或化学方式将土壤中有害物质"封装"在土壤中，降低污染物的迁移性能。该技术既能在原位使用，也能在异位进行。通常用于重金属和放射性物质的修复，也可用于有机污染物的场地。固化／稳定化技术具有快速、有效、经济等特点，在土壤修复中已经实现了工业化应用。

固化／稳定化技术包含了两个概念。固化是指将污染物包裹起来，使其成为颗粒或者大块的状态，从而降低污染物的迁移性能。可以将污染土壤与某些修复剂，如混凝土、沥青以及聚合物等混合，使土壤形成性质稳定的固体，从而减少了污染物与水或者微生物的接触机会。稳定化技术是将污染物转化成不溶解、迁移性能或毒性较小的状态，从而达到修复目的。使用较多的稳定化修复剂有磷酸盐、硫化物及碳酸盐等。两个概念放在一起是因为两种方法通常在处理和修复土壤时联合使用。

玻璃化技术也是固化／稳定化技术的一种，是通过电流将土壤加热到 1600℃~2000℃使其融化，冷却后形成玻璃态物质，从而将重金属和放射性污染物固定在生成的玻璃态物质中，有机污染物在如此高的温度下可通过挥发或者分解去除。

对于固化技术，其处理的要求是：固化体是密实的、具有稳定的物理化学性质；有一定的抗压强度；有毒有害组分浸出量满足相应标准要求；固化体的体积尽可能小；处理过程应该简单、方便、经济有效；固化体要有较好的导热性和热稳定性，以防内部或外部环境条件改变造成固化体结构破损，污染物泄漏。

（二）常用固化技术

根据固化基材料及固化过程，目前常用的固化技术有水泥固化、石灰固化、塑新材料固化等，分别介绍如下：

1. 水泥固化

水泥是一种硬性材料，是由石灰石与黏土在水泥窑中烧结而成，成分主要是硅酸三钙和硅酸二钙，经过水化反应后可生成坚硬的水泥固化体。

水泥固化是一种以水泥为基材的固化方法，最适用于无机污染物的固化，其过程是：废物与硅酸盐水泥混合，最终生成硅酸铝盐胶体，并将废物中有毒有害组分固定在固化体中，达到无害化处理的目的。常用的添加剂为无机添加剂（蛭石、沸石、黏土、水玻璃）、有机添加剂（硬脂肪丁酯、柠檬酸等）。水泥固化需满足一定的工艺条件，对 pH、配比、添加剂、成型工艺有一定要求。

当用酸性配浆水配制水泥浆时，液相中的氢氧化钙浓度积减小，延迟氢氧化钙的结晶，水化产物更容易进入液相，加快水泥熟料的水化速率。游离的钙离子和硅酸根离子结合成水化硅酸钙凝胶，使水泥的微观结构更加紧密，提高了水泥宏观的抗压强度。中性的配浆水不会有上述作用，碱性的配浆水反而会阻碍熟料矿物水化，增加氢氧化钙的量，对水泥的宏观抗压强度产生不利的影响。水泥与废物之间的用量比应实验确定，水与水泥的配比要合适，一般维持在0.25。水分过小，无法保证充分的水合作用；水分过多，容易造成泌水现象，影响固化块的硬度。加入添加剂，可以改性固化体，使其具有良好的性能，如膨润土可以提高污泥固化体的强度，促进污泥中锌、铅的稳定。控制固化块的成型工艺，其目的是为了达到预定的强度。最终固化块处理方式不同，固化块的强度要求也不同，因而其成型工艺也不同。

水泥固化处理前，需要将原料与固化剂、添加剂混合均匀，以获得满足要求的固化体。水泥的固化混合方法主要有外部混合法、容器内部混合法、注入法三种。外部混合法是将废物、水泥、添加剂和水在单独的混合器中进行混合，经过充分搅拌后再注入处理容器中，其优点是可以充分利用设备，缺点是设备的洗涤耗时耗力，而且产生污水；容器内部混合法是直接在最终处置容器内进行混合，然后用可移动的搅拌装置混合，其优点是不产生二次污染物，缺点是受设备容积限制，处理量有限，不适用大量操作；注入法对于不利于搅拌的固体废物，可以将废物置于处置容器当中，然后注入配置好的水泥。

2. 石灰固化

石灰固化是指以石灰、垃圾焚烧灰分、粉煤灰、水泥窑灰、炼炉渣等具火山灰性质的物质为固化基材而进行的危险废物固化/稳定化处理技术。其基本原理与水泥固化相似，都是污染物成分吸附在水化反应产生的胶体结晶中，以降低其溶解性和迁移性。但也有人认为水凝性物料经历着与沸石类化合物相似的反应，即它们的碱金属离子成分相互交换而固定于生成物胶体结晶中。

由于石灰固化体的强度不如水泥，因而这种方法很少单独使用。

3. 塑新材料固化

热固性塑料包容技术：利用热固性有机单体，如脲醛，与粉碎的废物充分混合，并在助凝剂和催化剂作用下加热形成海绵状聚合体，在每个废物颗粒周围形成一层不透水的保护膜，从而达到固化和稳定化的目的。它的原料是脲甲醛、聚酯、聚丁二烯、酚醛树脂和环氧树脂等，热固性塑料受热时从液态小分子反应生成固体大分子以实现对废物的包容，并且不与废物发生任何化学反应。所以固化处理效果与废物粒度、含水量、聚合反应条件有关。

热塑性塑料包容技术：利用热塑性材料，如沥青、石蜡、聚乙烯，在高温条件下熔融并与废物充分混合，在冷却成型后将废物完全包容。适用于放射性残渣，液体焚烧后的灰渣、电镀污泥和砷渣等。但由于沥青固化不吸水，所以有时需要预先脱水或干化。

采用的固化剂一般有沥青、石蜡、聚乙烯、聚丙烯等，尤其是沥青具有化学惰性，不溶于水，又具有一定的可塑性和弹性，对废物具有典型的包容效果。但是，混合温度要控制在沥青的熔点和闪点之间，温度太高容易产生火灾，尤其在不搅拌时因局部受热容易发生燃烧事故。

自胶结固化：自胶结固化技术是利用废物自身的胶结特性而达到固化目的的方法。如果处理的污染物中含有大量此种物质时，经过适当的处理，加入合适的添加剂，就可以利用这一特性来实现固化。

美国泥渣固化技术公司（SFT）利用自胶结固化原理开发了一种名 Terry Crete 的技术，用以处理烟道气脱硫的泥渣。其工艺流程是：首先将泥渣送入沉降槽，进行沉淀后再将其送入真空过滤器脱水。得到的滤饼分两路处理：一路送到混合器，另一路送到煅烧器进行煅烧，经过干燥脱水后转化为胶结剂，并被送到储槽储存。最后将燃烧产品、添加剂、粉煤灰一并送到混合器中混合，形成黏土状物质。添加剂与煅烧产品在物料总量中的比例应大于 10%。

这种方式只适用于含大量硫酸钙的废物，它的应用面较窄，不如水泥和石灰固化应用广泛。

4.熔融固化（玻璃固化）

熔融固化技术，也称作玻璃固化技术，该技术是将待处理的危险废物与细小的玻璃质，如玻璃屑、玻璃粉混合，经混合造粒成型后，在高温熔融下形成玻璃固化体，借助玻璃体的致密结晶结构，确保固化体永久稳定。在美国 EPA 提供的非燃烧处理技术中，这种技术受到了很大重视。

熔融固化法被用于修复高浓度 POP 污染的土壤，这项技术在原位和异位修复均适用。使用的装置既可以是固定的也可以是移动的。该技术是一个高温处理技术，它利用高温破坏 POP，然后冷却降低了产物的迁移能力。熔融固化法原位处理技术可在两个设备中进行，即原位玻璃化（ISV）和地下玻璃化（SPV）。两个装置都是电流加热、融化，然后玻璃化。ISV 适合 3m 以下的土壤，SPV 适合比较浅的地方。SPV 的演变技术为 DEEPSPV，可以在深度超过 9m 的地下狭小部位进行玻璃化。

处理时，电流通过电极由土壤表面传导到目标区域。由于土壤不导电，初始阶段在电极之间可加入导电的石墨和玻璃体。当给电极充电时，石墨和玻璃体在土壤中导电，对其所在区域加热，临近的土壤熔融。一旦熔融后，土壤开始导电。于是融化过程开始向外扩散。操作温度一般为 1400℃~2000℃。随着温度的升高，污染物开始挥发。当达到足够高的温度后，大部分有机污染物被破坏，产生二氧化碳和水蒸气，如果污染物是有机氯化物，还会产生氯化氢气体。二氧化碳、水蒸气、氯化氢气体以及挥发出来的污染物，在地表被尾气收集装置收集后进行处理，处理后无害化的气体再排放至大气。停止加热后，介质冷却玻璃化，把没有挥发和没有被破坏的污染物固定。

异位熔融处理过程又称为容器内玻璃化。在耐火的容器中加热污染物，其上设置尾气收集装置。热量由插在容器中的石墨电极产生操作，温度为 1400℃ ~2000℃。该温度下，污染物基质融化，有机污染物被破坏或挥发。该过程产生的尾气进入尾气处理系统。

（三）稳定化技术

通常稳定化技术与固定化技术一同使用。稳定化处理技术一般为药剂稳定化处理。药剂稳定化处理常见的有 pH 控制技术、氧化 / 还原电位控制技术、沉淀与共沉淀技术、吸附技术、离子交换技术、超临界技术等。对于有机污染物，常用的方法是添加吸附剂实现稳定化。

吸附技术是用活性炭、黏土、金属氧化物、锯末、沙、泥炭、硅藻土、人工材料作为吸附剂，将有机污染物、重金属离子等吸附固定在特定吸附剂上，使其稳定。在治理过程中常用的吸附剂是活性炭和吸附黏土。

1. 活性炭

Alberto 用活性炭作为添加剂辅助水泥固化处理铸造污泥，结果表明活性炭能够降低污泥中有机物的溶出。His 研究了活性炭对固化处理多氯代二苯并二噁英 / 呋的影响，表明加入活性炭显著提高了废物中有机污染物的固化 / 稳定化。同时再生活性炭也具有较强的固定作用，可选用低廉的再生活性炭作为固化 / 稳定化过程的吸附剂。Vikram 等的研究表明，即使加入较低浓度的再生活性炭也会使苯酚快速吸附，而且苯酚浸出率降低 6 倍左右。

2. 吸附黏土

有机黏土有很强的吸附效果，可增强对有机污染物的稳定化作用，在含毒性废物的固化 / 稳定化过程中应用越来越广泛。

目前，以有机黏土为添加剂的无机胶结剂固化/稳定化技术的主要研究对象包括苯、甲苯、乙苯、苯酚、3– 氯酚等。有机黏土对有机污染物，尤其是非极性有机污染物具有较好的固定化效果，在含毒性废物的固化 / 稳定化技术中得到广泛应用。

（四）影响因素

影响土壤固化 / 稳定化修复效果的因素很多，主要有土壤的性质、污染物的性质。

土壤性质的影响主要有：水分或有机污染物含量过高，土壤容易形成聚集体，修复剂不易与土壤混合均匀，从而降低修复效果；干燥土壤或者黏性土壤也容易导致混合不均匀；土壤中石块比例过高会影响土壤与修复剂的混合效果。

污染物性质的影响主要有：不适用于挥发性 / 半挥发性有机物；不适用于成分复杂的污染物。

五、微生物修复法

微生物修复是通过生物代谢作用或者其产生的酶去除污染物的方式。土壤微生物修复可以在好氧和厌氧的条件下进行，但是更普遍的是好氧生物修复。微生物修复需要适宜的温度、湿度、营养物质和氧浓度。土壤条件适宜时，微生物可以利用污染物进行代谢活动，从而将污染物去除。然而土壤条件不适宜时，微生物生长较缓慢甚至死亡。为了促进微生物降解，有时需要向土壤中添加相应的物质，或者向土壤中添加适当的微生物。主要的微生物修复方式包括生物通风、土壤耕作、生物堆、生物反应器等。

微生物修复可分为原位和异位。原位土壤微生物修复是采用土著微生物或者注入培养驯化的微生物来降解有机污染物，强化方法有输送营养物质和氧气。异位土壤微生物修复是将土壤挖出，异位进行微生物降解。该法通常在三个典型的系统中进行：静态生物反应堆、罐式反应器、泥浆生物反应器。静态生物反应堆是最普遍的形式，该方法将挖掘出的土壤堆积在处理场地，嵌入多孔的管子，作为提供空气的管道。为了促进吸附过程和控制排放，通常用覆盖层覆盖土壤生物堆。

微生物需要水分、氧气（厌氧则无须氧气）、营养物质和适合的生长环境，环境因素包括 pH、温度等。

（一）生物通风

1. 概述

生物通风是将空气或氧气输送到地下环境，以促进微生物的好氧活动，降解土壤中污染物的修复技术。1989 年，美国 Hill 空军基地用 SVE 对其由于航空燃料油泄漏引起的土壤污染进行修复。修复过程中，研究者意外发现现场微生物对污染物具有很大降解性，占 15%~20%。人为采取促进生物降解的措施后，生物降解贡献率上升至 40% 以上。SVE 中的生物降解过程引起美国国家环境保护局和研究者的高度重视。由此，BV 在 SVE 基础上发展起来并很快应用至现场。它使用了与 SVE 相同或相近的基本设施：鼓风机、真空泵、抽提井或注入井及供营养渗透至地下的管道等。BV 技术还可与修复地下水的空气喷射或生物曝气技术相结合，将空气注入含水层来供氧支持生物降解，并且将污染物从地下水传送到不饱和区，再用 BV 或 SVE 法处理。

1991 年前，有关生物通风现场应用和研究的文献很有限。1992—1995 年，美国空军在 142 个地点应用生物通风技术进行了土壤修复实验；Hinchee 等用改造的 SVE 系统增强生物降解作用，生物降解率达到了 85%~90%；Hogg 等在新西兰成功地应用生物通风技术对含有机污染物的土壤进行修复，有机物降解速率为零级，13 个月后，土壤中的残余石油浓度比起初浓度减少了 92%；Derkey 等指出生物通风是一项新兴技术，可使半挥发性有机物（如多环芳烃）显著减少；在土壤具有低渗透性的两个现场，Michael

等用单井空气注入系统进行了长期的生物通风处理，一年后，土壤污染程度明显下降，说明具有低渗透率的土壤也能被生物通风修复；Downey 等对美国内布拉斯加州的一个大型柴油泄漏场地进行了 2 年的生物通风，表明生物通风对油污染场地具有显著的修复效果，并讨论了生物降解和挥发在通风过程中的相对贡献；IeW 等应用生物通风修复被 BTEX 污染的土壤，得出随着其初始浓度的增加，Q 的利用率逐渐减少，生物通风效果降低；BaIba 等比较了土地耕作、干草堆肥和静态生物通风三种不同修复方法对科威特沙漠地区油污染土壤的修复效果，结果表明静态生物通风效果最显著；研究人员针对通气对石油污染土壤生物修复产物的影响进行了实验，通过 48d 的实验后，测得通气的石油降解率达 70.19%，而未通气的石油降解率仅达 0.47%，从而说明通气能促进微生物的生长，并提高石油的降解率；Shewfeh 应用生物通风修复汽油污染土壤，并就土壤含水率、营养物的类型和浓度、微生物种群等对降解率的影响进行了研究，得出汽油污染土壤生物通风的最佳条件是 18% 的土壤含水率和 C ： N=10 ： 1（添加 NH+-N），最大的一阶降解常数是 0J2/d，并对非饱和土壤中石油烷的生物通风降解率做了总结。Byun 等监测了柴油污染土壤生物通风修复过程中脱氢酶活性、微生物数量和烷烃 / 类异戊二烯比值的变化，并分析了 TpH 和这些物理化学参数的相关关系，结果表明相关性很强，从而可以通过这些参数反映生物通风修复过程中 TOH 的去除情况；Suko 等以正十二烷为例研究了生物通风过程中污染物的迁移，以及通过对流、生物降解和挥发作用的去除，得出对于十二烷的去除，在生物通风前期主要依赖挥发作用，且持续时间较短，后期则是生物降解起主要作用。

BV 技术可以修复的污染物范围非常广泛，适用于所有可以好氧生物降解的污染物。现有报道中，BV 尤其对修复成品油非常有效，包括汽油、喷气式燃料油、煤油和柴油等的修复。

2. 主要的影响因素

BV 作为 SVE 的生物强化技术，也会受到许多因素的影响。主要的影响因素有土壤的 pH、土壤湿度、土壤温度、电子受体、生物营养盐、优势菌等。

（1）土壤的 pH

土壤 pH 影响微生物的降解活性。微生物需要在一定范围内，每一种微生物会有一个最适 pH，大多数微生物生存的 pH 范围为 5~9。pH 的变化会引起微生物活性的变化。通常降解石油污染物的微生物的最佳 pH 是 7，但是实际土壤环境中，偏酸或是偏碱的情况并不少见，这样就需要通过调整土壤的 pH，提高生物降解的速率。常用的方法有添加酸碱缓冲液或中性调节剂等，在酸性土壤治理中，价格低廉的石灰石常被用于提高 pH，但要注意防止 N、P 等元素的生物可得性。

（2）土壤湿度

土壤通风需要适宜的湿度。微生物完成代谢转化成分。实验室研究表明，不饱和条件下，在较高的土壤湿度中，生物的转化速率较大。然而，有研究者提出了与之相反的结论：在一些生物通风现场，增加土壤湿度后对生物降解速率影响很小，甚至发现湿度增加后由于阻止了氧气的传递而使生物通风特性消失。另外，土壤中水分含量过高，水便会将土壤孔隙中的空气替换出来，浸满水的土壤很快从好氧条件转化为厌氧条件，不利于好氧生物降解。

（3）土壤温度

生物活动受温度的影响较大，温度过高或过低，都不利于污染物的降解。在适宜的温度条件下，微生物的活性加强，有利于污染物的降解。对于较寒冷的地区，适当提高土壤温度，还能够提高污染物在土壤气相中的分压，利于污染物的去除。

（4）电子受体

限制生物修复最主要的因素是缺乏合适的电子受体。土壤修复中普遍使用的电子受体是氧气。空气中氧含量高，黏度低，是将氧气输送到地下环境的理想载体。BV 过程使用较低的空气流速，以使微生物有足够时间利用氧来转化有机物。增加气速可使生物修复速率增加，但在高气速下，其他的因素会限制代谢速率，且微生物不能消耗所有的氧，进一步增加气速不会使生物降解更多污染物。另外，气速增大会使挥发去除污染物的比例增大，生物降解的贡献率相对减少。因此需优化操作条件，使气速最小，但在整个受污染土壤中应能够维持足够的氧水平来支持好养生物降解。

（5）生物营养盐

微生物生长需要 N、P、K、Ca.Na、Mg、Fc、S、Mn、Zn 和 Cu 等元素。在有机污染土壤修复中，一般有机污染物作为微生物的碳源，而 N、P 相对缺乏，需要加入营养盐类，以提供微生物生长所需的其他元素。

（6）优势菌

有机污染物进入土壤后，土壤土著微生物在污染物作用下，可能会加强某些微生物的活动，也可能会抑制某些微生物的活动。如果向土壤中加入能够降解污染物的优势菌，则可大大提高生物降解速率。

3.BV 过程理论

BV 过程包括相间传质过程、生物降解过程，因此两种作用需同时考虑。

（1）相间传质

对于相间传质，研究人员先后发展了局部平衡理论，采用亨利模型的假设，使气相、液相和固相中的浓度为相平衡关系。但后来发现局部相平衡假设太过乐观，需要考虑非相平衡过程。

（2）生物降解

在生物通风修复土壤的过程中，微生物降解作用的大小直接影响生物通风的效果，提高微生物降解作用，可以提高整个生物通风的效率。确定微生物生长条件，对于生物通风的现场操作具有重要意义。对微生物进行筛选和分离可以选出降解能力较强的微生物即优势菌，在土壤中添加这些优势菌，可以在一定程度上提高微生物对污染物的降解。

生物降解模型从较简单的零级、一级反应动力学发展到较复杂的 Monod 或 Michaelis-Menterl 表达式。Monod 动力学方程跨越了零级、混合级到一级的生物降解过程，考虑了现场、污染物和微生物条件，能够更好地反映实际微生物转化过程，且模型可灵活引入生物动力学参数，因此是目前最为广泛接受的生物降解动力学方程。当不知道哪种组分（如基质、电子受体、营养物）是限制因素时，普遍使用多项 Monod 表达式。

（3）BV 过程数值模拟

文献中报道的 BV 模型已有不少，它们在复杂程度及所包含过程上各有不同。

解析模型包括：JUry 等推导的解析模型考虑了一级生物降解过程，但由于未考虑气相的对流而使模型应用受到极大限制。Huang 和 Gohz 使用解析的气相运移方程描述非生物过程，模型包括用一级动力学描述速率限制的相间传质。

在很长一段时间内，人们对 BV 过程中通风和生物降解的研究是相互独立的。例如 Beahr 和 HUit 提出了一维多相分运移模型，能够预测三相体系中（空气—NAPL—水）的气相流动，但模型不包括生物降解作用。Johnsem 等首先分析了污染区的生物通风过程，通过引入一个汇项到运移/反应方程来反映微生物的活性，即将 BV 方程作为通风过程的扩展。

方程右边的第二项 B 代表组分的生物降解，如果 B 为零，则方程描述的仅为通风操作。模型将多相流动过程、多组分运输、非平衡相间传质及好氧生物降解相结合，但其没有考虑多组分基质之间的相互作用和共代谢生物转化作用。

隋红推导了 BV 过程一般性基本控制方程，控制方程包括多相流动、多相污染物运移、速率限制的相间传质及生物转化等复杂耦合过程。基于 BV 动量方程，提出了 BV 现场修复竖井非稳态流场的数学模型。将流场模拟结果与传质方程耦合，采用 OS（operator splitting）算法对污染物运移过程和生物降解过程进行二维模拟，系统研究了各种操作条件对 BV 修复效果的影响。

从浓度变化可以看出，在 BV 修复过程中，空气的通入促进了微生物降解发生，后期修复效果好于没有生物作用的通风过程。在现场应用中，SVE 修复技术由于使用较高的空气速率，生物降解贡献率相对于 BV 技术很小，要使土壤中的残留污染物浓度达到更小，前期使用 SVE 技术，后期使用 BV 技术会达到更好的效果，因为后期可以充分利用微生物来转化不易挥发的污染物。

4.BV 场地的工程设计

BV 场地的工程设计与 SVE 相似，可参照 SVE 场地的工程设计。

（二）微生物共代谢作用

三聚乙烯（TCE）是环境中普遍存在的一类重要有机污染物，为无色透明液体，经常用作有机溶剂，在环境中具有持久性，对生物的毒性很强，并且具有致癌性和致突变性，被认为是危险物质。TCE 大规模的使用，使其成为地表水、地下水中分布最广泛的污染物。但到目前为止，还没有分离出能把 TCE 作为唯一碳源和能源的微生物。不过利用微生物的共代谢来降解 TCE，已经取得较大成功。TCE 和其他氯代燃污染物一样，本身不是微生物的营养物质，对微生物具有毒性，所以只有在共代谢基质甲苯、苯酚和甲烷等存在的条件下，它才可以被微生物降解。

1. 共代谢的定义及其特点

共代谢指微生物利用营养基质将同时污染物降解。Leadbetter 等最早发现了共代谢现象，并命名为共氧化（co-oxidation），其含义为微生物能氧化污染物却不能利用氧化过程中的产物和能量维持生长，必须在营养基质的存在下才能够维持细胞的生长。大部分难降解有机物是通过共代谢途径进行降解的。在共代谢过程中，微生物通过共代谢来降解某些能维持自身生长的物质，同时也降解了某些非生长必需物质。共代谢过程的主要特点可以概括为：微生物利用一种易于摄取的基质作为碳和能量的来源，用于微生物生长；有机污染物作为第二基质被微生物降解，此过程是需能反应，能量来自营养基质的代谢；污染物与营养基质之间存在竞争现象；污染物共代谢的产物不能作为营养被同化为细胞质，有些对细胞有毒害作用。

进一步研究发现，共代谢反应是由有限的几种活性酶决定的，又称为关键酶，不同类型微生物所含关键酶的功能都是类似的。例如，好氧微生物中的关键酶主要是单氧酶和双氧。关键酶控制着整个反应的节奏，其浓度由第一基质诱导决定，微生物通过关键酶提供共代谢反应所需的能量。

由于共代谢过程具有以上特点，因此微生物的降解过程更复杂。鉴于维持共代谢的酶来自初级基质，共代谢也就只能在初级基质消耗时发生。次级基质也可以和酶的活性部位结合，从而阻碍了酶与生长基质的结合。这样，在一个同时存在着两种基质的系统内，必然存在着代谢过程中酶的竞争作用，两种基质的代谢速率之间也就存在着相互作用，反应动力学将变得更为复杂。在研究 TCE 的共代谢降解时，甲苯、甲烷、氨气、苯酚和丙烷等一系列物质可以作为共代谢的第一基质即生长基质，在生长基质的存在下，微生物可以降解第二基质，即开始降解 TCE。

2. 影响共代谢的因素

上面已经提到，基质浓度影响共代谢过程。研究表明，单独的 TCE 不会被降解。

TCE 浓度为 $1\mu g/mL$ 时，如加入 $20\mu g/mL$ 甲苯，60%~75% 的 TCE 被降解，100% 的甲苯被降解；甲苯浓度为 $10\mu g/mL$ 时，TCE 降解率达 90%。但是甲苯浓度再提高至大于 $100\mu g/mL$ 时，TCE 的降解就会停止。另外，TCE 初始浓度对共代谢也有影响，增加 TCE 的初始浓度会使甲苯降解速率降低，且滞后期延长，当 TCE 的初始浓度达到 $20\mu g/mL$ 时，TCE 会停止降解。对于甲苯、苯酚、氨气、甲烷等不同的生长基质，TCE 的降解情况也不同。此外，温度也影响 TCE 的共代谢。研究表明，温度在 $10℃$、$18℃$、$25℃$ 时，随着温度的升高，滞后期逐渐减少，TCE 的降解率提高；超过 $32℃$ 时，TCE 的降解率反而会降低。

六、植物修复法

（一）植物修复基本概念

植物修复是经过植物自身对污染物的吸收、固定、转化与累积功能，以及为微生物修复提供有利于修复条件，促进土壤微生物对污染物降解与无害化的过程。广义的植物修复包括植物净化空气（如室内空气污染和城市烟雾控制等），利用植物及其根际圈微生物体系净化污水（如污水的湿地处理系统等）和治理污染土壤。狭义的植物修复主要指利用植物及其根际圈微生物体系清洁污染土壤，包括无机污染土壤和有机污染土壤。植物修复技术由以下几个部分组成：植物提取、植物稳定、根基降解、植物降解、植物挥发。重金属污染土壤植物修复技术在国内外首先得到广泛研究，国内目前研究和应用比较成熟。近年来，我国在重金属污染农田土壤的植物吸取修复技术一定程度上开始引领国际前沿，已经应用于砷、镉、铜、锌、银、铅等重金属，并发展出铬合诱导强化修复、不同植物套作联合修复和修复后植物处置的成套技术。这种技术应用关键在于筛选出高产和高去污能力的植物，摸清植物对土壤条件和生态环境的适应性。近年来，国内外学者也开始关注植物对有机污染物的修复，如多环芳烃复合污染土壤的修复。虽然开展了利用苜蓿、黑麦草等植物修复多环芳烃、多氯联苯和石油燃料的研究工作，但是有机污染土壤植物修复技术的田间研究还很少。下面重点介绍植物修复在有机污染物中的应用。

（二）植物修复有机污染环境的基本原理

重金属污染的植物修复往往是寻找能够超累积或超耐受该重金属的植物，将金属污染物以离子的形式从环境中转移至植物特定部位，再将植物进行处理，或者依靠植物将金属固定在一定环境空间以阻止进一步的扩展。而植物修复有机物污染的机理要复杂得多，经历的过程可能包括吸附、吸收、转移、降解、挥发等。植物根际的微生物群落和根系相互作用，提供了复杂的、动态的微环境，对有机污染物的去毒有较大潜力。已有的实验室和中试研究表明，具有发达根系（根须）的植物能够促进根际菌群对除草剂、杀虫剂、表面活性剂和石油产品等有机污染物的吸附、降解。

（三）植物修复类型

1. 植物提取技术

植物提取是指种植一些特殊植物，利用其根系吸收污染土壤中的有毒有害物质并运移至植物地上部分，在植物体内蓄积直到植物收割后进行处理。收获后可以进行热处理、微生物处理和化学处理。植物提取作用是目前研究最多、最有发展前景的方法。该技术利用的是对污染物具有较强忍耐和富集能力的特殊植物，要求所用植物具有生物量大、生长快和抗病虫害能力强特质，并对多种污染物有较强的富集能力。此方法的关键在于寻找合适的超富集植物并诱导出超富集体。环境中大多数苯系物、有机氯化剂和短链脂族化合物都是通过植物直接吸收除去的。

2. 植物稳定技术

植物稳定是指通过植物根系的吸收、吸附、沉淀等作用，稳定土壤中的污染物。植物稳定发生在植物根系层，通过微生物或者化学作用改变土壤环境，如植物根系分泌物或者产生的 CO_2 可以改变土壤 pH。植物在此过程中主要有两种功能：保护污染土壤不受侵蚀，减少土壤渗漏，防止污染物的淋移；通过植物根部的积累和沉淀或根表吸持来加强土壤中污染物的固定。应用植物稳定原理修复污染土壤应尽量防止植物吸收有害元素，以防止昆虫、草食动物及牛、羊等牲畜在这些地方觅食后可能对食物链带来污染。

3. 根际降解技术

根际降解，其主要机理是土壤植物根际分泌某些物质，如酶、糖类、氨基酸、有机酸、脂肪酸等，使植物根部区域微生物活性增强或者能够辅助微生物代谢，从而加强对有机污染物的降解，将有机污染物分解为小分子的 CO_2 和 H_2O，或转化为无毒性的中间产物。例如，有学者发现黑麦草根际增加了土壤中微生物碳的含量，从而提高了植物对苯并芘的降解率。根际降解的处理对象主要有多环芳烃、苯系物、石油类碳氢化合物、高氯酸酯、除草剂、多氯联苯等。

4. 植物降解技术

植物降解是指植物从土壤中吸收污染物，并通过代谢作用，在体内进行降解。污染物首先要进入植物体，吸收取决于污染物的疏水性、溶解性和极性等。实验证明，辛醇 – 水分配系数 1gKOW 为 0.5~3.0 的有机物容易被植物吸收。植物对污染物的吸收，还取决于植物种类、污染时间以及土壤理化性质。吸收效率同时取决于 pH、吸附反应平衡常数、土壤水分、有机物含量和植物生理特征等。植物降解的处理对象主要有 TNT、DNT.HMX、硝基苯、硝基甲苯、阿特拉津、卤代化合物、DDT 等。

5. 植物挥发性

植物挥发是植物吸收并转移污染物，然后通过蒸发作用将污染物或者改变形态的污染物释放到大气中的过程，可用于 TCE、TCA、四氯化碳等污染物的修复。

（四）有机污染物的植物降解机理

植物主要通过三种机制降解、去除有机污染物，即植被直接吸收有机污染物；植物释放分泌物和酶，刺激根际微生物的活性和生物转化作用；植物增强根际矿化作用。

1. 植物直接吸收有机污染物

植物从土壤中直接吸收有机物，然后将没有毒性的代谢中间产物储存在植物组织中，这是植物去除环境中中等亲水性有机污染物的一个重要机制。疏水有机化合物因易于被根表强烈吸附而易被运输到植物体内。化合物被吸收到植物体后，植物根对有机物的吸收直接与有机物相对亲脂性有关。这些化合物一旦被吸收，会有多种去向：植物将其分解，并通过水质化作用使其成为植物体的组成部分；也可通过挥发、代谢或矿化作用使其转化成 CO_2 和 H_2O，或转化成为无毒性的中间代谢物如木质素，存储在植物细胞中，达到去除环境中有机污染物的目的。环境中大多数 BTEX 化合物、含氯溶剂和短链的脂肪化合物都通过这一途径除去。

有机污染物能否直接被植物吸收取决于植物的吸收效率、蒸腾速率以及污染物在土壤中的浓度。而吸收率反过来取决于污染物的物理化学特征、污染的形态以及植物本身特性。蒸腾率是决定污染物吸收的关键因素，其又取决于植物的种类、叶片面积、营养状况、土壤水分、环境中风速和相对湿度等。

2. 植物释放分泌物和酶去除环境中的有机污染物

植物可释放一些物质到土壤中，以利于降解有毒化学物质，并可刺激根际微生物的活性。这些物质包括酶及一些有机酸，它们与脱落的根冠细胞一起为根际微生物提供重要的营养物质，促进根际微生物的生长和繁殖，且其中有些分泌物也是微生物共代谢的基质。Nichols 等研究表明，植物根际微生物明显比空白土壤多，这些增加的微生物能强化环境中有机物的降解。Reilley 等研究了多环芳烃的降解，发现植物使根际微生物密度增加，多环芳烃的降解增加。Jordahl 等报道杨树根际微生物数量增加，但没有选择性，即降解污染物的微生物没有选择性的增加，表明微生物的增加是由于根际的影响，而非污染物的影响。

3. 根际的矿化作用去除有机污染物

1904 年 Hilter 提出根际的概念。根际是受植物根系影响的根－土界面的一个微区，也是植物－土壤－微生物与环境条件相互作用的场所。由于根系的存在，增加了微生物的活动和生物量。微生物在根际区和根系土壤中的差别很大，一般为 5~20 倍，有的高达 100 倍，微生物数量和活性的增长，很可能是使根际非生物化合物代谢降解的结果。而且植物的年龄、不同植物的根、有瘤或无瘤、根毛的多少以及根的其他性质，都可以影响根际微生物对特定有毒物质的降解速率。

微生物群落在植物根际区进行繁殖活动，根分泌物和分解物养育了微生物，而微生物的活动也会促进根系分泌物的释放。最明显的例子是有固氮菌的豆科植物，其根际微生物的生物量、植物生物量和根系分泌物都有增加。这些条件可促使根际区有机化合物的降解。

植物促进根际微生物对有机污染物的转化作用，已被很多研究证实。植物根际的真菌与植物形成共生作用，有其独特的酶途径，用以降解不能被细菌单独转化的有机物。植物根际分泌物刺激了细菌的转化作用，在根区形成了有机碳，根细胞的死亡也增加了土壤有机碳，这些有机碳的增加可阻止有机化合物向地下水转移，也可增加微生物对污染物的矿化作用。

（五）植物修复技术的优缺点

植物修复技术最大的优点是花费低、适应性广和无二次污染物，平均每吨土壤的修复成本为 170~720 元，能够永久修复场地。此外，由于是原位修复，对环境的改变少；可以进行大面积处理；与微生物相比，植物对有机污染物的耐受能力更强；植物根系对土壤的固定作用有利于有机污染物的固定，植物根系可以通过植物蒸腾作用从土壤中吸收水分，促进污染物随水分向根区迁移，在根区被吸附、吸收或被降解，同时抑制了土壤水分向下和向其他方向扩散，有利于限制有机污染的迁移。

但这种技术也存在缺点：修复周期长，一般为 3 年以上；深层污染的修复有困难，只能修复植物根系达到的范围；由于气候及地质等因素使得植物的生长受到限制，存在污染物通过"植物 – 动物"食物链进入自然界的可能；生物降解产物的生物毒性还不清楚；修复植物的后期处理也是一个问题。目前经过污染物修复的植物作为废弃物的处置技术主要有焚烧法、堆肥法、压缩填埋法、高温分解法、灰化法、液相萃取法等。

（六）植物修复有机污染物的研究与应用

1. 植物促进农药的降解研究

植物以多种方式协助微生物转化氯代有机化合物，其根际在生物降解中起着重要的作用，并可以加速多种农药以及三氯乙烯的降解。植物 – 微生物界面的研究仍是一个活跃领域，也是氯代有机化合物土壤修复的一个良好发展方向。

2. 植物促进多氯联苯降解的研究

多氯联苯（PCB）是一类性质稳定、具有毒性、典型的持久性有机污染物。土壤像一个仓库，不断接纳由各种途径输入的 PCB，土壤中的 PCB 主要源自颗粒沉降，少量来自污泥、填埋场的渗滤液以及农药。据报道，土壤中 PCB 的含量一般比空气中要高出 10 倍以上。若只按挥发损失计算，土壤中 PCB 的半衰期可达 10~20 年。不同植物对PCB 的除去效果不同，这在很大程度上取决于植物本身的吸收能力，此外还受到许多因素的影响，如植物组织培养的类型、生物量、PCB 的初始浓度及其理化性质等。Aslund和 Zeeb 的研究表明，植物的直接吸收能够显著地降低土壤中 PCB 的浓度，是植物修复

PCB 的关键机制。研究中以南瓜、莎草、高牛毛草来修复 PCB 污染土壤，初始 PCB 的平均浓度为 46 μg/g。经修复处理后，莎草内的生物累积系数达 0.29，南瓜体内的生物累积系数为 0.15，且离根越远的枝叶 PCB 浓度越低，三种植物都表现出对 PCB 的直接吸收作用。

3. 植物促进硝基芳香化合物降解的研究

硝基芳香化合物的 1gKOW=0.5~3.0，如 TNT 为 2.37，2,4-DNT 为 L98，理论上来说，这有利于植物修复。但由于硝基的吸电作用，硝基芳香化合物不易水解，不易发生化学或生物氧化，导致废水和污染地下水中的硝基芳香化合物难于修复。

（七）植物修复有机污染土壤在实际工程中应考虑的因素

尽管植物修复是原位修复的一种有效途径，但成功地实现修复也需要考虑到一些相关因素。

1. 土壤的理化性质

土壤颗粒组成直接关系到土壤颗粒比表面积的大小，从而影响其对持久性有机污染物的吸附。土壤水分能抑制土壤颗粒对污染物的表面吸附能力，促进生物可给性；但土壤水分过多，处于淹水状态时，会因根际氧分不足，而减弱对污染物的降解。土壤酸碱性条件不同，其吸附持久性有机污染物的能力也不同。碱性条件下，土壤中部分腐殖质由螺旋状转变为线形态，提供了更丰富的结合位点，降低了有机污染物的生物可给性；相反，当 pH < 6 时，土壤颗粒吸附的有机污染物可重新回到土壤中，并随植物根系吸收进入植物体。矿物质含量高的土壤对离子性有机污染物吸附能力强，降低其生物可给性。有机质含量高的土壤会吸附或固定大量的疏水性有机污染物，降低其生物可给性。

2. 污染物的归趋

对持久性有机污染土壤进行植物修复前应先明确污染物的归趋问题。一些持久性有机污染物如石油烧类化合物、挥发性有机污染物等已得到了广泛的研究，其在植物体内的归趋模型得到了很好的建立，通过查阅相关的资料就能够预测植物修复的结果，然而，对许多其他的持久性有机污染物的研究还不是很多，没有建立起对应的植物修复模型。通过准确设计实验室盆栽实验、采集原土进行室内实验或现场初步研究，能够观察污染物的迁移转化，从而为持久性有机污染物的原位实际修复提供信息。

3. 共存有机物

当前植物修复大多针对单一有机污染物，而复合有机污染土壤的植物修复主要研究了表面活性剂对土壤有机污染植物修复效率的影响。表面活性剂本身对植物具有一定的危害作用，但若将其浓度控制在合理范围内，将会促进疏水性有机污染物的生物可给性，提高其植物修复效率。一定浓度的表面活性剂 Tw-80 能提高土壤中 PAH 的植物吸收率和生物降解率。国际上不少学者已意识到表面活性剂在土壤有机污染植物修复领域的应用前景，并开展了初步研究。但当前的研究大多局限于比较表面活性剂应用前后修复效率的变化，对表面活性剂的作用过程、机理及其对生物危害机制的研究较少。植物－表面活性剂结合的修复技术将是土壤有机污染植物修复领域的一个发展方向。

实际环境往往是复合污染，因此研究复合污染环境的植物修复更具有实际意义。已有学者对 MTBE 和 BTEX 复合污染的生物降解进行了研究，发现其降解过程是先降解MTBE，数小时后再降解 BTEX，这时 MTBE 的降解速率明显放慢，直到 BTEX 被彻底降解，MT-BX 的降解才得以继续进行。由此可见，复合有机污染环境的植物修复比单一有机污染环境植物修复更复杂。

4. 植物种类的筛选

植物的选择要根据所要修复的持久性有机污染物的种类及其浓度来确定。对有机污染物的植物修复来说，要求植物生长速率快，能够在寒冷的或干旱的气候等恶劣环境下生存，能够利用土壤水分蒸发蒸腾所损失的大量水分，并能将土壤中的有毒物质转化成无毒的或低毒产物。在温带气候条件下，地下水生植物及湿生植物（如杂交的白杨、柳树、棉白杨树）由于其生长速率快、深及地下水的根系、旺盛的蒸腾速率以及广泛的生长于大多数国家，因而往往被用于植物修复技术。选择植物必须坚持适地适树的原则，即选择那些在生理上、形态上都能够适应污染环境要求，并能够满足人们对污染水体和污染土壤修复的目的，而且具有一定经济价值的植物。

5. 定期检查

实际工程应用中常见的错误观点就是植物修复不需要跟踪维护，这在很多失败的修复实例中得到了验证。植物修复的定期检查费用远少于常规修复，但直接关系到最终的修复结果。检查包括植物浇水、施肥、休整以及适当的使用杀虫剂等。值得注意的是，由昆虫和动物对修复植物所造成的自然破坏能够在短时间内导致整个修复计划的失败。例如，海狸的活动几乎毁掉了美国俄亥俄州的植物修复工程；在马里兰州的修复植物也遭到了鹿的严重破坏。因此，在动物可能造成破坏的修复区域，应该设立栅栏等对修复植物进行保护。

（八）植物修复技术的展望

综上所述，植物修复是一种环境友好、费用低的环境治理新技术，具有很大的开发潜力。植物修复研究取得了很大进展，但仍存在许多有待完善之处。

1. 深化植物修复机理

当前对植物修复机理的研究大多还处于实验现象描述阶段，对机理的探讨带有猜测性。因此，迫切需要深入研究植物修复机理，尤其需加强研究植物体内和根际降解有机污染物的过程及机制。

2. 完善植物修复模型

当前的植物修复模型均基于较多假设，侧重于模拟植物吸收有机污染物的过程，较少涉及植物根际和植物体内对有机污染物的降解过程，适用范围不广。建立适用范围广的动态模拟整个植物修复过程（包括植物根系降解、体内代谢等）的模型具有重要的理论与实践意义。

3. 加强植物－微生物协同修复的机理研究和技术应用

植物－微生物结合可提高土壤有机污染的修复效率。目前已出现一些成功的协同修复体系，但大多数停留在实验室研究阶段，实践应用较少，对其机理的探讨也局限于对实验现象的描述。

4. 利用表面活性剂提高植物修复效率

表面活性剂可提高土壤中有机污染物的生物可给性，从而提高植物修复效率，但表面活性剂的最佳用量及如何减少其本身对植物和环境的影响等都有待进一步研究。

5. 加强复合有机污染植物修复研究

当前，植物修复研究大多针对单一有机污染物，但现实环境一般为复合有机污染，因此加强复合有机污染植物修复研究具有重要的现实意义。

第四节　土壤污染控制

一、化工场地土壤污染的控制

对于城市工业环境问题，我国以往只偏重于对废水、废气、废渣等污染物的排放和治理问题，对工业场地土壤污染特征及修复则较少涉及。

（一）化工场地土壤污染特征

污染场地指因堆积、储存、转运、处理、处置等过程中而承载一定的污染有害物质，成为威胁环境和人类健康，或是存在潜在风险的空间区域。以污染物类型进行划分，污染场地主要为有机污染石油类、多环芳烃（PAHs）、有机氯农药、多氯联苯、二噁英、无机污染（Pb、Cd、Hg、As 等重金属元素）及二者均存在的复合污染。

目前随着"退二进三"的产业结构调整，我国逐渐推进华南、东北等地区的污染场地调查与修复工作，这些地区也会随着调整而成为新的热点区域，本节主要结合华南地区的大型化工类污染场地进行调查分析。与一般的污染场地相比，化工污染场地有着自身特殊的特点：

1. 隐蔽性和滞后性

化工污染场地从产生污染到发现危害需要很长的时间，其场地污染物的发现需要借助相关的检查技术进行采样检测和分析，甚至有些还涉及对人畜健康影响进行分析研究才可以得出分析结果。

2. 累积性

化工污染场地的污染物与大气污染不同，污染物在土壤中迁移扩散难，一般都会随着时间在土壤中不断累积。

3. 不均匀性

化工污染物受到污染场地原生产布局影响较大，不同区域污染物类型和浓度存在较大差异，同时污染物在土壤中迁移较慢，导致污染物在污染场地呈不均匀分布。

4. 难可逆性

大部分的化工污染场地中含有重金属污染物和持久性有机污染物，金属存在难降解的特点，而有机污染物降解时间也相对较长，因此化工场地污染大体上是一个不可完全逆转的过程。

5. 艰巨性

出现污染的化工场地在修复过程中，不能单纯依靠切断污染源来实现修复目标，需要进行一系列调查、评估和修复，具有成本高、周期长、难度大的特点。

（二）化工污染场地土壤修复技术

化工污染场地修复技术的选择不仅受化工场地污染特征的影响，还受到当地经济、社会环境等影响。虽然目前化工污染场地修复技术较多，但由于大多数化工污染土壤含有多种污染物，需要组合利用多种修复技术对土壤中的污染物进行去除，从而避免部分单一技术修复周期长、稳定性低、二次风险大和对土壤结构破坏大等限制，获得更高的处理效率和更好的技术经济效益。

（三）化工污染场地土壤监测特征与修复实例分析

在结合以上化工污染场地污染特征和修复技术的基础上，下面通过针对典型化工厂场地土壤污染概况，探讨土壤多种修复技术联合使用的安全、经济、技术可行性。

1. 工程概况

本次主要研究对象为曾经生产复配制剂农药、农药原药六六六、氧乐果、敌敌畏和氯碱的大型精细化工厂，该化工厂已有 50 多年生产历史，在生产期间厂区按照相关规范要求和当时环保要求配备废气、废水相关治理设施，同时设置固体废弃物堆存场地，但与目前的环保标准要求还是存在一定的差距。目前该工厂已搬迁，会转化为商业和居住用地，需要对土壤污染特征进行调查分析，并制订科学合理的修复方案。

2. 场地土壤特征调查分析

结合本化工厂生产特征，场地土壤监测针对性选择六六六、滴滴涕、镉、铬、铅、汞、砷、镍和pH作为土壤监测因子，同时根据本化工厂的平面布置和当地主导风向进行土壤监测点位的布置，具体设置8个监测点位和分区表层样、中层样、深层样3个土样。确保最终修复后满足《土壤环境质量标准》（GB 36600—2018）的（适用于旱地）二级标准。经过调查监测数据显示，本化工污染场地重污染区域有5个，轻污染区域3个，化工场地土壤不同监测点和不同土样的农药、重金属含量存在一定的差异。在复配农药和六六六生产车间及附近区域、储罐区及污水处理站3个土样的六六六和滴滴涕超标严重，而固废堆场3个土样的金属汞、砷超标。其中六六六超标最大值高达128倍、滴滴涕超标高达5000多倍、固废堆汞超标高达14倍、砷超标高达1.5倍。这些超标数据表明该化工厂的土壤已被农药和重金属严重污染，需要进行土壤修复后方可进行二次开发利用。

3. 化工污染场地修复方案制订

结合相应土地利用类型的要求，综合场地污染物特征、所在区域环境特征、场地特征和修复目标值（DDT、六六六和汞含量均小于0.5mg/kg，砷含量小于30mg/kg）等考虑，需要采用多种修复技术联合使用方案。

第一步采用了"开挖清理＋异地处理处置方式"。针对污染严重的4个区域（其中一个重污染区污水处理站暂时用于废水处理）的土壤挖掘至1米深度，对于挖掘出的这些污染土壤本项目考虑安全填埋或者通过焚烧炉焚烧两个方案进行处理，采用安全填埋费用低，但对场地要求严格且所需面积较大；而焚烧炉焚烧方案通过采用天然气为燃烧材料，占地面积小，但同时焚烧炉需要配有防止二氧化硫污染，二噁英和烟尘等逸散的设备，且要求专业熟练技术人员进行焚烧操作，费用相对安全填埋高，经过综合衡量，本项目在重污染土壤修复中最终选择水泥窑焚烧处置。对于1m以下区域的土壤，需要进行取样监测分析后，结合监测结果进行修复方案调整。

第二步针对3个轻污染区域，在进行现场调查和大量资料的收集基础上，确定淋洗法的可行性，同时选择合适的淋洗剂进行清洗，过程严格控制防止污染物向未污染区域扩散。处理后淋洗废液和废水选择物化加生化的工艺进行治理，确保达标后方可排入市政管网。

第三步进行生物修复，首先选择20m×20m的轻污染区进行试验，通过选择黑麦草等植物对污染场地进行稳定性修复，修复后对土壤进行监测分析，分析数据显示镉为0.07~0.10mg/kg、汞为0.13~0.4mg/kg、铅为19.6~106mg/kg、镍为12.2~13.1mg/kg、砷为3.3~4.3mg/kg、铬为9.18~16.1mg/kg、六六六为0.15~0.26mg/kg、滴滴涕为0.18~0.25mg/kg，满足修复目标值。目前该项目在轻度污染区土壤修复治理中进展较为顺利，5个重污染区由于焚烧固废的水泥窑合作工作还需要进一步沟通落实，重污染区域的修复进展还需要继续推进和不断调整。

目前在我国城居环境的改善过程，城市布局的优化和产业结构的升级推动产业转移步伐的加快，一些工业污染企业需要搬离城镇中心，遗留在城镇区域的工业污染场地，严重威胁周边居民的健康安全，对人体和周边环境产生风险，也成为土地资源安全再利用的限制因素，需要进行土壤修复才能满足二次开发利用的要求。以上工程实例采取多种修复技术联合使用的修复方案是可行的，但后续还是需要结合阶段性修复结果进行修复方案的优化调整，最终实现可持续绿色修复。

二、农业土壤污染防治

我国社会经济发展迅速，人们对土壤的使用需求和开发力度逐渐增加，同时对土壤的污染程度正在增多，对农作物的生长产生严重的损害，不但会降低粮食产量和质量，还会降低经济效益。

（一）农业土壤污染现状

我国地域辽阔，不同地区的农业土壤污染问题存在巨大的差异性。本节主要对山西省平陆县的农业土壤污染问题进行详细的分析和总结。农业土壤污染主要在于农民在种植农作物的过程中缺乏专业知识和技术，大多凭借自己的经验种植，为了实现农作物高生产率，节约种植成本，使用大量的化肥，同时对农作物病虫害的防治使用大量的农药，对于具体的施肥和喷洒农药时间、种类和数量等缺乏科学方法，造成农业土壤受到一定的污染。

（二）农业土壤污染原因分析

农业种植的过程中，通常使用大量化肥，来提高农作物的产量和质量，从而获取更多的经济效益。首先在农作物种植中长期使用大量化肥，不仅对土壤的内部结构产生损坏，而且逐渐降低了土壤自身的清洁能力。其次，使用大量化肥还增加了土壤中的重金属和其他有毒元素的数量，造成其内部逐渐堆积了大量的硝酸盐，损害土壤结构，并对土壤产生相应的污染。另外，农业种植中经常出现病虫害对农作物的健康生长产生严重影响。种植人员通常施用农药进行快速的病虫害防治。但是，农药喷洒的过程中，大部分的农药残留在土壤中，对周边自然环境产生污染，破坏自然生态环境的平衡，同时对人们的身体健康产生不利影响。

（三）土壤污染的主要情况分析

土壤是农业生产的基本物质条件，土壤环境质量直接关系到老百姓的菜篮子、米袋子安全，关系到广大人民群众的身体健康。耕地污染是对我国农业发展和农产品质量安全的重大挑战。按照原环保部的调查结果，我国耕地污染超标面积高达约2300万公顷，占我国总耕地面积的19.4%，且主要分布在农业主产区。耕地是农业生产的物质基础。

我国农业耕地资源紧缺，肩负着庞大人口对食物需求的重担，该数据对提高农产品质量安全、增加农产品供给及解决我国"三农"问题提出了新的严峻挑战。探索我国环境污染的综合防治措施，进一步明确和分头落实部门责任，坚决遏制土壤污染，采取切实措施实现用地与养地紧密结合，狠抓执行力迫在眉睫。

土壤污染的危害主要有以下几个方面：

一是对人体健康的直接危害。此类危害主要通过人体接触与吸入造成的。因此，目前国内外在制定土壤安全标准的过程中，都会考虑土地的不同利用类型，对人体接触与吸入污染物限量加以评估。

二是对农产品的危害。污染物通过土壤进入生长其上的农作物，从而通过一系列途径进入食物链，污染物对农、畜产品产生危害，最终危害人体健康。

三是生态功能的破坏。土壤中污染物会引起土壤结构变化，引起土壤生物种群发生变化，打破土壤的生态平衡，严重影响到土壤生态系统的生物多样性，同时对地下水产生严重危害。

四是产生经济损失。土壤污染物超标会引起作物的生长发育障碍，引起减产、不产，严重影响农业经济发展，从而产生巨大的经济损失。重金属污染是农业土壤污染的主要问题，并且也是严重影响到土壤健康的问题，不利于对土壤的管控。土壤重金属污染正进入一个"集中多发期"。土壤重金属污染具有隐蔽性、不可降解性、长期累积性和治理困难等的特点。尽管目前对我国耕地重金属污染面积的判断尚不明确，但在工矿企业周边农区、污水灌溉区以及大中城市郊区等三类重金属污染高风险区域，受污染农田的面积呈现逐年递增的趋势。耕地重金属污染直接结果是导致粮食减产或绝产，有的地区因土地污染使粮食等作物体内重金属含量严重超标，甚至部分农田因过度污染已经丧失了生产力，成为"毒土"。耕地重金属污染进一步加剧了我国人多耕地少、粮食产量不足的矛盾。

因此，亟待开展重金属污染土壤的修复治理，探索重金属污染农田的分类管理及安全利用技术研究，实施以农艺调控措施为主的安全利用与治理修复技术，实现重金属污染农田"边修复边生产"，以保障耕地资源可持续利用和农产品质量安全。土壤重金属污染对植物的影响大多表现为抑制和毒害作用。影响植物种子的萌发和正常的生长，引起农作物减产；同时，重金属元素容易在农作物中累积，导致农产品中重金属含量超标，降低农产品质量，出现农产品质量安全问题。土壤中污染物在植（作）物体中积累，造成通过食物链富集到人体和动物体中，危害人畜健康。

（四）农用地土壤污染治理与修复技术

1. 重金属污染治理与修复技术

目前，针对农用地土壤污染问题，所表现出的类型以重金属污染相对较多，所以，重金属污染治理修复技术也受到充分关注，并得以重点应用。针对该技术，具体涉及生物、化学与物理修复等。在污染面积不大，而污染程度增高的情况下，可利用工程措施为主，以此完成土壤修复。若存在大量易挥发重金属，可利用热脱附技术完成有效修复。

除此之外，针对该技术，通过腐殖酸钠的合理使用，可对 Cd 吸收、积累形成有效抑制，促使土壤环境明显改善。有关水稻种植农用地，对腐殖酸钠的合理选用和有效喷洒，可促使水稻中重金属含量显著降低，在充分保证产量的同时，对农业经济发展也具有重要推动作用。而针对生物修复技术，同物理、化学修复技术做出对比，也属于治理与修复技术的重要发展趋势，发展前景相对广阔。

2. 有机物污染治理与修复技术

针对有机物污染情况，国内外所运用的修复技术同样也以生物、物理与化学修复技术为主，有关生物修复技术，则涉及微生物修复与植物修复和动物修复等。有关物理修复技术，具体涵盖换土与通风去污等，对环境可能产生一定的干扰，修复效果无法获得充分保证，使用并不频繁。有关化学修复技术，涉及超级氧化法与光催化氧化法等，可对有机污染物完成有效降解，不过，造价成本明显过高，可能引起二次污染。同物理、化学修复技术进行对比，生物修复技术能够借助微生物、植物和动物，通过协调配合，使有机污染物降解效率获得充分保证，操作简单方便，不会对环境造成严重干扰影响，成本投入同样不高。不过，针对动物修复技术，可能涉及食物链传播问题，治理修复周期相对较长，效果并不显著。

3. 放射性污染治理与修复技术

工业行业蓬勃发展的同时也会消耗大量能源资源，能源存在不合理使用情况普遍存在，以至于放射性污染也变得更加严重，核电站运行期间，形成的放射性废料，也会对附近区域农用地土壤产生一定的污染破坏影响，污染时间上则存在周期长的特点。面对放射性污染情况，开展治理修复期间，所运用的技术具体涵盖表土覆盖技术、生物修复技术与土壤搅拌淋洗技术等。有关表层土切削去污修复技术，可对核元素做出有效去除，土壤经过修复处理，表现出良好的稳定性，不过，成本投入相对过高，对土壤肥力也会产生一定的影响。有关土壤搅拌淋洗技术，面对含水量过高的情况，表现出良好的应用效果，不过，成本投入以及时间方面，也存在明显过高的问题。有关生物修复技术，操作简单且成本不高，修复效果良好，在放射性污染治理修复中有着重点应用。

4. 复合污染治理与修复技术

针对农用地土壤，有关复合污染，对此采取治理与修复，所涉及的技术具体涵盖物理、化学与生物、联合修复等。有关物理修复技术，如物理分离、热解吸与热处理等。而针对热处理技术，对存在易挥发重金属复合污染的情况，治理修复效果显著。针对热解吸修复技术，利用加热处理的方式，可使土壤所含有机物加快挥发，以气体形式完成有效分离处理，能够使有机污染物含量获得显著降低。针对换土、客土的修复技术，即对污染土壤做出有效更换处理，对污染范围做出有效控制。有关化学修复技术，以石灰为原材料，成本投入较少且操作简单，复合污染治理与修复上有着重点应用。对化学修复技术的合理运用，可使土壤理化性质和微生物群落发生明显改变，促使重金属含量能够得到显著降低。不过，长期且频繁地以这种方式为主，则会出现土壤板结等问题。所以，通过纳米技术的结合运用，对该技术做出科学改良，能够使土壤修复效果获得显著提升。有关生物修复技术，则涉及微生物修复与植物修复和动物修复等，近些年，动物修复也获得良好发展，尤其是使用蚯蚓治理和修复土壤。而针对植物修复技术，因成本投入减少，可有效防止二次污染，不会对土壤产生感染影响，在治理修复中获得重点应用。针对农用地土壤，类型存在明显的复杂性，联合修复技术的合理运用，可充分满足治理修复的发展需要，以此为农用地土壤污染治理提供关键技术保障。

三、生活污水土壤污染处理技术

生活污水就地土壤渗滤处理系统由化粪池和土壤渗滤系统耦合而成，其设备简单、投资少、操作管理方便、能耗低、净化效果好，特别适用于污水管网不完备的区域，处理分散排放的生活污水。

（一）工艺原理与污染物的去除机制

1.基本原理

污水土壤渗滤就地处理系统是基于生态原理，综合现代的厌氧、好氧的污水处理技术，而形成的一种生态工程水处理技术。其基本原理是生活污水在化粪池中经过沉淀、厌氧、处理后，流入各土壤渗滤管中，管中流出的污水均匀地向好氧滤层渗滤，再通过表面张力作用上升，越过好氧滤层出口堰之后，通过虹吸现象连续地向上层好氧滤层渗透。在土壤—微生物—植物系统的综合净化功能作用下，使水与污染物分离，水被渗滤并通过集水管道收集，污染物通过物化吸附被截留在土壤中，碳和氮由于厌氧及好氧过程，一部分被分解成为无机碳、氮留在土壤中，一部分变成氮气和二氧化碳逸散在空气中，磷则被土壤物理化学吸附，截留在土壤中，为草坪或者其他植物所利用。

2.污染物去除机制

日常生活污水包括两部分：一部分是洗涤水和洗澡水，亦称"灰水"，其排量占污水的75%~80%；另外一部分为粪便水，亦称"黑水"，属于重污染水，在住宅用水中占20%~25%。此外，还有一部分空调排污水，此部分属优质杂排水。因此生活污水是一些无毒有机物，如糖类、淀粉、纤维素、油脂、蛋白质、尿素等组成；其中含氮、磷、硫较高。另外还伴有各种洗涤剂，这一类污染源，对人体有一定危害。而且在生活污水中，还含有相当数量的微生物，其中有一些病原体，如病菌、病毒、寄生虫等，都对人的健康有较大危害。由于生活污水主要由有机物、氮、磷等组成，所以有机物、氮、磷的去除也就成了人们研究的重点。

土壤对污水的净化作用是一个十分复杂的综合过程，土壤的净化过程既包括物理、化学和生物的作用；又包括物理化学和生物化学的作用，即有土壤的过滤、截留、渗透、物理吸附、化学吸附、化学分解、中和、挥发、生物氧化以及微生物及植物的摄取等过程。

（1）生化作用

土壤微生物的生物降解、转化及固定作用。

土壤为细菌、放线菌、真菌、藻类及原生动物等提供了适宜的生活环境，它们不断地进行各种代谢活动，维持土壤环境内以及土壤与其他环境介质之间的物质循环。土壤中的有机质及土壤水可以作为微生物所需的碳源和水分来源。而在一定水力负荷率条件下，土壤可以保持好氧环境，为好氧微生物生存提供了氧气来源。在土地处理系统中，废水中的有机污染物进入环境后，无疑可增大土壤的有机碳来源，导致土壤微生物加速繁殖，使有机质降解同化作用大大加快，废水中的大部分有机污染物在几天之内可被去除。在土壤环境中，微生物不仅通过其异氧化过程降解污染物，还可分泌胞外酶等进入周边环境，这些胞外酶可以作为催化剂诱导生化反应的发生。

当然，废水中的有毒有害物质超过一定浓度时会对土壤微生物产生不良的毒理反应，导致微生物死亡。因此，在土地处理系统设计过程中必须控制污染物负荷率，保证任何一种单一污染物浓度不超过对微生物引起毒害作用的阈值。在某些情况下，污染物会引起土壤微生物种类和数量的下降，一些对污染物毒性敏感的种类将会被淘汰。但那些适合这些污染物的种类将加速生长和繁殖，形成系统中的优势种类。其他一些种类则可经一个时期的适应过程或通过污染物诱导基因组成的变化适应新的环境。这是一个微生物生态系统在人为胁迫作用下的"自然选择"过程。经过这个适应过程后微生物降解将达到很高的速率，并对突然的大量污染物质负荷的冲击具有较强的缓冲能力。

植物的吸收、转化、降解与合成。

在植物生长季节，土壤中植物根系活动非常活跃。一方面，植物通过根系吸收土壤及废水中的水分和N、P等营养元素，作为构造植物体所需物质，一些非植物生长必需物质（如金属离子和部分有机物）也可以随植物体蒸腾拉力被植物吸收并积累。通过这一过程可以去除废水中大量的营养性污染物和部分有机物。另一方面，根际土壤由于土质疏松及植物根系的传导作用，具有充分的氧气，同时根系所分泌的酶、氨基酸等为微生物的生存提供了必要的养分，因此为污染物的降解提供了有利条件。根系分泌物中的酶还可以为废水中污染物的转化与固定提供催化机制，加速其降解及固定速率。

（2）物理化学作用

土壤的离子交换作用。

土壤胶体与腐殖质表面具有负电性吸附位点，可以以不同能级水平的吸引力吸附不同价态的阳离子。这种吸附是一个动态的可逆过程，根据周边环境中离子浓度的变化可以不断进行离子交换。在正常中性土壤中，主要吸附离子为 Ca^{2+}、Mg^{2+}、K^+ 和 Na^+；在酸性土壤中，H^+ 和 Al^{3+} 占据大量吸附位点，而在碱性土壤中，Na^+ 为主要吸附离子。通常状况下，吸附离子与游离态离子数量保持动态平衡。但废水中离子进入土壤后，这种动态平衡将被破坏，一些吸附能力较弱的离子将被取代，产生离子的净转移。

土壤的机械阻留及物化阻留作用。

土壤颗粒间的孔隙具有截留、滤除水中悬浮颗粒的性能。污水流经土壤，悬浮物被截留，污水得到净化。影响土壤物理过滤净化效果的因素有土壤颗粒的大小、颗粒间孔隙的形状和大小、孔隙的分布及污水中悬浮颗粒的性质、多少、大小等。在非极性分子之间的范德华力的作用下，土壤中黏土矿物颗粒能够吸附土壤中的中性分子。污水中的部分重金属离子在土壤胶体表面，因阳离子交换作用而被置换吸附并生成难溶性的物质被固定在矿物的晶体中。金属离子与土壤中的无机胶体和有机胶体颗粒，由于螯合作用而形成螯合化合物；有机物与无机物的复合化合而生成复合物；重金属离子与土壤颗粒之间进行阳离子交换而被置换吸附；某些有机物与土壤中重金属生成可吸性螯合物而固定在土壤矿物的晶体中。

3. 污染物的去除途径

（1）BOD 的去除

BOD 的去除机理包括土壤吸附和生物氧化作用。在慢速、快速和漫流系统中，BOD 的去除基本上都是在土壤表层进行的，微生物的生长和表层中形成的生物膜对污水中有机物的去除起主要作用，其主要反应为氧化反应。Amy 认为，在土壤渗滤过程中，有机物在渗流区内的去除机理主要是生物降解，吸附只是小部分。同时室内土壤渗滤模拟试验结果也表明，以参数 DOC 表明的有机物通过降解作用可以减少 50%~60%；Quanrud 的研究还表明对二级和三级进水（美国标准，相当于我国二、三级出水标准）而言，经过土壤渗滤处理系统的有机物出水浓度基本上是一致的，说明稳定的出水浓度并不依靠进水的浓度，土壤渗滤系统有很大的缓冲能力。GaryAmy 和 Wilson 等研究了在美国野外实验条件下，运用土壤渗滤系统去除二级和三级污水的可能性。结果表明，DOC 和 TOX（总有机卤化物）的平均去除率分别为 90% 和 80%。

（2）N 的去除

生活污水中的氮以多种形式存在，主要由有机氮、铵态氮、硝酸态和亚硝酸态氮等。对一般生活污水而言，通过土地处理和植物吸收，污水中硝态氮几乎可被全部去除。硝态氮在随渗水向下迁移时，可通过反硝化作用最终而变为氮气。反硝化作用、挥发和植物吸收是土地处理去除氮的主要途径。土壤渗滤对有机物和氨氮的去除可以不断地进行下去，土壤含水层相当于一个由好氧、缺氧、厌氧组合的生物反应器。Kopchynski 认为氮在各种情况下都能够被有效地消化，但是即使为土壤渗滤系统提供反硝化后的进水，反硝化也不能自动进行，因此土壤渗滤适合处理反硝化出水，这样其出水总氮低于 8mg/L，有机碳浓度低于 6mg/L。虽然植物生长也需要一定的氮，但是由于植物吸收形成的总氮去除率一般不会超过 20%。靠提高植物吸收的氮总量以提高系统的除氮能力其上升空间不大，为系统提供良好的硝化、反硝化条件才是提高地下渗滤系统除氮能力的根本出路。

（3）P 的去除

土地处理系统中磷的去除主要通过土壤吸附固定与植物吸收实现，在土地处理系统中，土壤作为一个磷的储存库，对磷具有极大的吸附固定能力，污水中 99% 的磷可吸附而储存于土壤中。土壤对磷的吸附容量和土壤所含的黏土成分与铝、铁、钙等金属离子数量以及土壤 pH 值有关。一般说来，含有矿物质多并具有团粒结构的土壤对磷具有更大的吸附固定能力。

地沟式污水土地处理系统除磷过程中 BOD5/TP 和 COD/TP 值都是有一定范围的，其中最佳范围分别为 15~30 和 20~40。地沟式土地处理系统除磷工艺主要是在缺氧及厌氧过程条件下进行的，因此缺氧及厌氧过程中土壤微生物对基质的利用率是该工艺在低碳源情况下正常运行的主要因素，控制进水的 BOD5/TP 和 COD/TP 以及污水在土壤中的停留时间，是提高除磷效果的关键。

（4）痕量有机物的去除

近年来，人们对痕量有机物在环境中的生态行为、归宿以及对人体健康的短期、长期影响尤为关注。美国 EPA 所列的优先污染物有 88% 是痕量有机物，我国也很重视该类物质的研究与监测工作。痕量有机物在土地处理系统中的去除主要是由于挥发、光解和生物降解。一般说来，各种类似的土地处理系统对痕量有机物均有很高而且稳定的净化效果。但此类物质在土壤植物系统中的累积和长期生态效应一直是人们所关注的焦点问题之一。通过点源控制和预处理措施，尽量避免此类物质进入土地处理系统，仍然是土地处理系统长期安全运行的保证条件。

（5）土地处理系统对病原体的去除

土壤渗滤就地处理系统作为一种生态处理系统，除了对以上污染物的去除外，对某些微量元素和病原微生物也有一定的去除效果，病原体的去除通过土壤 – 植物系统的吸附、干燥、辐射、过滤、生物性吞噬等作用实现，其中慢速渗滤和地下渗滤对病原体的去除最为有效。19 世纪中期，科学家和医生们就发现，采用河水作饮用水源的城市比用地下水作水源的城市霍乱等传染病的发病率高很多。

（二）污水就地土壤渗滤处理系统的工艺参数

1. 化粪池设计

在化粪池的设计中，其尺寸的设计是一个重要的问题。化粪池的尺寸大小取决于房屋内卧室的大小、人口的数量、房屋的面积和是否使用了节约用水设备。例如，一个有三间卧室的房子，假设有四个人住，无节约用水设备，将需要一个 3.8m³ 的化粪池。张弛等研究的无动力化粪池中化粪池的设计参数标准如下：

用水量标准：200~250L/ 人·d，取 200L/ 人·d。

污泥使用系数：0.7L/ 人·d。

污水量 = 户数 × 每户使用人数 × 用水量标准。

污泥量 = 户数 × 每户使用人数 × 污泥使用系数 ×0.12264。

总容积 = 污水量 + 污泥量。

总有效水深 = 总容积 / 选用池面积。具有合适尺寸的化粪池应该有足够的空间来沉淀聚积至少 3 年的污泥。抽化粪池中污泥的频率取决于以下几个方面：化粪池的容量；流入池中的污水量；污水中的总固体量。

2. 土壤渗滤系统的设计参数

（1）土壤因素

土壤类型是影响污染物迁移的主要原因之一，土壤质地通过影响土壤水分运动状况而影响污染物在土壤中的迁移速率，通过影响土壤氧化还原状况和热量状况而影响污染物在土壤中的降解速率。土壤胶体微粒作为分散相分散于微粒间的土壤胶体溶液中，成为土壤胶体系统。土壤胶体具有多种特性，对整个土壤的性质影响极大。由于土壤胶体的粒径非常细小，具有很大的表面能并带有电荷，因此能够对污水中的离子产生吸收、螯合和沉淀作用。其净化能力与土壤胶体的种类、数量和性质有关。

土壤中所含胶体物质越多，其净化能力越强；含有机胶体越多，其净化能力越强。因此，正确的土壤选配措施是土壤渗滤系统成功的前提。土壤的质地不同其水力传导性能也不同，一般都在当地土壤适宜的情况下加入一些有机质对土壤的结构进行改造。例如在土壤中加入鸡粪、草木灰、沙或在土壤中掺和一定比例的泥炭和炉渣，都可以为微生物提供良好的生存环境，提高土壤的渗滤效果。

（2）水力负荷

水力负荷，即每平方米沟渠表面污水的流量，是污水土地处理工艺中重要的设计参数之一。污水土地处理虽然具有许多优点，但其本身也存在不少问题，其中水力负荷低是最为突出的一个问题，它直接导致了系统处理能力的偏小。土壤的净化能力受污染负荷的制约，水力负荷太小，土壤渗滤系统的利用率低，而太大又会导致污水在土壤中停留时间过短而达不到处理效果。要控制土地污水处理系统的净化效果，需要调节其进水量。所以合适的水力负荷能维持土壤中污染物的投配和降解之间良好的平衡，保证系统长周期稳定运行效果。

（3）渗滤沟的布置

渗滤沟的合理布置关系到污水的处理效果，它的布置有多种方式，有以污染物去除能力为限制的污染物负荷设计方法；有以系统透过水量为限制的水力负荷设计方法；还有以绿地利用中植物需水量为主的设计方法。可以在实际设计时相互校核。一般认为毛细管渗滤水力负荷为 0.03~00.4m³/m·d。

3. 系统性能强化措施

（1）间歇渗滤、干湿交替运行

采用这种方式，可以恢复土壤的天然净化能力。同时土壤渗滤系统不同于传统的污水灌溉，它有严格的水质筛选和高效的预处理系统，达不到标准的污水是不能进入土壤渗滤系统的。

（2）曝气充氧

由于厌氧状态是导致土壤中胞外聚合物积累的重要原因，因此对污水进行曝气充氧可以起到一定的预防土壤堵塞作用。一般情况下，在土壤中渗透扩散的污水的 DO 值为 0~1.0mg/L，这明显偏低，而低 DO 值污水的长时间渗透会使好氧微生物的分解活性受到影响。污水中的溶解氧浓度和土壤整体 E（h 土壤氧化还原电位）值呈正相关关系，即污水中溶解氧的浓度高时局部土壤的 Eh 值也会高，土壤微生物新陈代谢活性就高，由此有机质中间代谢产物产生的量就低，土壤的堵塞情况可以得到一定程度的缓解。对污水进行曝气可以提高 DO 值，但是在渗透过程中其 DO 值会迅速降低。而在散水管周围供给空气则可以有效提高污水中的 DO 值，维持土壤中的好氧状态，使微生物的分解作用得以维持，同样可以防止土壤中胞外聚合物的蓄积，日本已有这方面的研究和应用。

（3）使用微生物抑制剂或溶菌剂

使用微生物抑制剂或溶菌剂可以抑制微生物的生长活动、将微生物杀死，进而防止土壤堵塞。如 Magesan 采用快速渗滤系统处理具有高碳氮比（C/N 值为 66）的废水时，土壤过水能力会迅速降低 80%，而在进水中添加硝化抑制剂和多糖降解酶则可以将土壤的渗透系数提高到堵塞时的 2.8 倍。Shaw 等也发现，在进水中添加 5% 的次氯酸钠杀死细菌并溶解胞外多糖，可以完全恢复土壤的水力传导能力。土地处理工艺主要依靠微生物的新陈代谢活动去除污染物质，宜采用不损害土壤微生物生存环境的措施来恢复土壤的水力传导能力，因此，这种抑制微生物或杀死微生物的土壤堵塞防治措施的实际应用价值不大。

第七章　地下水污染修复

第一节　地下水污染修复概述及发展趋势

一、地下水资源现状及污染状况

（一）地下水资源现状

地下水约占地球上整个淡水资源的 30%。在水资源日益紧张的今天，地下水的重要性日益突显。据统计，全球 15~20 亿人靠饮用地下水生存。从用水量上看，地下水占各地区用量的比例分别为：美国 15%、拉丁美洲 29%、欧洲 75%、亚太地区 32%、大洋洲 15%。

地下水是我国水资源的重要组成部分，全国地下淡水的天然补给资源约为每年 8840 亿 m³，占水资源总量的 1/3；地下淡水可开采资源为每年 3530 亿 m³。按赋存介质划分，地下水主要有孔隙水、岩溶水和裂隙水三种类型：孔隙水天然淡水资源量每年 2500 亿 m³，可开采资源量每年 1686 亿 m³；岩溶水天然淡水资源量每年 2080 亿 m³，可开采资源量每年 870 亿 m³；裂隙水天然淡水资源量每年 4260 亿 m³，可开采资源量每年 971 亿 m³。总体上，我国地下水资源地域分布差异明显，南方地下水资源丰富，北方相对缺乏，南、北方地下淡水天然资源分别约占全国地下淡水总量的 70% 和 30%。北方地区 70% 生活用水、60% 工业用水和 45% 农业灌溉用水来自地下水。据统计，全国 181 个大中城市，有 61 个城市主要以地下水作为供水水源，40 个城市以地表水、地下水共同作为供水水源，全国城市总供水量中，地下水的供水量占 30%。因此，地下水对我国的经济生活与社会发展有着重要的作用。

（二）地下水污染状况

在人类活动的影响下，地下水水质变化朝着水质恶化方向发展的现象称为地下水污染。从概念我们也可以得出，产生地下水污染的原因是人类活动，尽管天然地质过程也可导致地下水水质恶化，但它是人类所不可防治的、必然的，我们称其为"地质成因"。异常工地地下水污染的结果或标志是向水质不断恶化方向发展，不是只有超过水质标准才算污染，有达到或超过水质标准趋势的情况也算污染。另外，如此定义是为了强调水质恶化过程，强调防治。地下水污染具有隐蔽性和难以逆转性的特点。即使地下水已受某些组分严重污染，它往往还是无色、无味的，不易从颜色、气味、鱼类死亡等方面鉴别出来。即使人类饮用了受有毒或有害组分污染的地下水，对人体的影响也是慢性的长期效应，不易觉察。并且地下水一旦受到污染，就很难治理和恢复。主要是因为其流速极其缓慢，切断污染源后仅靠含水层本身的自然净化，所需时间长达数十年，甚至上百年。另一个原因是某些污染物被介质和有机质吸附之后，会发生解吸—再吸附的反复交替。因此，地下水污染防治是环境污染防治中的重点也是难点。

随着人类工业化的进展，地下水的污染状况日益严重。例如，美国地下污染调查中44%的水样含挥发性有机物，38%含有杀虫剂，28%含有硝酸盐。可见地下水中的有机污染物已经相当严重。美国在20世纪90年代共有10万个地下储油罐已确认存在不同程度的泄漏，宾夕法尼亚地下储油罐使用10年以上的渗漏率达到46%，使用15年以上的渗漏率则高达71%；法国南特市使用10年以上的储油罐渗漏率在20%以上。据俄罗斯环境部门统计，全球每年开采30亿吨石油，其中有7%通过各种途径重新进入地下环境。这些油料不仅对土壤造成污染，同时也造成地下水的严重污染。

而在我国，90%城市地下水不同程度遭受有机和无机有毒有害污染物的污染，已呈现由点向面、由浅到深、由城市到农村不断扩展和污染程度日益严重的趋势。由我国118个大中城市近年来的地下水监测结果得出，较重污染的城市占64%，较轻污染的城市占33%。在区域上，我国地下水"三氮"污染突出，主要分布在华北、东北、西北和西南地区，淮河以北10多个省份约有3000万人饮用高硝酸盐水，淮河流域受污染的地下水资源量占地下水总资源量的62%，农村约有3.6亿人喝不上符合标准的饮用水。据有关部门对118个城市2~7年的连续监测统计，约有64%和33%的城市地下水遭受了重度和轻度的污染，基本清洁的城市地下水只有3%。除了地表污水下渗外，许多矿山、农场、油田、化工厂、垃圾填埋场等形成了地下水的污染源，威胁着地下水的安全。

我国存在大量的地下水污染场地，这些场地给地下水资源带来了严重的威胁，急需开展场地污染治理研究。我国地下水污染的场地数量巨大，仅就城市生活垃圾填埋场渗滤液泄漏导致的地下水污染问题就十分严重，几乎所有的城市都被垃圾填埋场"包围"，而以前建设的垃圾填埋场大多没有有效的卫生防护措施，造成了浅层地下水污染的普遍问题。又如城市众多的加油站地下储油罐泄漏，以及污染水排放管线的泄漏等问题也比较普遍，造成了地下水的污染，形成了众多的污染场地。

地下水的污染场地类型包括人类经济活动的方方面面，如工业活动、农业活动、市政建设等。引起地下水污染的物质称为地下水污染物。其污染场地类型复杂，污染物质也是种类繁多。主要包括有机化合物、重金属、无机阴阳离子、病原体、热量以及放射性物质等。其中有机污染物的污染被认为是对人类健康的主要威胁。这类污染物主要包括饱和烃类、酚类、芳烃类、卤代烃类等。地下水中常见的有机污染物有苯、甲苯、乙苯、二甲苯等芳香族化合物,四氯乙烯、三氯乙烯、二氯乙烯等含氯碳氢化合物及多氯联苯等。这些物质中,大部分可溶于水,但有些有机化合物溶解度低,几乎不溶于水,被称为非水相。根据其密度是否大于水的密度,非水相又分为重的非水相和轻的非水相。随着现代农业的发展,水相与非水相物质的污染越来越严重,均成为地下水修复的重点对象。

二、地下水污染修复技术概述

(一)地下水污染修复国内外政策发展

地下水污染修复是指人类在生产、生活中产生的污染释放到环境中,通过各种技术方法对地下水实施净化,对污染物进行处理。地下水修复技术是近年来环境工程和水文地质学科发展最为迅猛的领域之一。1980年,美国国会首次把地下水净化列为国家最优先问题之一,通过综合环境响应,赔偿和责任法案,即一般超级基金法案,用于支付净化废弃的有害废物场地。1984年,美国国会通过了修订资源保护与恢复法案,拓展了地下水净化计划。ERCLA和RCRA通过后,美国各州都相继制定了要求净化污染场地的法规,有些州的法规甚至比联邦法律还要严格。

我国于1981—1984年完成了全国第一轮地下水资源评价工作,随后开展了"全国地下水功能区域规划"以及"全国地方病高发区地下水勘察与供水安全示范工程"工作。有关地下水保护工作方面,2005年国家环境保护总局组织完成了56个环保重点城市、206个重点水源地有机污染物的监测调查工作,建立了113个环保重点城市饮用水水源地水质月报制度。2011年8月24日国务院常务会议讨论通过了《全国地下水污染防治规划(2011—2020年)》,该规划针对我国地下水环境质量状况的现状,对未来10年我国在地下水环境保护与污染防治、地下水监测体系、地下水预警应急体系、地下水污染防治技术体系及污染防治监管能力的建设进行了详细规划,对保障地下水水质安全,全面提高地下水质量等提出了更高的要求,亟须重点研究的问题主要有:健全和完善地下水污染防治的法律法规;尽快开展全国地下水污染调查工作;完善地下水污染监测体系;加强地下水污染风险评估与控制技术体系建设;加强地下水污染应急系统建设等。

(二)地下水污染修复技术

地下水污染修复技术的研究已引起国内外学者的广泛关注。地下水污染修复技术主要包括原位修复、异位修复和监测自然衰减技术。

异位修复是将受污染的地下水抽出至地表再用化学物理方法、生物反应器等多种方法治理,再对治理后的地下水进行回灌。通常所说的抽出处理技术就是典型的异位修复法,它能去除有机污染物中的轻非水相液体,但对重非水相液体的治理效果甚微,此外,地下水系统的复杂性和污染物在地下的复杂行为常干扰此方法的有效性。这类技术在短时间内处理量大，处理效率高，能够彻底清除地下水中的污染，其缺点是长期应用普遍存在严重的拖尾、反弹等现象，降低处理效率，严重影响地下水所处的生态环境，而且成本很高。例如，1994年美国对77处抽出处理系统运行情况的调查结果表明，只有8处是成功的，其余的69处均未达到净化目标。

自然衰减法是充分利用自然自净能力的修复技术，是一种被动的修复方法，它依赖自然过程使污染物在土壤和地下水中降解与扩散。自然衰减过程包括物理、化学和生物转化，如好氧与厌氧生物的降解弥散、挥发、氧化、缩减和吸附。但这种方法需要的时间很长，且对很多有机物来说效果比较低，特别是氯代有机物。

地下水原位修复技术则是在人为干预下省去抽出过程，在原位将受污染地下水修复的技术，其以修复彻底、时间相对较短、处理污染物种类多等优势在地下水修复领域崭露头角，到今天得到了广泛应用。其中包括原位曝气技术（AS）、生物曝气技术（BS）、可渗透性反应墙技术（PRB）等，以能持续原位处理、处理组分多、价格相对便宜的优势，在地下水处理的众多领域得到了快速发展。

此外，根据主要作用原理，地下水修复技术又可以大致分为两大类，即物化法修复技术、生物法修复技术。物化法修复技术包括抽出处理技术、原位曝气、高级氧化技术等；生物法修复技术包括生物曝气、可渗透墙反应隔栅、有机黏土法等。还有一些联合修复技术则兼有以上两种或多种技术属性的污染处理技术。

本章将重点对地下水污染修复技术中的原位曝气、生物修复、可渗透反应隔栅、高级氧化技术、抽出处理技术、监测自然衰减技术等进行详细介绍。

地下水污染的控制与修复是我们面临的新的、极具挑战性的重要课题，需要进行多学科交叉。有两个问题将会影响到修复技术的应用。第一个是需要确定与水和污染物运移相关的场地水文地质条件，并分析人或环境接触这些物质可能面临的风险。例如，需要研究海水与受污染的地下水的分界面，以建立滨海地区的污染物运移模型。由于污染物浓度随时间和空间变化，因此某些人群以及生态系统都可能会接触到这些污染物。这就需要更全面地认识场地特征和相关的水文地质模型。场地的水文地质条件控制着所有修复措施的实施效果。如果这些修复系统能够为参与者和公众接受，就需要首先对系统的预测结果进行很好的统计。第二个问题是污染物成分复杂，通常会发生化学或生物反应，形成多种副产物，这样就需要随时间和空间变化选择不同的修复技术。对于非水相流体（NAPL）场地，这一点尤为重要。例如，氯代烯烃通过微生物或零价铁反应格栅发生还原脱氯，如果脱氯不完全的话，会产生副产物氯乙烯，这种物质的毒性要高于母体。这样就需要采用化学氧化或好氧微生物氧化的方法做进一步处理。需要不断更新场地特征的数据，建立更好的水文地质和动力学模型，以保证污染物在还原带或氧化带停留足够时间，达到处理的目的。

因此，在选择修复技术时，需要考虑污染物的性质、运移及其反应产物。毫无疑问，识别污染物、了解场地特征，以及根据监测和实验建立污染羽模型有助于修复技术的发展和应用。

总之，不同修复技术的应用，实际上是考虑到了污染物和水文地质条件共同作用的复杂性。管理者要与相应的机构进行合作，特别是当遇到混合污染羽或场地之间有明显的水力联系的问题时，必须严格地选择修复技术。另外，地下水修复技术在使用过程中，有一个值得重视的共同点，即必须建立监测系统，以确认修复工程的长效运行。在任何情况下，为保证修复系统达到设计要求，对含水层的性质、地球化学的可逆性、污染物的分布和流量进行详细的评价及监测都是非常重要的。

三、地下水污染修复技术发展趋势

地下水修复是一项十分有意义的污染治理技术，但目前在应用方面还存在大量需要解决的问题。在国内外学者不断深入研究开发下，相关技术都得到了改进。然而，许多技术多数集中在实验室理论与实验基础上，尤其在我国，还缺乏大量的现场示范。有关地下水污染修复技术的发展主要有以下几个方面：

（1）目前，单一的修复技术已经不能达到令人满意的修复效果，往往是多种修复技术结合使用。例如，渗透墙技术中的渗透墙材料可以加入化学药剂等，提高修复效果。

（2）地下水修复机理和污染物迁移机理的复杂性、多样性，给修复模型的准确描述带来很大的困难，应加强对其机理性的研究，建立更加完善的模型，为制订修复计划提供可靠的依据。

（3）地下水环境复杂，与周围土壤环境相接触、与地上环境的交互作用使得地下水修复后容易产生二次污染。因此应综合考虑地下水与周边环境的整体修复，确定技术配制导致的地球化学条件的改变，可能造成的影响和后果。

（4）今后的工作要强调技术的可持续发展。举一个实例，采用零价铁反应格栅处理混合氯代燃污染羽。在技术应用的早期，采取最优化方法控制抽水量，但是其反应能力不可避免地要下降，因而需要使处理能力得到恢复。在这种假定条件下，零价铁成本相对较高，需要寻找代替物，或根据主要污染物的浓度、污染源和污染羽来添加活性炭，以刺激微生物脱氯。可持续能力的讨论应当集中在成本有效性、长期性和替代方案的预期成本上。

（5）需要克服不利环境下技术的应用。修复技术的设计参数如处理能力、抽水率、抽水/注入井的位置和数量以及间隔等。然而，在不利环境下，如基岩裂隙含水层，修复技术的应用则存在许多约束条件，参数的确定存在很多不定因素。专业人员必须继续在处理技术的开发中进行创造性的实践，而且要认识到，所有新的处理技术都要经过反复的实验。

（6）环境修复技术是一项庞大的系统工程，应与其他学科交叉研究，这样能大大促进环境修复技术的发展。

（7）有的专家也提出了研发高效安全且能适用于不同特征污染物的地下水污染原位修复技术体系。但由于地下水系统的复杂性、污染场地条件的差异性等原因，地下水污染修复是一项技术含量高，需因地制宜、综合研发并顺从自然和谐状态的治理技术，很难得到"放之四海而皆准"的理论、技术和方法。"预防"在我国地下水污染治理方面依然是重中之重。

第二节　地下水污染修复技术

一、原位曝气

（一）概述

原位曝气技术是一种有效的去除饱和土壤和地下水中可挥发有机污染物的原位修复技术。AS 是与土壤气相抽提互补的一种技术，将空气注进污染区域以下，是将挥发性有机污染物从饱和土壤和地下水中解吸至空气流并引至地面上处理的原位修复技术。该技术可为饱和区土壤和地下水中的好氧生物提供足够的氧气，促进本土微生物的降解作用。

原位曝气技术是在一定压力条件下，将一定体积的压缩空气注入含水层中，通过吹脱、挥发、溶解、吸附、解吸和生物降解等作用去除饱水带土壤和地下水中可挥发或半挥发性有机物的一种有效的原位修复技术。在相对可渗透的条件下，当饱和带中同时存在挥发性有机污染物和可被好氧生物降解的有机污染物，或存在上述一种污染物时，可以应用原位曝气法对污染水体进行修复治理。轻质石油大多为低链烷烃，挥发性很高，因此该技术可以有效地去除大部分石油污染。而且，该项技术与其他修复技术如抽出处理、水力载获、化学氧化等相比，具有成本低、效率高和原位操作的显著优势。

从结构系统上来说，原位曝气系统包括以下几个部分：曝气井、抽提井、监测井、发动机等。从机理上分析，地下水曝气过程中污染物去除机制包括三个主要方面：对可溶挥发性有机污染物的吹脱；加速存在于地下水位以下和毛细管边缘的残留态与吸附态有机污染物的挥发；氧气的注入使得溶解态和吸附态有机污染物发生好氧生物降解。在石油污染区域进行的原位曝气表明，在系统运行前期（刚开始的几周或几个月里），吹脱和挥发作用去除石油污染的速率和总量远大于生物降解的作用；当原位曝气系统长期运行时（一年或几年后），生物降解的作用才会变得显著，并在后期逐渐占据主导地位。

AS 技术可以修复的污染物范围非常广泛，适用于去除所有挥发性有机物及可以进行好氧生物降解的污染物。AS 系统在实地应用过程中的优势与缺点。

优势：

1. 设备易于安装和使用，操作成本低。

2. 操作对现场产生的破坏较小。

3. 修复效率高，处理时间短，在适宜条件下少于 1~3 年。

4. 对地下水无须进行抽出、储藏和回港处理。

5. 可以提高 SVE 对土壤修复的去除效果。

6. 更适于消除地下水中难移动处理的污染物（如重非水相溶解，DNAPL）。

缺点：

1. 对于非挥发性的污染物不适用。

2. 受地质条件限制，不适合在低渗透率或高黏土含量的地区使用。

3. 若操作条件控制不当，可能引起污染物的迁移。

为保证曝气效率，曝气的场地条件必须保证注入气流与污染物充分接触，因此要求岩层渗透性、均质性较好。

曝气法的修复机理是利用加压空气使得地下水中的污染物蒸发，因此挥发性较大、溶解性较大的污染物修复效果较好。

（二）AS 修复影响因素

在采用 AS 技术修复污染场地之前，首先需要对现场条件及污染状况进行调查。由于 AS 去除污染物的过程是一个多组分多相流的传质过程，因而影响因素很多。研究这些复杂因素的影响对于优化现场的 AS 操作具有重要意义。自 AS 技术应用十多年来，对其影响因素做过一定的研究，但对于现场应用的指导作用仍然不充分，已有的文献报道中，AS 的影响因素主要有下述几方面，下面分别予以介绍。

1. 土壤及地下水的环境因素

土壤及地下水的环境因素主要有土壤的非均匀性和各向异性、土壤粒径及渗透率、地下水的流动等。

（1）土壤的非均匀性和各向异性

天然土壤一般都含有大小不同的颗粒，具有非均匀性，而且在水平和垂直方向都存在不同的粒径分布和渗透性。因此，AS 过程中曝入的空气可能会沿阻力较小的路径通过饱和土壤到达地下水位，造成曝入的空气根本不经过渗透率较低的土壤区域，从而影响污染物的去除。Ji 等在实验中观察到，对于均质土壤，无论何种空气流动方式，其流动区域都是通过曝气点垂直轴对称的。而非均质土壤，空气流动不是轴对称的，而这种非对称性是因土壤中渗透率的细微改变和空气曝入土壤时遇到的毛细阻力所致，表明AS过程对土壤的非均质性是很敏感的。

（2）土壤粒径及渗透性

内部渗透率是衡量土壤传送流体能力的一个标准，它直接影响着空气在地表以下的传质，所以它是决定AS效果的重要土壤特性。

Ji用不同大小的玻璃珠来模拟各种土壤条件下的空气流动方式，研究表明，空气在高渗透率的土壤中是以鼓泡的方式流动的，而在低渗透率的土壤中是以微通道的方式流动的。另外，曝入的空气并不能通过渗透率很低的土壤层，如黏土层。而对于极高渗透率的土壤，如砂砾层，由于其渗透率太高，从而使曝气的影响区太小，因此也不适合用AS技术处理。

Ji等研究还发现，对于宏观异质分层多孔介质，空气的流动受渗透率和异质层的几何结构、大小以及曝气流量大小的影响很大。宏观异质分层土壤中，曝入的空气无法到达直接位于低渗透率层之上的区域。只有当曝气流量足够大时，空气才能穿过低渗透率层。Reddy和Adams也认为在AS过程中，当空气遇到渗透率和孔隙率不相同的两层土壤时，如果两者的渗透率之比大于10，当空气的入口压力不够大时，空气一般不经过渗透率小的土壤。如果两者的渗透率之比小于10，空气从渗透率小的土层进入渗透率较大的土层时，其形成的影响区域变大，但空气的饱和度降低。

另外，渗透率的大小直接影响着氧气在地表以下的传递。好氧碳氢化合物降解菌通过消耗氧气代谢有机物质，生成CO_2和水。为了充分降解石油产品，需要丰富的细菌群，也需要满足代谢过程和细菌量增加的氧气。

Peterson通过二维土柱实验的研究发现，对于平均粒径在1.1~1.3mm的土壤，空气以离散弯曲通道的形式流动，颗粒直径微小的改变不影响空气影响区域的大小。在通过曝气点的垂直截面上，受空气影响的沉积物面积占总沉积物面积的最大百分数为19%。另外，随着时间的增加，影响区的改变很小。对于平均粒径分别为1.84mm、2.61mm、4.38mm的土壤，空气的流动是弥漫性的，在喷射点附近形成了一个对称圆锥，空气影响区的面积明显增加。对于粒径为2.61mm的沉积物，空气影响区面积占总沉积物面积的百分数最大，接近35%，几乎为离散弯曲通道流动形成的2倍。随着时间的改变，影响区面积也发生改变，但因颗粒直径的不同，各自的变化幅度不同。颗粒直径为2.61mm的沉积物变化幅度最大。随着土壤平均粒径的增大，有机物的去除效率也增大，当介质的平均粒径从0.168mm增加到0.305mm时，在168h的AS操作后，苯的去除效率从7.5%增加到16.2%。可见，土壤的粒径分布对AS的去除效果影响也比较大。

（3）地下水的流动

在渗透率较高的土壤中，如粗砂和砂砾，地下水的流速一般较高。如果可溶的有机污染物尤其是溶解度很大的甲基叔丁基醚（MTBE）滞留在这样的土壤中，地下水的流动将使污染物突破原来的污染区，而扩大污染的范围。在 AS 过程中，地下水的流动影响空气的流动，从而影响空气通道的形状和大小。空气和水这两种迁移流体的相互作用可能对 AS 过程产生不利的影响。一方面，流动的空气可能造成污染地下水的迁移，从而使污染区域扩大；另一方面，带有污染物的喷射空气可能与以前未被污染的水接触，扩大了污染范围的空气的流动降低了影响区的水力传导率，减弱了地下水的流动，会降低污染物迁移的梯度。同时，AS 能有效地阻止污染物随地下水的迁移。

2. 曝气操作条件

在影响地下水原位曝气技术的条件中，曝气操作条件对该技术影响较大，需根据地质条件通过现场曝气实验确定。主要的曝气操作条件包括曝气的压力和流量、气体流型及影响半径等。

（1）曝气的压力和流量

空气曝入地下水中需要一定的压力，压力的大小对于 AS 去除污染物的效率有一定程度的影响。一般来说，曝气压力越大，所形成的空气通道就越密，AS 的影响半径越大。AS 所需的最小压力为水的静压力与毛细压力之和。水的静压力是由曝气点之上的地下水高度决定的，而土壤的存在则造成了一定的毛细压力。另外，为了避免在曝气点附近造成不必要的土壤迁移，曝气压力不能超过原位有效压力，包括垂直方向的有效压力和水平方向的有效压力。

曝气流量的影响主要有两个方面。一方面，空气流量的大小将直接影响土壤中水和空气的饱和度，改变气液传质界面的面积，影响气液两相间的传质，从而影响土壤中有机污染的去除。另一方面，空气流量的大小决定了可向土壤提供的氧含量，从而影响有机物的有氧生物降解过程。一般来说，空气流量的增加将有助于增加有机物和氧的扩散梯度，有利于有机物的去除。Ji 等的研究表明，空气流量的增加使空气通道的密度增加，同时，空气的影响半径也有所增加。许多研究者用间歇曝气来代替连续曝气，获得了良好的效果。这是因为间歇操作促进了多孔介质孔内流体的混合以及污染物向空气通道的对流传质。Elder 等的研究发现，在大于 10h/d 的间歇循环条件下，与连续曝气相比，间接曝气后污染物的平均浓度较低，表明污染物的去除率较高。同时还发现，运行时间较长而停止时间较短的间歇曝气对 AS 操作最有效。

（2）气体流型

曝气过程中控制污染物去除的主要机制是污染物的挥发及污染物的有氧生物降解。而这两种作用的大小很大程度上依赖于空气流型。在浮力作用下，注入空气由饱和带向包气带迁移，饱和带中的液相、吸附相污染物通过相间传质转化为气态，并随注入空气迁移至包气带。曝气能提高地下水环境中溶解酶的含量，从而促进污染物的有氧生物降解。空气流型的范围、形成的通道类型，都能极大地影响曝气效率。

在空气注入的最初阶段，曝气点附近的空气区是呈球形增长的，在浮力作用下，空气区向上增长的趋势开始占主导地位。当空气上升到地下水位时，越来越多的气流就会进入渗流区，空气区域内的压力就会降低，这使得曝气区域范围开始缩小。直到空气区域内的压力与外界压力达到动态平衡时，曝气区域范围内才达到稳态。若上升气流在遇到渗透性较低的黏土层时一般在其下方积累，并向水平方向移动。当黏土层下方积累的空气压力大于其毛细压力或气流在水平移动过程中遇到垂直裂缝，气流就可以穿透黏土层继续向包气带扩散。Mckay 和 Acomb 利用中子探测器得到了类似的气流分布形式。

（3）影响半径

影响半径就是从曝气井到影响区域外边缘的径向距离。影响半径是野外实地修复项目的关键设计参数。如果对 RUI 估计过大，就会造成污染修复不充分；如果估计过小，就需要过多的曝气井来覆盖污染区域，从而造成资源浪费。

有关曝气条件对于 AS 的影响，总体来说在相同曝气压力和流量下，曝气深度越大，影响半径越大，影响区内的气流分布越稀疏；相反，曝气深度越小，则曝气影响半径越小，在影响区内气流分布越密，越有利于污染物的去除。研究表明，曝气影响半径可以达到 5m 以上；经过 40 天的连续曝气，在气流分布密度大的区域，石油去除率高达 70%，而在气流分布稀疏的区域，石油去除率只有 40%；曝气影响区地下水的石油平均去除率为 60%；对曝气前后地下水中石油组分进行色质联用分析，表明石油去除效果与石油组分及其性质有关，挥发性高的石油组分容易挥发去除，而挥发性低的石油组分难于挥发去除。

3. 微生物的降解作用

原位曝气技术与地下水生物修复相联合，称为原位生物曝气技术（BS）。其影响因素要考虑微生物的生长环境。AS 过程中空气的曝入增强了微生物的活性，促进了污染物的生物降解。对照 AS 与 BS 的修复效果，结果表明，在初始污染物浓度相同的情况下，微生物数量的增加直接导致了污染物总去除量的增加，降解率和降解量均得到提高。有生物降解条件下 AS 应用中，污染物由水相向空气孔道中气相的挥发是主要的传质机理，但好氧降解微生物的存在，使得通过曝气不能去除的较低浓度的污染物修复得更为彻底。

（三）AS 修复数学模拟研究

1. AS 修复过程物理模型的描述

在土壤和地下水的修复过程中，由地下储油罐的泄漏以及管线渗漏等产生的污染物绝大多数属于可挥发性有机物（VOC）。这些可挥发有机污染物主要是石油烃和有机氯溶剂，它们是现代工业化国家普遍使用的工业原料。由于石油烃和有机氯溶剂都以液态存在，并且难溶于水，被称为非水相液体（NAPL）。

污染物从储罐泄漏后在重力的作用下，在非饱和区将垂直向下迁移。当到达水位附近时，由于 NAPL 密度的差异，密度比水小的 LNAPL（轻非水相液体）会沿毛细区的上边缘横向扩散，在地下水面上形成漂浮的 LNAPL 透镜体；而密度比水大的 DNAPL（重非水相液体）则会穿透含水层，直到遇到不透水层或弱透水层时才开始横向扩展开来。不论是 LNAPL 还是 DNAPL，在其流经的所有区域，都会因吸附、溶解以及毛细截留等作用，使部分污染物残留在多孔介质中。地层中的污染物由于挥发和溶解作用在非饱和区形成一个气态分布区，而在饱和区形成污染物羽状区。

AS 修复由于有机污染物泄漏而引起的地下水污染是一个多组分相流的复杂动力学过程。AS 模型包括以下几个主要过程：对流、分子扩散和机械弥散；相间传质；生物转化。

2.AS 修复过程的数学模拟

在近几年中，AS 已发展成为一项修复地下水有机污染的重要技术。国外研究者对 AS 过程中气体的流动以及污染物的传递过程进行了一些实验室和实地研究，但人们对于 AS 多相流动过程中污染物的传质和实际流体的流动行为认识很少，AS 的理论研究远滞后于实际应用，模型研究仍处于发展的初期。文献报道的第一个 AS 模型出现在 20 世纪 90 年代中期。

AS 模型一般分为两类：集总参数模型和多相流流动模型。集总参数模型经常采用简化模型方程来进行计算，因而在求解方面具有很大的优势。多相流流动模型考虑了空气和水相间毛细压力的影响以及两相间的相互流动阻力，从而模型中能体现污染物在相间的分配和各相内污染物的传递，适用于饱和区中空气流动的严格理论计算，但计算过程复杂。

二、可渗透反应格栅

（一）概述

根据美国国家环境保护局的定义，可渗透反应格栅和可渗透反应墙统称为 PRB 技术，PRB 是一个被动的填充有活性反应介质的原位处理区，当地下水中的污染物组分流经该活性介质时能够被降解或固定，从而达到去除污染物的目的。通常情况下，PRB 置于地下水污染羽状体的下游，一般与地下水流方向垂直。污染地下水在天然水力梯度下进入预先设计好的反应介质，水中溶解的有机物、金属离子、放射性物质及其他污染物质被活性反应介质降解、吸附、沉淀等。PRB 处理区可填充用于降解挥发性有机物的还原剂、固定金属的铬（螯）合剂、微生物生长繁殖的营养物或用以强化处理效果的其他反应介质。

PRB 技术的研究发展，其思想可追溯到美国国家环境保护局 1982 年发行的环境处理手册，但直到 1989 年，经加拿大 Waterloo 大学对该技术进一步开发研究，并在实验基础上建立了完整的 PRB 系统后才引起人们的重视。之后，短短十几年内，该技术就在西方发达国家得到了广泛应用，目前在全世界已有上百个应用实例。国内在此方面的研究才刚刚开始。

与其他原位修复技术相比，PRB 技术的优点在于：就场地修复，工程设施较简单，不需要任何外加动力装置、地面处理设施；能够达到对多数污染物的去除作用，且活性反应介质消耗很慢，可长期有效发挥修复效能；经济成本低，PRB 技术除初期安装和长期监测以便观察修复效果外，几乎不需要任何费用；可以根据含水层的类型、含水层的水力学参数、污染物种类、污染物浓度高低等选择合适的反应装置。其主要缺点在于：设施全部安装在地下，更换修复方案很麻烦；反应材料需定期清理、检查更换；更换过程可能产生二次污染。

PRB 技术的适用范围较广，可用于金属、非金属、卤化挥发性有机物、BTEX、杀虫剂、除草剂以及多环芳烃等多种污染物的治理。

（二）PRB 的安装形式

PRB 的安装形式可分为垂直式和水平式两种。垂直式 PRB 系统是指在被修复地下水走向的下游区域内，垂直于水流方向安装该系统，从而截断污染羽状流。当污染地下水通过该系统时，污染物组分与活性介质发生吸附、沉淀、降解等作用，达到治理污染地下水的目的。

在一些情况下，污染地下水羽位于含水层的上部，如污染源为包气带的轻质非水相液体（LNAPL）或挥发性液体，那么 PRB 系统只需截断羽状体即可。在某些特殊情况下，重质非水相液体（DNAPL）穿过含水层进入黏土层。由于黏土层中含有很多裂隙，使得 DNA-PL 穿过黏土层继续向下迁移，此时若采取垂直式 PRB 系统显然无法截断污染羽状流，治理功能失效。为此可以在羽状流前端的裂隙黏土层中，采用水压致裂法修建一水平式 PRB 系统，就可达到与前者同样的治理效果。

（三）PRB 的结构类型

一般情况下，PRB 分为两种结构类型：连续反应墙式和漏斗 - 导水式。具体采用何种结构修复污染的地下水，取决于施工现场的水文地质条件和污染羽状流的规模。

1. 连续反应墙式

连续反应墙是指在被修复的地下水走向的下游区域，采用挖填技术建造人工沟渠，沟渠内填充可与污染组分发生作用的活性材料。垂直于羽状流迁移途径的连续反应墙将切断整个污染羽状流的宽度和深度。需要指出的是，连续反应墙式 PRB 只适合潜水埋藏浅且污染羽状流规模较小的情况。

2. 漏斗 – 导水式

当污染羽状流很宽或延伸很深时，采用连续反应墙处理则会造成大的资金消耗乃至技术不可行。为此可使用漏斗 – 导水式结构加以解决。由不透水的隔水墙（如封闭的片桩或泥浆格栅）、处理单元（活性材料）和导水门（如砾石）组成。此外，该结构还可以把分布不规则的污染物引入 PRB 系统处理区后，实现浓度均质化的作用。在漏斗 – 导水式 PRB 设计时，应充分考虑污染羽状体的规模、流向，以便确定隔水墙与导水门的倾角，防止污染羽状体从旁边迂回流出。加拿大 Waterloo 大学已于 1992 年在世界许多国家申请了该结构的 PRB 系统专利。

根据要修复地下水的实际情况，漏斗 – 导水式系统可以分为单处理单元系统和多处理单元系统。多处理单元系统又有串联和并联之分。如被修复的污染羽状流很宽时，可采用并联的多处理单元系统；而污染组分复杂多样的情况，则可采用串联的多处理单元系统，针对不同的污染组分，串联系统中每个处理单元可填充不同的活性材料。

上述两种结构只适合于潜水埋藏浅的污染地下水的修复治理，而对于水位较深的情况，则可采用灌注处理带式的 PRB 技术。它是把活性材料通过注入井注入含水层，利用活性材料在含水层中的迁移并包裹在含水层固体颗粒表面形成处理带，从而使污染地下水流过处理带时产生反应，达到净化地下水的目的。

（四）PRB 的修复机理

按照 PRB 修复机理，可分为生物和非生物两种，主要包括吸附、化学沉淀、氧化还原和生物降解等。根据地下水污染组分的不同，选择不同的修复机理并使用装填不同活性材料的 PRB 技术。

1. 吸附反应 PRB

格栅内填充介质为吸附剂，主要包括活性炭颗粒、草木灰、沸石、膨胀土、粉煤灰、铁的氢氧化物、铝硅酸盐等。其中应用较多的沸石既可吸附金属阳离子，也可通过改性吸附一些带负电的阴离子，如硫酸根、铝酸根等。这类介质的反应机理为主要利用材料的吸附性，通过吸附和离子交换作用达到去除污染物的目的。这种吸附性介质材料对氨氮和重金属有很好的去除作用。

因为吸附剂受其自身吸附容量的限制，一旦达到饱和吸附量就会造成 PRB 的修复功能失去作用。另外，由于吸附了污染组分的吸附剂会降低格栅的导水率，因此格栅内的活性反应材料需及时清除更换，而被更换下来的反应介质如何进行处理是一个需要解决的问题，如果处理不当，有可能对环境造成二次污染。因而实际运用中可在吸附性介质中加入铁，通过铁的还原作用将复杂的大分子有机物转化为易生物降解的简单有机物，从而满足吸附条件。

2. 氧化还原反应 PRB

格栅内填充的介质为还原剂，如零价铁、二价铁和双金属等。它们可使一些无机污染物还原为低价态并产生沉淀；也可与含氯燃料产生反应，其本身被氧化，同时使含氯燃料产生还原性脱氯，如脱氯完全，最终产物为乙烷和乙烯。目前研究最多的还原剂是零价铁。零价铁是一种最廉价的还原剂，可取材于工厂生产过程的废弃物，实验室则常用电解铁颗粒作为活性材料，主要用于去除无机离子以及卤代有机物等。

（1）去除无机离子

重金属是地下水重要的无机污染物之一，在过去的十几年里受到广泛重视。零价铁与无机离子发生氧化还原反应，可将重金属以不溶性化合物或单质形式从水中去除。当前实验报道的可被零价铁去除的重金属污染物有、银、铅、硒、锰、镉、砷、铜、锌等。

（2）去除卤代有机物

自 20 世纪 90 年代零价铁被用于 PRB 技术后，国外兴起了一股"铁"研究热。当前利用 PRB 技术去除地下水中的有机污染物多集中在对卤代、卤代芳烃的脱卤降解作用上。在降解过程中，零价铁失去电子发生氧化反应，而有机污染物为电子受体，还原后变为无毒物质。

双金属系统是在零价铁基础上发展起来的，目前此研究主要停留在实验室研究阶段。双金属是指在零价铁颗粒表面镀上第二种金属，如银，称为 Ni/Fe 双金属系统。研究发现，双金属系统可以使某些有机物的脱氯速率提高近 10 倍，且可以降解多氯联苯等非常难降解的有机物。然而，由于镶金属的高成本、对环境潜在的新污染以及由于银金属的钝化而导致整个系统反应性能降低等问题，使得双金属系统很难用于污染现场修复。

3. 生物降解反应 PRB

在自然条件下，由于受到电子给体、电子受体和氮磷等营养物质的限制，土著微生物处于微活或失活状态，因而对于地下水中的污染组分没有明显的降解作用。生物降解 PRB 的基本机理就是消除上述这些限制，利用有机物作为电子给体，并为微生物提供必要的电子受体和营养物质，从而促进地下水中有机污染物的好氧或厌氧生物降解。

生物降解反应 PRB 中，作为电子受体的活性材料一般有两种：释氧化合物或含释氧化合物的混凝土颗粒。此类过氧化合物与水反应释放出氧气，为微生物提供氧源，使有机污染物产生好氧生物降解。含 NO_3- 的混凝土颗粒。该活性材料向地下水中提供 NO 不作为电子受体，使有机污染物产生厌氧生物降解。

（1）好氧生物降解

石油烧类是地下水中常见的污染物，利用好氧生物降解 PRB 技术可以有效地降解 BTEX、氯代烧、有机氯农药等有机污染物。Rasmussen 等用体积分率为 20% 的泥炭和 80% 的砂作为渗透格栅的反应材料，对受到杂酚油污染的地下水进行了研究。实验模拟地下水流速为 600mL/ 天，在 2 个月的时间内多环芳烃的降解率达到 94%~100%，而含 N/S/O 的杂环芳烃降解率也到达了 93%~98%。此外，水中溶解氧含量由最初的 8.8~10.3mg/L 降至 2.3~5.7mg/L 表明，对于好氧生物降解，提供足够的电子受体是发生生物降解的必要前提。

Kao 等通过柱实验，建立了生物格栅系统来修复受到四氯乙烯（PCE）污染的地下水，PCE 在该系统中的去除过程由厌氧降解和好氧降解两个阶段组成。研究发现，PCE 在厌氧降解阶段发生脱氯反应，产物为三氯乙烯、二氯乙烯异构体和氯乙烯等；在好氧降解阶段，脱氯产物进一步完全降解，最终产物为乙烯。PCE 在此生物格栅系统中的去除率高达 98.9%。

（2）厌氧生物降解

对于受到氮素污染的地下水，可以直接利用 NO_3^- 无作电子受体进行污染物的生物降解，而不需外加其他电子受体。

（五）PRB 修复效果影响因素

由于 PRB 去除污染物的过程涉及物理化学反应、生物降解、多孔介质流体动力学等多学科领域，因此在设计 PRB 时需要考虑的因素很多。研究这些复杂的影响因素对于 PRB 的现场安装、稳定运行等具有重要意义。总结已有文献和应用实例，PRB 的影响因素可归纳为以下几个方面：

1. 现场水文地质特征

现场水文地质特征主要包括含水层地质结构和类型、地下水温度、pH、营养物质的类型及地下水微生物的种群数量等。

（1）含水层地质结构和类型

天然土壤一般都含有大小不同的颗粒，具有非均匀性，而且在水平和垂直方向都存在不同的粒径分布和渗透性。含水层的这种各向异性可能会造成 PRB 各部分的承受能力不同，影响其最终修复效果。含水层的类型关系到 PRB 结构形式的选取；如果是比较深的承压层，采用灌注处理带式 PRB 最为合适；如果是浅层，则 PRB 的形式可灵活多样。

（2）地下温度

微生物生长速率是温度的一个函数，已经证实在低于 10℃时，地下微生物的活力大大降低，低于 5℃时，活性几乎消失。大多数对石油烃降解起重要作用的菌种在温度超过 45℃时，其降解也会减少；在 10℃ ~45℃，温度每升高 10℃，微生物的活性提高一倍，对于利用生物降解的 PRB，微生物生活的地下环境可能经历只有轻微季节变化的固定水温。

（3）地下水的 pH

适合微生物生长的最佳 pH 为 6.5~8.5。如果地下水的 pH 在这个范围之外，如使用金属过氧化物作为供氧源的 PRB，则应调整 pH。同时在这个过程中，由于地下水系统的自然缓冲能力，pH 调整也会有意料不到的结果，因此对地下水的 pH 要不断地进行调整和监测。

2. 地下水中营养物质类型

微生物需要无机营养液以维持细胞生长和生物降解过程。在地下含水层，经常需要加入营养液以维持充分的细菌群。然而过多数量的特定营养液可能抑制新陈代谢。C、N、P 的比例在 100 : 10 : 1 到 100 : 1 : 0.5 的范围内，对于增强生物降解是非常有效的，这主要是由生物降解过程中的组分和微生物所决定的。

3. 微生物的种群

土壤中的微生物种类繁多、数量巨大，很多受污染地点本身就存在具有降解能力的微生物种群。另外，在长时间与污染物接触后，土著微生物能适应环境的改变而进行选择性的富集和遗传改变生物降解作用。土著微生物对当地环境适应性好，具有较大的降解潜力，目前已在多数原位生物修复地下水工程中得到应用。但是土著微生物存在生长速度慢、代谢活性低的弱点，因此在一些特定场所可以通过接种优势外来菌加以解决。

4. 活性反应介质

活性反应介质的选择是 PRB 修复成败的关键因素。一般认为，活性反应介质应具有以下特征：①活性反应介质与地下水中的污染组分之间有一定的物理化学或生化作用，从而保证污染物流经原位处理区时能够被有效去除。要确定 PRB 系统的处理能力，必须进行实验室相关研究。实验的目的就是了解反应过程产物、污染物的半衰期和反应速率、反应动力学方程、污染物在介质与水相间的分配系数以及影响反应的地球化学因素，如地下水中的溶解氧、pH、温度等。②活性反应介质的水利特征，即渗透性能。为使活性材料能与现场的水文地质条件相匹配，介质要选取合适的粒径，使处理区的导水率至少是周围含水层的 5 倍。对于零价铁来讲，一般选用 0.252mm 的铁屑填充于处理区，其渗透性能不仅可以通过掺混粗砂提高，也可在处理区的上下游位置增加砾石层得到改善；活性反应介质在地下水环境中的活性及稳定性。PRB 是一个相对持久的地下水污染处理系统，一经实施，其位置和结构很难改变，因此介质活性的长效性、稳定性和抗腐蚀性等是非常重要的考虑因素。

目前，PRB 介质材料主要有零价铁、铁的氧化物和氢氧化物、双金属、活性炭、沸石、黏土矿物、离子交换树脂、硅酸盐、磷酸盐、高锰酸钾晶粒、石灰石、轮胎碎片、泥煤、稻草、锯末、树叶、黑麦籽、堆肥以及泥炭和砂的混合物等。最常用的是零价铁，由于它能有效还原和降解多种重金属和有机污染物，且容易获得，已经得到了广泛重视和实际应用。由于具有资源丰富、价格低廉、污染少等优点，沸石、石灰石、磷灰石等矿物材料作为介质材料也被广泛研究。稻草、锯末、树叶、黑麦籽、堆肥等是农业残、废料或低廉农产品，由于它们的使用达到了废品再生利用的目的，也在工程上得到了应用。

除上述影响因素外，对现场地下水中污染物种类和浓度、污染羽状体规模及范围的调查也是 PRB 设计的基础。污染物种类和浓度决定活性反应介质的选择和系统停留时间的长短。另外考虑地面建筑影响，对于较宽的污染羽状体可采用分段的连续墙式 PRB 或并联的漏斗 – 导水式 PRB 系统。

三、土壤 – 地下水联合修复技术

（一）概述

有机物一般不溶于水，属于非水相液体（NAPL）。进入土壤环境后，首先吸附在土壤大孔隙及各种有机无机颗粒表面，然后逐渐扩散到土壤孔隙中。随着与土壤接触时间的增加，除部分残留在非饱和区外，大部分在重力作用下将继续向下运移进入饱和区。有机污染物根据相对水相密度的大小可分为两类：密度小于水相的称为轻质非水相流体，如汽油、柴油、燃料油及原油等；密度大于水相的称为重质非水相流体，如煤焦油、三氯乙烯等。由于密度上的差异，LNAPL 和 DNAPL 在地下的分布截然不同。LNAPL 穿过非饱和区后在地下水面上形成浮油带，而 DNAPL 则由于比水重，到达地下水面后还将继续向下运移，最终在基岩上形成 DNAPL 池。

地下介质中 NAPL 污染源的存在将在相当长的时间内持续而缓慢地向地下水中释放 NAPL 污染物，对饮用水源构成极大的威胁，且有机污染具有滞后性、累积性、地域性和治理难而周期长等特点。以往研究多数偏重修复污染地下水或土壤，未考虑污染物质在两种介质中的迁移规律。单纯修复受污染土壤或地下水都可能使环境中被污染地下水受毛细张力等作用滞留于土壤中，或滞留于土壤中的石油类污染物经淋滤作用进入地下水引起二次污染。因此，对污染区和地下水修复应用同步进行。

然而，污染物质的物理特性与化学特性的不同，再加上地质的不均匀与多变性，使得处理土壤及地下水同步工作，难度相对提高。而如何掌握污染物特性与选择适合的联合修复技术是达到有效且经济修复目标的先决条件。土壤、地下水联合修复技术通常是将土壤修复技术与地下水修复技术根据污染物类型、地质条件等情况，选择有效修复方法结合起来。本节选用几种常见的联合修复技术进行详细介绍，分别是土壤气相抽提 – 原位曝气 / 生物曝气联合修复技术、生物通风 – 原位曝气 / 生物曝气联合修复，双相抽提、表面活性剂增强修复处理技术。

（二）土壤气相抽提 – 原位曝气 / 生物曝气联合修复

土壤气相抽提（SVE）的第一个专利产生于 20 世纪 80 年代，被美国国家环境保护局列为具有"革命性"的环境修复技术，具有成本低、可操作性强、不破坏土壤结构等特点，得到迅速发展。近年来，SVE 又开始深入到生物修复与土壤和地下水修复等多学科交叉领域，其应用前景广阔。

SVE 的运行机理是利用物理方法去除不饱和土壤中的挥发性有机物（VOC），用引风机或真空泵产生负压驱逐空气流过污染的土壤孔隙，从而夹带 VoC 流向抽取系统，抽提到地面，然后进行收集和处理。该技术目前已被发达国家广泛应用于土壤及地下水修复领域的实际工程中，并与原位曝气/生物曝气（AS/BS）、双相抽提等原位修复技术相结合，互补形成了 SVE 增强技术，并且日益成熟和完善。AS/BS 主要用于处理有机物造成的饱和区土壤和地下水污染，主要是去除潜水位以下地下水中溶解的有机污染物质，BS 是 AS 的衍生技术，利用土壤微生物降解饱和区中的科类生物降解有机成分。将空气（或氧气）和营养物注射进饱和区以增加本土微生物的生物活性。BS 系统与 AS 系统组成部分完全相同，但 BS 系统强化了有机污染物的生物降解。Brian 等通过 SVE/AS 修复技术对皮的蒙特草原进行了三年半的现场实验，确定去除石油烧不同组分的土壤蒸气速率和气相抽提速率，结果表明，大部分污染物能够通过 SVE 方法从非饱和区去除，BTEX 和可燃性烃类（TCH）能够有效地从高渗透性和高污染的非饱和区界面去除，其中生物修复占 SVE-AS 总去除的 23%。

SVE-AS 联合修复系统的基本程序是，利用垂直或水平井，用气泵将空气注入水位以下，通过一系列的传质过程，使污染物从土壤孔隙和地下水中挥发进入空气中。含有污染物的悬浮羽状体在浮力的作用下不断上升，到达地下水位以上的非饱和区域，通过 SVE 系统进行处理从而达到去除污染物的目的。

1. 适用范围

空气在高渗透率的土壤中是以鼓泡的方式流动的，而在低渗透率的土壤中是以微通道的方式流动的。单就 SVE 技术而言，SVE 对土壤孔隙越大的地质越适合，对黏土质土壤则效果很差。但就 AS 技术而言，曝入空气不能通过渗透率很低的土壤层，如黏土层。对于高渗透率的土壤，如砂砾层，由于其渗透率太高，从而使曝气的影响区太小，以至于不适合用 AS 技术来处理。

天然土壤一般都含有大小不同的颗粒，具有非均匀性，而且在水平和垂直方向都存在不同的粒径分布和渗透性。因此，在 AS 过程中，当曝入的空气遇到渗透率和孔隙率不相同的两层土壤时，空气可能会沿阻力较小的路径通过饱和土壤到达地下水位；如果两者的渗透率之比大于 10 时，除非空气的入口压力足够大，空气一般不经过渗透率小的土壤。如果两者渗透率之比小于 10，空气从渗透率小的土层进入渗透率较大的土层时，其形成的影响区域变大，但空气的饱和度降低，影响污染物去除效果。因此，SVE-AS 技术不宜用于渗透率太高或太低的土壤，而适用于土壤粒径均匀且渗透率适中的土壤。

SVE 技术不适用于低挥发性和低亨利常数污染物，适用于苯系物、三氯乙烯、挥发性石油烧和半挥发性的有机污染物以及汞、砷等半挥发性金属污染物。AS 法不适用于自由相（浮油）存在的场址，空气注入系统对于均匀相高渗透水性的土壤及自由含水层的污染物及好氧微生物可降解的 VOC 最为有效。此技术对于部分异质性地质、低至中透水性分层的含水层也有部分效果。其主要去除的污染物为挥发性有机物及部分的燃料油。以三氯乙烯为例仅具有气提作用，以汽油为主要成分 BTEX 为例，则同时具有气提与生物分解作用。一般而言，高挥发性污染物主要去除机制是挥发，而低挥发性污染物主要去除机制则是生物降解。因此在修复的初期，蒸气抽除是移除机制的主要控制因子，而生物促进作用，则是修复后期的控制因子。

2. 修复效果影响因素

由于 SVE-AS/BS 去除污染物的过程是一个多相传质过程，因而其影响因素很多。目前，人们普遍认为 AS 去除有机物的效率主要依赖于曝气所形成的影响区域的大小。BS 修复效果影响因素除了 AS 的影响因素外，还需考虑微生物降解方面的影响，因此该联合修复技术修复效果的影响因素，应该同时考虑 SVE、AS、BS 修复效果的影响因素。

（1）SVE 修复效果的影响因素主要有以下几个方面：土壤的渗透性、土壤湿度及地下水深度、土壤结构和分层及其土壤层结构的各向异性、气相抽提流量、蒸汽压与环境温度等。

（2）AS 去除有机物的效率主要依赖于曝气所形成的影响区域的大小，影响此区域的因素主要有土壤类型和粒径大小、土壤的非均匀性和各向异性、曝气的压力和流量及地下水的流动。

（3）影响 BS 修复效果的因素除了有影响微生物生长的土壤和地下水环境，包括土壤的气体渗透率、土壤的结构和分层、地下水的温度、地下水的 pH、地下水中营养物质的类型和电子受体的类型等，还有污染物的浓度及可降解性和微生物的种群，上述因素均会影响该联合修复的处理效果。

3. 关键技术

虽然 SVE-AS 系统各不相同，但典型的 SVE-AS 系统包含空气注入井、抽提井、地面不透水保护盖、空气压缩机、真空泵、气/水分离器、空气及水排放处理设备等，抽出的污染物可能需要进行地上处理。SVE-AS 系统的设计及操作，所需考虑的参数包含场地地质特性、注入空气的流率、注入空气的压力等一系列因素，通常须在场地建立模型测试，以决定空气流入系统的设计参数。系统建立后，需要不断监测和系统调整，以最大限度地提高系统性能。系统主要设计及操作关键技术包含以下几点：

（1）空气注入井

空气注入井有垂直、巢式、水平、水平/垂直或探针等形式，依赖场地条件和成本而定。其中垂直井最常用，直径多为 50mm 以上，井筛的长度建议值为 0.3~0.5m。垂直井的配制由场地注入影响区而定，在粗粒土壤中，影响区大多为 1.5~9m，成层土壤中影响区在 18m 以上。注入气流在靠近井筛顶端处压头最小，路径随场地地质条件而定。垂直井的安装通常使用中空螺旋钻法的技术安装，如果地下水位高低经常变动的场址，可设计多重深度开口的方式，以让空气注入不同的深度。井筛顶端的安装深度应在修复区域低静水位以下 1.5m 处。

（2）空气压缩机或真空泵

空气压缩机或真空泵的选择，需要考虑到供应注入空气的压力和流量，一般空气注入的压力由注入点上端的静水头、饱和土壤所需的空气入口压力及注入的空气流量所决定。注入压力太高，会使污染扩散至未污染区。细粒土壤通常需要更高的入口压力，为最小入口压力的 2 倍或 2 倍以上。最大压力应该是井筛顶端的土壤管柱重量所得压力计算值的 60%~80%。

（3）系统监测装置

应特别设置当 SVE 系统失效时，空气注入系统能自动关闭的监测装置。因为当空气注入系统在抽提系统失效后，会使污染区的污染物扩散，甚至进入邻近建筑物或公用管线中，产生爆炸危险。

此外，通常 AS/SVE 系统的操作需要进行监测，才能将系统成效调节至优化状态。系统的监测项目通常包含如下：空气注入压力及真空压力；地下水的水位；微生物的种群及活性；空气流量及抽提率；真空抽屉井和注入井的影响区；地下水中溶氧及污染物浓度；抽出气体及土壤中的氧气、二氧化碳及污染物浓度；地表下气体通路分布的追踪气体图及 SVE 系统的捕捉效率。

（三）生物通风 – 原位曝气 / 生物曝气联合修复

1989 年，美国某空军基地用 SVE 对其由于航空燃料油泄漏引起的土壤污染修复中发现了生物降解作用。由此，SVE 中的生物降解过程引起美国国家环境保护局和研究者的高度重视，并在 SVE 基础上发展起来了土壤修复的生物通风（BV）技术，被广泛用于地表的挥发性碳氢化合物的去除，特别是地下水位线以上的非饱和区和渗流区土壤的修复。

BV 实际上是一种生物增强式 SVE 技术，将空气或氧气输送到地下环境以促进生物的好氧降解作用。SVE 的目的是在修复污染物时使空气抽提速率达到最大，利用污染物挥发性将其去除；而 BV 的目的是优化氧气的传送和使用效率，创造好氧条件促进原位生物降解。因此，BV 使用相对较低的空气速率，以增加气体在土壤中的停留时间，促进微生物降解有机污染物。生物通风也利用土壤渗流外加营养元素或其他氧源来强化降解，可大大降低抽提过程尾气处理的成本，同时拓宽了处理对象的范围，不仅可应用于挥发性有机污染物，而且也可以应用于半挥发性或不挥发性有机污染物，受污染的土壤可以是大面积的面源污染，但污染物必须是可生物降解的，且在现场条件下其速率可被有效检测出来。

和 SVE 技术一样，BV 技术也可与修复地下水的 AS 或 BS 技术相结合，对饱和区和不饱和区同时进行修复。将空气注入含水层来提供氧支持生物降解，并且将污染物从地下水传送到渗流区，在渗流区污染物便可用 BV 法处理。Mckay 比较了在阿拉斯加的艾尔森空军基地 BV 法和 BV-AS 法对非饱和区污染物的去除状况，两个场地一个建立了大规模的生物通风系统，空气被注射进入饱和区，研究了空气注入饱和区后潜水层上和潜水层下的空气分布；在另一个场地，大规模生物通风系统是将空气引入不饱和区中。通过两个现场的修复效果对比发现，将空气注入波动的潜水层下的 BV-AS 法加速了不饱和区的修复进程。

1. 适用范围

BV 技术适用于能好氧生物降解的污染物，不仅能成功用于轻组分有机物，还能用于重组分有机物，另外还适用于挥发性或半挥发性组分污染的治理。在污染现场，已被 BV 成功处理的有机污染物有喷式染料油、汽油、BTEX 化合物、多环芳烃有机物、五氯苯酚等。有机燃料油的轻组分是生物通风最普遍的修复对象。

BV-AS/BS 技术主要用于土壤不饱和区以及饱和区中挥发性、半挥发性和不挥发性可生物降解的有机污染物的联合修复，根据需要加入营养物质，然而污染物的初始浓度太高会对微生物有毒害作用，修复后，污染物的浓度也不是总能达到非常低的净化标准。此外，同 SVE-AS 技术一样，BV-AS/BS 技术也不适用于处理低渗透率、高含水率、高黏度的土壤。

2. 修复效果影响因素

BV-AS/BS 技术现场修复效果的影响因素更多，除了影响 SVE-AS 修复效果的土壤渗透性、土壤结构和类型、曝气压力、气相抽提量等物理因素外，还有和微生物生长有关的生物因素。主要影响因素包括以下几个方面：

（1）土壤湿度

微生物需要足够的水分以供其生长代谢需求，生物转化速率和土壤湿度之间的依赖关系根据污染物不同而不同。在许多 BV 修复现场，添加土壤水分后增加了生物降解速率。但过度增加土壤湿度，土壤中的水分会将土壤孔隙中的空气替换出来，浸满水的土壤条件变为厌氧条件，不利于好氧生物降解，使得生物通风失去作用。

（2）土壤温度

土壤温度和含氧量是去除土壤中污染物的重要因素。温度与污染物组分的气相分压有关在适当范围内增加土壤温度，既能提高微生物降解活性又能增加污染物的挥发性，凑够两方面促进污染物从土壤中脱除。在温度成为主要限制因素的寒冷地区，可通过热空气注射、蒸气注射、电加热和微波加热等办法提高土壤温度。

（3）土壤 pH

pH 关系着微生物的生长及酵素的产生。一般使用生物通气法时，pH 范围最好介于 6~8。若 pH 超出这个范围，则必须进行调整。

（4）电子受体

微生物氧化有机物时需要电子传递中接受电子的物质，土壤中的氧、硝酸盐、硫酸盐等可作为微生物降解有机污染物的电子受体。原位生物降解很大程度上受以空气形式的氧气输送速率的影响，根据土壤渗透性设计适当的通风量，维持受污染土壤中氧含量，能为微生物的好氧降解提供足够的电子受体。

（5）营养物质

添加无机营养盐如铁类或磷酸盐可支持细胞生长，从而促进生物降解。BreedVeld 等比较了分批、实验室土柱和现场规模研究中加入营养物质对生物通风的影响。比较发现，污染现场生物通风一年后，添加营养物质的情况下 pH 含量减少 66%，未添加营养物质的情况下只有极少轻组分被去除。

（6）微生物

土壤中通常蕴藏大量的微生物族群如细菌、原生动物、菌类及藻类等。在通气性良好的土壤中，通常存在着好氧性微生物，这些微生物极适合进行生物通气法。在修复进行之前，需要评估土壤中的微生物数目，通常微生物达到一定数目时，生物通气法才会有效率，必要时添加优势菌可大幅度提高修复效果。

3. 关键技术

BV-AS/BS 使用时会设计一系列的注入井或抽提井，将空气以极低的流速通入或抽出，并使污染物的挥发性降至最低，且不致影响饱和层的土壤。当使用的系统为抽提井时，则生物通风法的程序与 SVE 法极为相似。生物通风法可以去除用 SVE 法无法去除的低浓度的可生物降解的化合物。当使用正压系统注入空气时，必须避免挥发性有机物被送至未受污染的土壤区域。

（1）典型的 BV-AS/BS 系统设计一般包括抽提井或注入井、空气预处理、空气处理单元、真空泵、仪器仪表控制、监测地点和可能的营养输送单元。真空抽提井：真空抽提井的井口真空压力一般为 0.07~2.5m。与 SVE 一样，分为垂直井和水平井。当污染物分布深度小于 7.5m 时，采用水平井比垂直井更为有效；当污染物在 1.5~45m 分布、地下水深度大于 3m 时，一般采用垂直井。

（2）空气注入井。空气注入井的井口压力一般为 0.7~3.5kg/cm。与抽提井的设计相似，但可设计一个更长的筛板间隔以保证气体的均匀分布。

（3）真空泵。真空泵所选的类型和大小应根据要求实现的井口设计压力（包括上游和下游管道损失）；起作用的抽提井或注入井的总流速。

（4）系统监测。通常监测的参数包括压力、气体流速、抽提气体中二氧化碳和 / 或氧气浓度、污染物质量抽提率、温度、营养抽提率等。

（5）营养输送。如需营养物质促进微生物生长或调节土壤 pH，营养物质一般采用手工喷洒或灌溉的方法通过横向沟渠或井注入。设计与水平抽提井类似，在小于 0.3m 的土壤浅层砾石铺设的沟渠里设置开槽或穿孔的 PVC 管。

（四）双向抽提

1.DPE 技术简介

双向抽提（dual-phase cxtraction，DPE）是指同时抽出土壤气相和地下水这两种类型污染介质，对污染场所进行处理的一种技术，相当于土壤 SVE 和地下水抽提技术的结合。DPE 旨在大限度的抽提，然而该技术也因增加了非饱和区的氧气供应而刺激石油污染物的降解，类似于生物通风。DPE 技术作为一种创新技术，有潜力成为比传统修复技术更具有成本效益的技术，一般在饱和区和不饱和区都有修复井井屏的情况下使用。由于系统中逐渐增加的真空压力梯度传递至地下液体，连续相的液体如水和自由相石油污染物将流向真空井并形成液压梯度，真空度越高，液压梯度越大，液体的流动速率越大。抽提井的真空度不仅抽出了土壤气相、净化了土壤气相，而且也促进了地下水的修复。一方面 DPE 可用于处理饱和区和非饱和区的污染物，另一方面 DPE 也可处理残留态、挥发态、自由态和溶解态的污染物。在相同仪器设备条件下，DPE 与传统的地下水抽提技术相比，提高了地下水的修复速率，增加了修复井的影响半径。

DPE 工艺根据地下液相和土壤中气相是以高流速双相流从单一泵中一同抽提出来，还是气液两相分别从不同的泵中抽提出来，分为单泵双相抽提和双泵双相抽提两种类型，也有采用增加一个泵辅助抽取漂浮物质的三泵系统，但结构与双泵系统基本一致，本节重点讨论单泵系统和双泵系统。

（1）单泵 DPE 系统

单泵系统只是简单的土壤 SVE 的地下水修复技术的结合，通过高速的气相抬举悬浮的液滴克服抽提管道的摩擦阻力到达地表。单泵 DPE 系统法主要用于处理石油类污染物所造成的自由移动性 LNAPL 污染的地下水层，并可增加不饱和层中非卤族挥发性或半挥发性有机物的去除。该技术在地下水水位波动较大的场地难以实施，最常用于含有细颗粒至中等颗粒土壤的低渗透率场地，但也曾成功应用于含中等颗粒至粗大颗粒土壤的场地。

（2）双泵 DPE 系统

比较传统的双泵 DPE 系统，土壤中的气相和液相采用一个"管中管"分别通过泵和风机抽提至地表，潜水泵悬挂于抽提 NAPL 或地下水等液体的井中，并通过液体抽提管将液体输送至气相处理系统前，先进入气液分离器进行处理。其他的 DPE 设施也很常见，如运用抽吸泵（在地表运用的双隔膜泵）将井中的水相抽出，而不是潜水泵；再加运用线轴涡轮泵抽提井中水，提供一个足够的浅层地下水位。双泵 DPE 系统相对于单泵 DPE 系统能够适用于更广泛的场地类型，但是设备费用更高。

2. 系统设计、技术分析

现场实验的结果显示，LNAPL 及蒸气的回收与抽取时负压的程度有关。此外，一些重要的场地特性必须在系统设计前事先调查。须对 LNAPL 分析其中的 BTEX 及其他碳氢化合物的沸点分布；需获得土壤粒径分布、容积密度、孔隙率、水分含量、污染物初始浓度等数据；以抽提回收实验决定 LNAPL 的回收率；用土壤气体渗透性实验决定抽取井的影响半径（ROD）。

（1）系统设计

设计地下修复系统的首要依据是需要达成的修复量和污染物清除水平，污染物浓度必须达到对人类健康和环境无害的程度。DPE 系统的设计主要是以同一程序将地下水、自由移动性 NAPL 及土壤气体同时抽取。其主要组成包括：抽提井的方位和多种形式的管道；可抽除液体及蒸气的真空泵；液体／气体及油／水分离单元；必要时需设置水及气体处理单元；需要时可设置表面密封和注入井。系统设计时应重点考虑以下因素：

①抽提井的数量和间距设计

方法一：抽提井影响半径（ROD 法）

尽管水平抽提井可用于空气曝气或者需要时添加营养物质，但 DPE 一般采用垂直抽提井。对于复杂的 DPE 系统，需要采用数值模拟的方法计算地下空气流量和地下水流量。对于地下水位较浅的场地，可用需要修复场地面积除以单井影响面积，因此，抽提井的影响半径（ROD）是一种判断抽提井数量和间距的简单方法。设计 ROI 是在流动的空气能维持修复效率时，气相抽提井的最大距离。一般来说，与设计 SVE 及 BV 系统的抽提井一样，设计 DPE 的单井 ROI 从 1.5m 至 30.5m；对于地质分布的场地，应由自主土壤类型决定。

方法二：土壤孔隙体积法

计算抽提井数的第二种方法即采用土壤孔隙体积计算。土壤孔隙体积及抽提流量用来计算单位体积的交换率，设计的抽提流量除以单位体积的土壤孔隙体积即为单位体积的交换率。

②抽提井真空压力

真空抽提井的井口真空压力一般为 0.06~6.5m 水压，透水性差的土壤需要较高的真空压力。真空泵所选的类型和大小应根据：要求实现的井口设计压力；起作用的抽提井或注入井的总流速。离心式真空泵适用于高流量、低真空的条件，因此离心式真空泵只适用于双泵 DPE 系统，真空度较高则采用单泵 DPE 系统。再生涡轮真空泵适用于真空度要求中等的场合，转子真空泵和其他容积式真空泵适用于真空度要求高的情况。

③气体抽提速率

典型的气体抽提速率是每口井 0.06~0.5m³/min，地下水抽提速率以污染物浓度到达地下水标准或达到对人类健康和环境无害为准。对于高渗透率的土壤，地表密封的设计可以防止地表水渗透，降低空气流速，减少无组织排放，并增加空气的横向流动程度，但同时会形成压力梯度，需要高真空度抽提或者注入井的设置。空气注入井是通过向抽提井提供空气以提高空气流速的，可用来帮助减少地下空气短路和消除空气流动死区。

④气体处理

抽提的气体包含冷凝物，夹带的地下水和颗粒物会破坏风机部件及影响下游处理系统的有效性，因此通常气体在进入真空泵之前，需要通过水分分离器和颗粒过滤器去除水分与颗粒物。真空泵抽提出气体的处理可选择活性炭、催化氧化和热氧化等方法处理。活性炭法简单有效，但是污染物浓度过高时该方法不够经济，可改用热氧化法。也可以采用容积吸收法，将有机物回收利用。

⑤其他考虑因素

土壤中污染物初始浓度应通过土壤样本估计，并以此估计污染物去除率及治理所需时间，确定治理过程是否会向大气中排放污染物。修复所需时间也会影响系统设计，设计者可通过减少抽提井间距的办法来提高修复效果。此外，监测和限制排放，还有施工的局限性，如建设地点、公用工程、填埋等因素，也必须在系统设计中予以考虑。

3. 技术分析

根据污染物类型、污染程度、土壤类型、修复目标等因素设计 DPE 修复体系后，需在 DPE 进行时监测下列重要因子，以了解修复效果，并依据监测数据调整系统设计，最终达到污染物去除目标：抽出的蒸气及液体的体积及组成；不同深度土壤中所含蒸汽机液体组成；抽提井中及其四周土壤的真空程度；受污染区及其四周的地下水水位。

（五）表面活性剂增强修复处理技术（SEAR）

1.SEAR 技术简介

由于一些被吸附在含水层介质上的污染物以及被截流在介质里的非水溶性流体（NA-PL）并不随水流动，而是缓慢地解吸或溶解到水中，且含水层非均质传统的处理系统常出现拖尾和回弹现象，要达到处理目标耗时长、耗资也大。20 世纪 90 年代后开展起来的表面活性剂增效修复技术有效地解决了这些问题。表面活性剂增效修复技术利用表面活性剂溶液对憎水性有机污染物的增溶作用和增流作用来去除地下含水层中的非水溶相液体和吸附于土壤颗粒物上的污染物。抽出处理与表面活性剂溶液联合应用，现场修复速率提高 1000 倍，再经过进一步处理后，可以达到修复受污染环境的目的。

SEAR 技术修复土壤及地下水中 NAPL 污染的工艺中，在地面混合罐中配制表面活性剂与助剂（如醇、盐等）的水溶液，将其由注入井注入地下。表面活性剂水溶液在地下介质与 NAPL 污染物作用后由抽提井抽至地面，在地面处理单元首先需要从抽出物中分离 NA–PL 污染物，然后再将回收的表面活性剂和经物化或生物法处理后的水回送至混合罐循环使用。

表面活性剂增效修复（SERA）的机理有增溶和增流两种途径，现分述如下：

（1）增溶作用

表面活性剂具有亲水亲油的性能。表面活性剂易集聚在水和其他物质的界面使其分子的极性端和非极性端处于平衡状态。当表面活性剂以较低浓度溶于水中，其分子以单体形式存在。烧链不能形成氢键，干扰邻近的水分子结构，产生了围绕在燃链周围的具有高嫡值的"结构被破坏"水分子，从而增加了系统的自由能。如果这些燃链全部或部分地被移除或被有机物吸附，使其不与水接触，则自由能可实现最小化。当表面活性剂以较高浓度存在时，水的表面没有足够的空间使所有的表面活性剂分子集聚，表面活性剂分子集聚成团，形成胶束，使得系统的自由能也会降低。胶束呈球形，亲油的非极性端伸向胶束内部，可避免与水接触；亲水的极性端朝外伸向水，内部能容纳非极性分子。而极性的外部能使其轻易地在水中移动，胶束形成的表面活性剂浓度为临界胶束浓度（CMC）。当溶液中的表面活性剂浓度超过 CMC 时，能显著提高有机物的溶解能力。Fountain 研究发现，当表面活性剂加入使四氯乙烯有最大溶解度时，四氯乙烯和表面活性剂水溶液的界面张力降低到最小值。因此在选择表面活性剂溶液时，需要选对污染物有良好溶解度的表面活性剂。

（2）增流作用

造成 NAPL 在地下水介质滞留的原因是土壤孔隙的毛细管作用。毛细管作用的大小与油水界面张力成正比，当界面张力较大时，则注入井和抽提井之间的水力梯度较大。表面活性剂能降低 NAPL 和水的界面张力，使土壤孔隙中束缚 NAPL 的毛细管力降低，从而增加了污染物的流动性。此外，表面活性剂有助于难溶有机化合物从土壤颗粒上的解吸，并溶解于表面活性剂胶束溶液中，从而提高与微生物的接触概率，为难溶有机化合物的生物降解提供可能的途径。

然而，当表面活性剂应用于 DNAPL 污染地区的修复时，表面活性剂在 DNAPL 和水的界面自发形成乳液。这种行为对污染物修复有正反两方面的作用。乳液增加了水和污染物的界面面积，使表面活性剂轻易地把非极性污染物吸附到胶束内部，从而有助于修复过程；如乳液易被地下水带走，则有助于从土壤和地下水中去除胶束污染复合体。但当乳液层太厚时，乳液将阻碍修复过程的进行，此外乳液还能阻塞细粒土壤的孔隙，从而阻滞污染物 / 胶束混合物被快速地抽出。

2. 表面活性剂选择

表面活性剂是指显著降低溶剂（一般为水）表面张力和液－液界面张力并具有特殊性能的物质，它具有亲水亲油的双重特性，易被吸附、定向于物质表面，能降低表面张力、渗透、湿润、乳化、分散、增溶、发泡、消泡、洗涤、杀菌、润滑、柔软、抗静电、防腐、防锈等一系列性能。由于 NAPL 在水中有较低的溶解度和较高的界面张力，使其从土壤和地下水中去除困难，而表面活性剂能改变这两种特性。它同时拥有极性端和非极性端的大分子，分子的极性端伸向水中，非极性端吸引 NAPL 化合物。

表面活性剂有阴离子表面活性剂、阳离子表面活性剂、两性表面活性剂及非离子表面活性剂四种类型。应当注意，阴离子型和阳离子型表面活性剂一般不能混合使用，否则会发生沉淀而失去表面活性作用。

由于化学合成表面活性剂受原材料、价格和产品性能等因素的影响，且在生产和使用过程中常会严重污染环境及危害人类健康。因此，随着人类环保和健康意识的增强，近 20 年来，对生物表面活性剂的研究日益增多，发展很快。国外已就多种生物表面活性剂及其生产工艺申请了专利，如乙酸钙不动杆菌产生的一种胞外生物乳化剂已有成品出售。国内对生物表面活性剂的研制和开发应用起步较晚，但近年来也给予高度重视。生物表面活性剂是由酵母或细菌从糖、油类、烷烃和废物等不同的培养基产生的，以新陈代谢的副产品产生，结构和产量依赖于发酵罐设计、pH、营养结构、培养基和使用温度。生物表面活性剂具有独特的优势，其高度专一性、生物可降解性和生物兼容性比合成的表面活性剂更有效。化学合成表面活性剂通常是根据它们的极性基团来分类，而生物表面活性剂则通过它们的生化性质和生产菌的不同来区分。因此，生物表面活性剂在地下水和土壤修复中具有较大的应用潜力。

选取适当的表面活性剂及助剂，调配合适的微乳液体系是 SEAR 技术的关键。选择表面活性剂时考虑的主要因素包括两大方面。一方面是表面活性剂本身的性质，另一方面是现场应用需考虑的因素。其中，表面活性剂本身性质包括以下几种表面活性剂的有效性；成本要低，可采用临界胶束浓度低的表面活性剂，从而降低试剂的消耗，降低成本；生物毒性低，环境友好；生物可降解性；本身在地下介质表面吸附量要小，如果吸附量大则其有效浓度将大大降低，导致修复成本增加；低温活性，耐硬度特性好；易于回收。

3.NAPL 污染物的分离与表面活性剂的回收技术

SEAR 修复技术的主要成本来自表面活性剂的消耗。因此，如果能将表面活性剂有效地回收使用，将可大大节约修复成本。分离 NAPL 污染物的方法有（空气／蒸气／真空）吹扫法、渗透蒸发法、液－液萃取法和吸附法等。处理方法的选择依赖于表面活性剂的回收必要性和污染物的特性。这些方法各有利弊。

吹扫法技术成熟，适于分离挥发性强的 NAPL 污染物。但表面活性剂的存在降低了亨利常数，影响分离效果，也容易形成泡沫。近年来发展的渗透挥发技术在传统吹扫法的基础上增加了膜分离技术，可以有效避免泡沫及乳化作用的影响。但在采用膜处理时，可采用紫外消毒和化学改良来消灭微生物以防止生物堵塞，避免影响处理过程。液－液萃取法用途广泛，适用于不同挥发性的污染物。但界面稳定性差，萃取剂再生困难。在吸附分离技术中，由于活性炭对污染物和表面活性剂的吸附都很强，所以不宜选用。离子交换树脂在吸附带有相反电荷的离子型表面活性剂的同时液吸附了表面活性剂分子层内的污染物，导致分离效率偏低。

表面活性剂的回收处理单元主要包括蒸发、超滤、纳滤、胶束促进超滤、泡沫分镭等，一般要求处理后的表面活性剂浓度在 4%~5% 以上，回收率在 60% 以上。胶束强化超滤技术可以回收表面活性剂胶束，具有成本低的优点，但由于表面活性剂单体仍残留在滤液中，造成容积的损耗。同时，胶束中可能包容的 NAPL 污染物需要进一步的处理。纳滤技术不仅可以回收表面活性剂胶束，也可以回收单体，较超滤的回收率高。但纳滤允许的膜通量低、需要的压力大，因此成本偏高。泡沫分镭技术成本低，但处理量小，适于表面活性剂单体的回收。

综上所述，为提高回收率、降低成本，宜采用联合回收技术，如胶束强化超滤－泡沫分储联合技术。

一旦污染物或可气提物被去除，可采用生物处理法在足够的停留时间内对剩余表面活性剂进行降解。更典型的方法是在允许排放浓度范围内，与其他含消泡剂的废液一起排放。在缺少消泡剂时，也可以浓缩回收后现场回用表面活性剂。除了水相有机污染物去除装置外，预处理和辅助装置还包括浮水装置或 NAPL 分离装置、用来调节 pH 和加入分散剂的药剂计量装置、中间储罐及意外事故储罐等。回收后的表面活性剂回用于注入过程。

参考文献

[1] 魏一博. 临海市医化园区地下水氨氮运移数值模拟及其在污染溯源中的应用 [D]. 中国矿业大学,2023.

[2] 陆露璐,刘芳,田弘. 化工企业土壤和地下水污染隐患排查及自行监测研究与启示 [J]. 皮革制作与环保科技,2023,4(6):176-179.

[3] 高碧声. 土壤和地下水污染隐患排查和自行监测研究 [J]. 资源节约与环保,2023,(2):56-59.

[4] 王君. 土壤与地下水环境管理问题思考与对策 [J]. 皮革制作与环保科技,2022,3(24):83-85.

[5] 何云勇,豆艳霞,胡代偲. 同位素技术在环境污染物监测中的应用研究进展 [J]. 山东化工,2022,51(19):226-228+231.

[6] 杜海珊. 广州某旧村改造项目土壤污染状况初步调查研究 [J]. 能源与环境,2022,(4):80-83.

[7] 韩雪萌. 安阳市龙安区污染区域地下水污染特征 [D]. 天津科技大学,2022.

[8] 张正昌. 环境监测中地下水和土壤监测存在的问题与改进策略 [J]. 造纸装备及材料,2022,51(5):162-164.

[9] 付高平,徐斌,张弛. 某非正规垃圾填埋场地下水风险管控技术研究 [J]. 绿色科技,2022,24(4):69-71.

[10] 谭笑,张妮,孙大微. 国内外石油管道站场地下水监测标准指标研究 [J]. 石油工业技术监督,2021,37(12):12-15.

[11] 董书豪,骆瑞华. 某汽车厂场地土壤和地下水污染特征分析 [J]. 广东化工,2021,48(22):154-156.

[12] 黄燕军. 某塑料制品企业地块土壤和地下水污染状况初步调查与分析 [J]. 广东化工,2021,48(21):146-147+137.

[13] 何雨. 某工业企业遗留地块土壤和地下水污染状况初步调查研究 [J]. 广东化工,2020,47(14):257-259.

[14] 雷抗. 垃圾填埋场地下水污染监测预警技术研究 [D]. 中国地质大学 (北京),2018.

[15]郑玉虎,吴明洲,徐爱兰,等.考虑土壤吸附作用的地下水污染物运移特征研究[J].地下水,2017,39(3):4-7.

[16]环境质量评价与环境监测环境质量分析与评价[J].环境科学文摘,2007,(3):85-89.

[17]王瑞霞,叶为民,黄雨.某化工厂地下污染分析[J].勘察科学技术,2005,(1):22-24.

[18]李幼锦,李秉森.地下水污染监测方法简介[J].应用能源技术,2004,(5):19-21.

[19]邢新会,刘则华.环境生物修复技术的研究进展[J].化工进展,2004,(6):579-584.

[20]林俊杰,刘丹,李廷真.土壤修复技术与应用实践探究[M].西北农林科技大学出版社2019.

[21]张秋子.土壤及地下水污染修复技术专利与行业发展分析[J].清洗世界,2023,39(8):94-96.

[22]孙晶晶.六安市各工业园区土壤及地下水污染状况调查及分析[J].西部资源,2023,(4):43-46.

[23]袁霆,刘仕刚,从辉,等.土壤与地下水污染修复技术的应用[J].现代园艺,2023,46(16):144-146.

[24]吴嵘,宋秋瑾,王凯.某污水处理厂土壤和地下水污染调查研究[J].广东化工,2023,50(16):115-118+144.

[25]唐婉婷,陈健芝,李舒婷,等.土壤与地下水环境管理的影响因素与技术方案研究[J].造纸装备及材料,2023,52(8):160-162.

[26]李芳霞,梁会云,何丽英.陇南市垃圾填埋场周边土壤和地下水污染风险评估[J].山东化工,2023,52(15):242-248.

[27]张建美,王红,王荫波,等.地下水水质分析及土壤地下水污染治理措施[J].皮革制作与环保科技,2023,4(14):80-82.

[28]许盛彬.大面积化工园区浅层地下水污染风险预测研究[J].低碳世界,2023,13(7):13-15.

[29]严怡君.加油站土壤与地下水污染状况调查的思考与建议[J].江汉石油职工大学学报,2023,36(4):44-46.

[30]颜植平.油气田土壤地下水污染初步调查方法的总结和思考[J].江汉石油职工大学学报,2023,36(4):50-52.

[31]江爱萍.土壤地下水污染治理工作中环境风险模式的应用分析[J].清洗世界,2023,39(6):120-122.

[32]郎玥.硫化纳米零价铁降解地下水中三氯乙烯机理及动力学解析的研究[D].沈阳农业大学,2022.

[33] 张胜楠.某垃圾填埋场土壤及地下水污染调查与风险评价 [D].东北石油大学,2022.

[34] 杨汝馨.成都平原农田土壤硝酸盐运移及地下水污染研究 [D].西南交通大学,2018.

[35] 戴翌晗.重金属污染土壤与地下水一体化修复技术及数值模拟 [D].上海交通大学,2018.

[36] 李飞.城镇土壤重金属的层次健康风险评价与管理体系探索 [M].武汉大学出版社,2020.